Ben Moore · Mond

BEN MOORE

MOND

EINE BIOGRAFIE

Aus dem Englischen von
Katharina Blansjaar

KEIN & ABER

Für Katharina

Ebenfalls von Ben Moore:
Elefanten im All
Da draußen

1. Auflage Mai 2019
2. Auflage August 2019

Deutsche Erstausgabe

Coverdesign: Maurice Ettlin
Bildnachweise: S. 51, 79 © NASA;
S. 15, 119, 149, 151, 154, 242, 256 © Ben Moore;
S. 131 © Fæ – CC BY-SA 3.0;
alle anderen Bilder sind gemeinfrei (public domain)
Satz: Fotosatz Amann, Memmingen
Druck und Bindung: CPI – Ebner & Spiegel, Ulm
ISBN 978-3-0369-5799-9
Auch als eBook erhältlich

www.keinundaber.ch

INHALT

VORWORT

Vor 50 Jahren, 1969, machten Menschen die ersten Schritte auf dem Mond. Es war eine der größten Errungenschaften der Menschheit. Inzwischen hat ein neuer Wettlauf zum Mond, ein neues »Space Race«, begonnen. Alle wichtigen Weltraumagenturen unseres Planeten und auch einige private Unternehmen haben angekündigt, bis 2030 eine Mondbasis errichten zu wollen. Die Zukunft für die Mondforschung scheint rosig.

Unser kosmischer Begleiter trägt noch immer viele Geheimnisse in sich, von seinen Wirkungen und Einflüssen auf das Leben auf der Erde bis hin zu seiner Entstehung. In den vergangenen 15 Jahren hat sich meine Forschungsarbeit allmählich von der Kosmologie hin zur Entstehung von Planeten verlagert. Es frustrierte mich, dass es noch immer keine überzeugende Theorie zur Entstehung des Mondes gab. Nun versuchen wir, mithilfe eines der leistungsfähigsten Supercomputer der Welt zu verstehen, wie der Mond entstanden ist.

Als junger theoretischer Astrophysiker begann ich, mithilfe von großen Computern unser Universum zu simulieren, und versuchte, die Entstehung von Galaxien und die Beschaffenheit Dunkler Materie zu verstehen. Ich war aber ein wenig neidisch auf meine beobachtenden Kollegen, die immer mal wieder verschwanden und ihre Tage und Nächte an exotischen Orten verbrachten, in spektakulären Observatorien auf Berggipfeln. Also stellte ich zusammen mit einem Kollegen einen Antrag, um weit entfernte Galaxien durch ein leistungsstarkes Teleskop beobachten zu können – mit dem hehren Ziel, deren Entfernung und Bewegungen zu messen. Wir waren überrascht, als wir tatsächlich zwei Wochen Zugang zu einem bescheidenen Zwei-Meter-Teleskop zugesprochen bekamen, und bereiteten uns aufgeregt auf unsere Beobachtungen vor. Aber was wir bei unserer Ankunft vorfanden, war nicht das, was wir erwartet hatten.

Ein modernes Observatorium ist ein Hightech-Labor. Der Bediener sitzt in einem Kontrollraum neben dem eigentlichen Instrument, damit die Temperaturunterschiede in der Teleskopkuppel möglichst gering bleiben. Heutige Astronomen schauen nie selbst durch die Linse eines Teleskops. Koordinaten werden in einen Computer eingegeben, das Teleskop bewegt sich automatisch in die korrekte Position und beginnt, sein Objekt in seiner Bewegung über den Nachthimmel zu verfolgen. Das Teleskop sammelt so viele Photonen wie möglich und fokussiert sie auf einen Detektor – ähnlich wie in einer digitalen Kamera, nur viel größer und empfindlicher. Der Detektor befindet sich in einem Bad aus flüssigem Stickstoff, um das Wärmerauschen zu unterdrücken, und zählt die Photonen buchstäblich Stück für Stück, während er ihre Positionen und Energien aufzeichnet. Auf dem Bildschirm im Kontrollraum tauchen langsam Bilder von weit entfernten Galaxien auf, die mit bloßem Auge nicht sichtbar sind.

Es fiel uns schwer, die ganze Nacht wach zu bleiben, vor allem, weil wir wegen des ununterbrochenen Regens, der mit unserer Ankunft eingesetzt hatte, nicht einmal das Kuppeldach öffnen konnten. Nach einer anstrengenden Woche voller schlafloser Nächte lösten sich die Wolken endlich auf. Die Bedingungen waren jedoch immer noch zu schlecht, um verwertbare Daten zu sammeln. Wir nutzten die Zeit, um einen Streit zu klären, der zwischen uns über den im Dunkel liegenden Teil der Mondscheibe entbrannt war. Ich war der Ansicht, dass neben der beleuchteten Mondsichel ein Lichthauch zu erkennen sei, aber mein Kollege hielt das für eine Illusion. Wir entschieden uns, mithilfe des Teleskops zu klären, wer recht hatte.

Als wir das Teleskop auf den im Dunkeln liegenden Teil des Mondes richteten, war da tatsächlich ein Lichtschimmer zu sehen, und wir konnten bis ins kleinste Detail die senkrechten Gesteinswände erkennen, die sich am Rande eines fünf Kilometer tiefen Einschlagkraters erhoben. Doch plötzlich schob sich die beleuchtete Mondsichel in unser Beobachtungsfeld. Die vielen Photonen, die auf den Detektor einprasselten, brachten augenblicklich den flüssigen Stickstoff zum Kochen. Der Computerbildschirm zeigte nur noch blindes Rauschen an, während sich das System überhitzte und den Geist aufgab. Schwaden von Stickstoffdampf füllten das Observatorium.

Der Mond ist tatsächlich sehr hell. Sehr viel heller als die weit entfernten Dinge, für deren Beobachtung so ein Teleskop gebaut wurde – 1000 Billionen mal heller, genau genommen. So endeten also unsere Observationen, und ich entschied mich, es von nun an bei der theoretischen Astrophysik zu belassen.

Diese Episode ereignete sich zu einer Zeit, als das Internet noch in den Kinderschuhen steckte und all die Informationen, die heute nur einen Mausklick entfernt sind, noch nicht so leicht zugänglich waren. Wir hatten daher keine Ahnung, dass Leonardo da Vinci bereits vor über 500 Jahren eine Skizze vom verdunkelten Teil der Mondscheibe gemacht und den Lichtschimmer als Erdschein identifiziert hatte.

Die Geschichte des Mondes – von seiner Entstehung bis hin zu seinen Auswirkungen auf unseren Planeten und auf das Leben – ist eine Geschichte, die ich schon lange erzählen wollte. In dieser Biografie des Mondes nehme ich Sie mit auf eine Reise in die Vergangenheit des Erdtrabanten, auf der wir uns der faszinierenden Folklore rund um den Mond genauso widmen werden wie den neuesten Forschungsergebnissen.

Die Astronomie begann mit der Beobachtung unseres Mondes, und noch immer macht sie bemerkenswerte Entdeckungen über unseren himmlischen Nachbarn. Seit wir uns Gedanken über den Kosmos machen, träumen wir davon, zum Mond zu reisen. Von Folklore und Mythen bis zur ersten Science-Fiction, immer inspirierten Geschichten über unseren Mond die Wissenschaftler, diese Träume zu verwirklichen. Beginnen wir unsere Entdeckungsreise des Mondes mit einigen dieser Geschichten.

1. TRÄUME VOM MOND

Eine meiner lebendigsten Kindheitserinnerungen ist eine Nacht, in der mein Vater mich mit nach draußen nahm, um mir den Mond zu zeigen. Er erzählte mir, dass dort oben Menschen seien, genau jetzt, die auf seiner Oberfläche herumliefen. Wir bildeten uns ein, mit bloßen Augen das Mondmodul sehen zu können, das um den Mond herumkreiste und auf die Astronauten wartete, um sie zurück zur Erde zu bringen. Natürlich war das unmöglich, aber nicht in den Augen und der Vorstellung eines Kindes. Es war im Winter 1972, und es war der letzte bemannte Flug zum Mond, Apollo 17. In jener Nacht hinterließ Eugene Cernan den letzten Fußabdruck auf dem Mond, als er wieder ins Landemodul stieg. Später erzählte er, es hätte sich angefühlt wie in einer Science-Fiction-Welt. Ich war gerade einmal sechs Jahre alt und konnte die enorme Leistung dieser Astronauten noch nicht begreifen, aber diese Nacht mit meinem Vater hinterließ einen tiefen Eindruck.

Die Astronomie nahm ihren Anfang, als man versuchte, die Zeit zu messen und die Omen vorherzusagen, die mit den Eklipsen und der Ausrichtung der Planeten in Verbindung gebracht wurden. Ohne das Wissen, das wir heute haben, würde man die Bewegungen und die Erscheinung des Mondes wohl fast selbstverständlich mit großen Mächten in Verbindung bringen – den Göttern. Man stelle sich einmal die Gedanken unserer Vorfahren vor, wenn sich am Himmel Unerwartetes ereignete. Diese historischen Schritte auf dem Weg zur Erforschung unseres Mondes nachzuzeichnen, ist unheimlich spannend. Auch wenn einige dieser Schritte eher Rückschritte waren, sind sie doch Teil unserer Geschichte.

Unser himmlischer Nachbar war von Beginn an eine Inspirationsquelle für uns Erdenbewohner. Es gehört zum Wesen des Menschen, zu träumen und sich seiner Vorstellungskraft zu bedienen. Träume vom Mond wurden über die gesamte Menschheitsgeschichte hinweg in unzähligen Erzählungen, Gedichten, Mythen und Legenden verwoben. Wie hätten frühe Gesellschaften sich sonst einen Reim machen können auf den Nachthimmel mit seinem alles überstrahlenden Mond? Viele der Ideen und Ansichten aus der Zeit vor der schriftlichen Aufzeichnung sind schwer zu rekonstruieren, aber einiges davon blieb über viele Generationen durch Folklore und Mythen erhalten. Geschichten über den Mond sind wahrscheinlich so alt wie die Menschheit selbst.

Irgendwann begannen unsere Vorfahren damit, den Lauf der Jahreszeiten zu messen, indem sie die Zyklen und Phasen des Mondes zählten. Vielleicht aus ganz praktischen Gründen, um zu wissen, wann es an der Zeit war, zu säen und zu ernten, oder aus zeremoniellen Gründen, um den Zeitpunkt für ein großes Fest zu bestimmen. Fast alle frühen Gesellschaften bedienten sich der regelmäßigen Mondzyklen, um die Zeit zu messen. Aber ich kann mir auch vorstellen, dass wir mit der Astronomie begannen, einfach weil wir es konnten, und weil es schön ist, den Nachthimmel zu beobachten.

Die Geschichte der Entdeckung unseres Mondes beginnt mit 30 000 Jahre alter lunarer Kunst in der Altsteinzeit und zieht sich bis in die Neusteinzeit, als Bauwerke errichtet wurden, die nach den jährlichen und monatlichen Bewegungen der Sonne und des Mondes ausgerichtet waren.

Die älteste Darstellung der Mondphasen stammt aus dem europäischen Aurignacien. Wenig ist bekannt über diese Kultur – sie kam aus dem Osten nach Europa und verdrängte vor rund 40 000 Jahren die Neandertaler. Aus ihr stammen die ältesten bekannten künstlerischen Repräsentationen von Tieren und Menschen, und das älteste bekannte Musikinstrument, eine Knochenflöte, die 2008 in Hohler Fels gefunden wurde, einer Steinzeithöhle in Süddeutschland. Vor rund 30 000 Jahren ritzte ein Angehöriger des Aurignacien in der Dordogne den Mondzyklus in ein Stück Knochen. Ein ähnlich bearbeitetes Stück Mammutelfenbein aus der Geißenklösterle-Höhle in Deutschland stammt aus der gleichen Zeit. Auf der einen Seite ist eine menschenähnliche Figur in anbetender Position abgebildet. An den Seiten und auf der Rückseite findet sich eine Reihe von Kerben, die auf die Mondphasen abgestimmt zu sein scheinen. An der Nilquelle, in der heutigen Demokratischen Republik Kongo, wurde der sogenannte Ishango-Knochen gefunden, der zwischen 16 000 und 25 000 Jahre alt ist. Einige Wissenschaftler sind der Meinung, dass die Einkerbungen auf dem Pavianknochen einen Kalender über die Spanne zweier Mondmonate darstellen.[1] Die berühmten Höhlenmalereien im französischen Lascaux wurden vor 20 000 Jahren bei Feuerschein auf den Fels gezeichnet – auch hier vermuten Forscher, dass auf ihnen die Mondphasen zu erkennen sind, außerdem die Gestirne der Plejaden und Hyaden.[2]

2004 wurden in Schottland zwölf eigenartig geformte Gruben entdeckt, die über einen Bogen von 50 Metern verteilt sind. Die mittlere Grube ist rund, misst 2 Meter und stellt

1 A. Marshack: *The Roots of Civilisation.* Moyer Bell 1991

2 M. Rappenglück: *Eine Himmelskarte aus der Eiszeit?* Peter Lang 1999

wohl den Vollmond dar; die äußeren Gruben gleichen in ihrer Form dem zunehmenden und abnehmenden Mond. Die Stätte, ihrem Standort nach als »Warren Field« bezeichnet, ist rund 10 000 Jahre alt und gilt als ältester bekannter Mondkalender. Die Gruben waren wahrscheinlich mit Holzstäben versehen, die sich zum Horizont hin nach einer prominenten Stelle ausrichteten. Sie waren ein Werkzeug, um die Zeit und die Jahreszeiten zu messen, eine Verbindung zwischen dem Sonnenjahr und den Mondphasen. Das Monument wurde über mehrere Tausend Jahre unterhalten und periodisch umgearbeitet – als Reaktion auf die sich ändernden Sonnen- und Mondzyklen –, bis der Kalender vor rund 4000 Jahren außer Gebrauch geriet.

HIMMLISCHE MÄCHTE

Mit dem Aufkommen der ersten Zivilisationen wurden ehrgeizigere Monumente aus riesigen Steinen errichtet, die nach wichtigen astronomischen Ereignissen ausgerichtet waren. Zu diesen Zeitpunkten geht zum Beispiel die Sonne an markierten Stellen des Bauwerks auf oder unter. In Europa und Asien gab es während der Neusteinzeit Tausende solcher Stätten. Bekannte Beispiele sind die Kreisgrabenanlagen im ägyptischen Nabta Playa und dem deutschen Goseck. Beide sind rund 5000 Jahre alt. Der Megalith-Tempel von Mnajdra in Malta, die ägyptischen Pyramiden und Stonehenge in England stammen alle etwa aus dem 3. Jahrtausend v. Chr. Viele dieser neusteinzeitlichen Bauwerke orientierten sich an den Tagundnachtgleichen und den Sonnwenden.

Die ersten uns bekannten schriftlichen astronomischen Aufzeichnungen wurden im 3. Jahrtausend v. Chr. in Mesopotamien und China gemacht, während in Indien das Wissen mündlich überliefert wurde. Aufkeimende Kulturen rund um

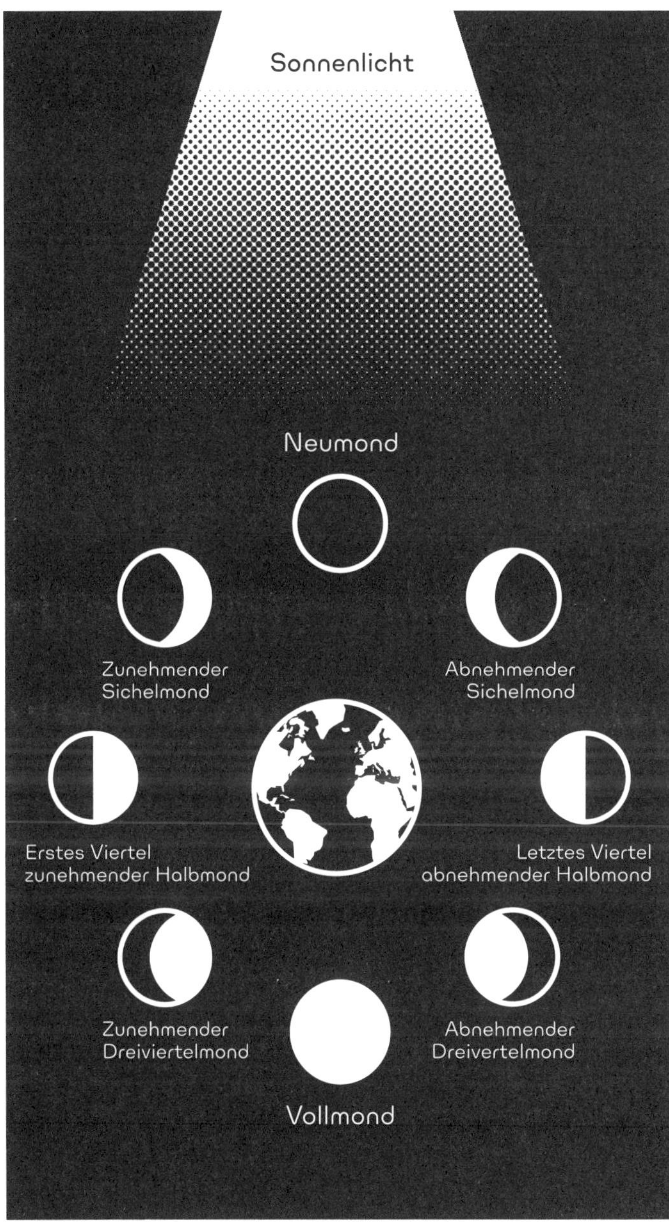

Die Mondphasen

den Globus versuchten in dieser Zeit, den Einfluss des Mondes auf ihr Leben zu verstehen, und fanden mythische Erklärungen für astronomische Ereignisse.

Einer der wichtigsten Götter der Sumerer und Babylonier war der Mondgott Sin – auch Nanna genannt –, symbolisiert durch eine Sichel oder einen Bullen. Den sich ständig wiederholenden Mondzyklus deuteten die Sumerer als die dem Mondgott innewohnende Kraft, sich jeden Monat neu zu erschaffen. Sie glaubten, dass er diese Kraft auf alle lebenden Kreaturen übertragen könne – der Mondgott war also ein Fruchtbarkeitsgott. Viele der sumerischen Legenden wurden später in der Bibel und im Koran aufgegriffen.

Der Zweikampf zwischen Horus und Seth ist ein Mythos aus dem alten Ägypten, der gegen Ende des 2. Jahrtausends v. Chr. auf Papyrus geschrieben wurde. Es gibt viele Versionen dieser Legende vom Kampf zwischen den Göttern um die Weltherrschaft. Seth war der Gott der Wüste und der Gewalt. Horus war ein Himmelsgott, sein rechtes Auge symbolisierte die Sonne, sein linkes den Mond. Während eines besonders grausamen Kampfes riss Horus Seth einen seiner Hoden ab, und Seth riss Horus das linke Auge aus. Seths Verstümmelung symbolisiert einen Verlust seiner Potenz und Kraft, was in Verbindung gebracht werden kann mit der Dürre der Wüste. Der Diebstahl oder die Zerstörung des Auges von Horus wird gleichgestellt mit der Verdunkelung des Mondes im Laufe seines Zyklus – oder mit den rätselhaften Eklipsen.[3]

Viele der antiken Kulturen brachten die Mondzyklen und Eklipsen mit Leben und Tod in Verbindung. In der Mahabha-

3 G. Pinch: *Egyptian Mythology – A Guide to the Gods, Goddesses, and Traditions of Ancient Egypt.* Oxford University Press 2004: 82–83

rata, dem indischen Epos aus dem 4. Jahrhundert v. Chr., werden Eklipsen als Folge einer Schlacht zwischen Göttern und Dämonen beschrieben, die bis in alle Ewigkeit andauert. Die Geschichte geht in etwa so: Die Götter wollten Amrita brauen, den Nektar der Unsterblichkeit, der durch »samudra manthan« entsteht – das Aufwühlen des Milchozeans. Es war eine schwierige Aufgabe, also baten sie die Asura-Dämonen um Hilfe. Im Gegenzug versprachen sie, den Nektar mit den Dämonen zu teilen. Als die Tat vollbracht war, nahm der Gott Vishnu die Form einer schönen Frau an, lenkte die Dämonen ab und griff sich den Nektar, um ihn unter den Göttern zu verteilen. Der Dämon Rahu schaffte es jedoch, sich unter die Götter zu mischen, und nahm einen Schluck vom Nektar. Der Sonnengott Surya und der Mondgott Chandra erkannten ihn und warnten Vishnu. Daraufhin schlug dieser Rahu den Kopf ab. Doch weil der Dämon vom Amrita getrunken hatte, waren sein Kopf und sein Körper unsterblich. Rahu war wütend auf Surya und Chandra, weil sie Vishnu gewarnt hatten, und so jagen sein kopfloser Körper (Ketu) und sein körperloser Kopf (Rahu) sie auf alle Ewigkeit durch den Himmel. Von Zeit zu Zeit erwischt Rahu einen der beiden Verräter und verschluckt ihn, was zu einer Eklipse führt. Da er aber nur ein abgeschlagener Kopf ist, schlüpfen Sonne und Mond einfach aus seinem Hals heraus und werden wieder sichtbar.

In der griechischen Mythologie gab es Selene, die schöne Göttin des Mondes, Tochter der Titanen Hyperion und Theia und Schwester des Sonnengottes Helios und der Göttin der Morgenröte, Eos. Selene bewegt sich mit ihrer silbernen Mondkutsche über den Himmel, gezogen von geflügelten Pferden. In der *Hymne an Selene* von Homer aus dem 2. Jahrhundert v. Chr. ist zu lesen:

»[…] und es glänzt der verfinsterte Aether
Hell von dem Golddiadem, und weithin
schimmern die Strahlen,
Wann von Ozeanos Strome, die herrlichen
Glieder gebadet,
Und in die Kleider gehüllet, die leuchtenden,
Göttin Selene,
Ihr starrhalsiges Gespann an den Wagen geschirret,
Vorwärts treibt im Schwunge den Zug
schönhaariger Roße,
Abends im Vollmondlicht, wann rund der
gewaltige Kreis strahlt;
Und es verbreiten sich da von der wachsenden,
hoch von dem Himmel,
Strahlen von leuchtendem Glanz; und sie wird
Wahrzeichen den Menschen.«[4]

In manchen dieser Mythen sind Sonne und Mond Götter oder mystische Gestalten, in anderen sind sie Mann und Frau oder Bruder und Schwester. Máni ist die Personifikation des Mondes in der nordischen Mythologie. In der altnordischen Sage *Edda* findet sich im Völuspá-Lied diese Stelle:

»Die Sonne von Süden,/des Mondes Gesellin,
Hielt mit der rechten Hand/die Himmelrosse.
Sonne wuste nicht/wo sie Sitz hätte,
Mond wuste nicht/was er Macht hätte,
Die Sterne wusten nicht/wo sie Stätte hätten.«[5]

4 *Die Homerischen Hymnen*. Übersetzt und mit Anmerkungen begleitet von Konrad Schwenk. Brönner 1825: 209

5 *Die Edda*. Übersetzt von Karl Simrock. Verlag der J. G. Cotta'schen Buchhandlung 1864: 3

Das unterschiedliche Geschlecht des Mondes in verschiedenen Sprachen könnte von diesen frühen Mythen und Legenden herrühren. Im Lateinischen, Französischen und Italienischen ist der Mond weiblich. Die griechische Göttin des Mondes, Selene, wurde auch »Mene« genannt. Das Wort »men« (feminin »mene«) bezeichnete den Mond und den Mondmonat im Altgriechischen. Es war auch die Bezeichnung für den phrygischen Mondgott »Men«. Selenes römisches Gegenstück war die Mondgöttin Luna.

Im Gegensatz dazu betrachteten die teutonischen Stämme die Sonne als weiblich, der Mond war eine männliche Gottheit. Der Historiker Francis Palgrave schreibt in seiner 1831 erschienenen *History of the Anglo-Saxons*: »Im Gegensatz zur Mythologie der Griechen und Römer wurde die Sonne von allen Teutonen als weiblich gesehen, und der Mond als männliche Gottheit. Sie waren der merkwürdigen Ansicht, dass, würden sie diese Macht als Göttin anbeten, ihre Frauen zu ihren Gebietern würden.«[6] Die Legende des Mannes im Mond wird in vielen nordischen Volksbräuchen ähnlich erzählt, oft als Geschichte eines räuberischen Mannes, der die Wahl hat, auf die heiße Sonne oder den kalten Mond verbannt zu werden – und den Mond wählt.

Etymologisch gesehen hat das Wort »Mond« mit dem Gebrauch des Mondes zu tun – man maß mit seiner Hilfe die Länge eines Monats. Das moderne deutsche Wort Mond stammt vom althochdeutschen māno ab, welches sich wiederum aus dem protogermanischen mēnô ableitet. Von mēnô lassen sich zum Beispiel Moon im Englischen, måne im Schwedischen oder máni im Isländischen ableiten. Das protogermanische mēnô geht auf das proto-indoeuropäische mēh$_1$n̥s (bedeutet sowohl Mond als auch Monat) zurück, aus der

6 F. Palgrave: *History of the Anglo-Saxons.* John Murray, London 1831: 52

Wurzel *meh_1-, messen, weil der Monat die Zeiteinheit war, die mithilfe des Mondes gemessen wurde.

Der Monat wurde von den Sumerern und Babyloniern in Sieben-Tage-Wochen eingeteilt, und die Tage trugen die Namen der sieben bekannten Himmelskörper – der Sonne, des Mondes und der Planeten. Eine Tafel aus dem 17. Jahrhundert v. Chr. erzählt ihre Schöpfungsgeschichte: »Dann gab Marduk dem Mondgott die Kontrolle über die Nacht und sagte: ›Jeden Monat soll dein Diadem aus Licht auf dem Haupt des Abends leuchten. Denn du sollst die Zyklen messen; sechs Tage lang sollst du Hörner aus Licht zeigen; am siebten soll deine Krone vollendet sein.‹«[7] Sieben Tage stimmen mit der Zeit überein, in welcher der Mond von einer Phase in die nächste übertritt: voll, abnehmend, leer und zunehmend. Weil der Zyklus des Mondes aber 29,5 Tage dauert, fügten die Babylonier der letzten Woche eines Monats jeweils einen oder zwei Tage hinzu. Die jüdische Tradition folgt der gleichen Sieben-Tage-Woche. Das *Buch Genesis*, das die Schöpfungsgeschichte in sieben Tagen beschreibt, wurde wahrscheinlich um 500 v. Chr. im babylonischen Exil geschrieben.

Für viele Stämme und Gesellschaften spielen lunare Mythen bis heute eine wichtige kulturelle Rolle. So folgt zum Beispiel der Stamm der Ngas in Nigeria einem Kalender, der auf regelmäßigen Beobachtungen des Mondes basiert. Ihr Ackerbau und ihr soziales Leben richten sich nach dem Mondkalender. Jeden Monat warten sie darauf, dass die erste Mondsichel am östlichen Horizont erscheint, und ihr größtes Fest wird dann gefeiert, wenn die erste Mondsichel ihres neuen Jahres sich zeigt. Während der Festlichkeiten, die eine Woche dauern,

7 L. S. Copeland: »Sources of the Seven-Day-Week«. *Popular Astronomy* XLVII (464), 1939

werden die Häuser und Dörfer rituell gereinigt, Geschenke gemacht, und »Mondbier« getrunken. Junge Buben bekommen den Vollmond aufs Gesicht gemalt – sie sind die »Söhne des Mondes« – und schießen Pfeile in den Himmel, um den alten Mond zu erlegen und den neuen Mond ins Leben zu rufen. Das Erlegen des alten Mondes muss zeitlich genau abgestimmt werden; die erste Mondsichel muss am nächsten Abend zu sehen sein. Erscheint sie nicht, werden alle Dorfbewohner krank. Die Ngas beobachten auch den Winkel der ersten Mondsichel in jedem Monat, weil sie glauben, dass ihnen dieser Auskunft über die Intensität der Regenfälle gibt. In der Nähe des Äquators erscheint der Neumond eher wie eine Schale, die Spitzen der Sichel nach oben gerichtet. Zusätzlich scheint der Mond über den Lauf eines Monats ein wenig zu kippen – weil sich durch unsere rotierende Erde unsere Perspektive ändert.

Dass der Mond das Leben und die Bedingungen auf unserer Erde beeinflusst, findet sich in vielen alten Mythen. Aber ist das tatsächlich so? Nun, die Realität ist noch bemerkenswerter als alle Legenden. Der Lebenszyklus und die Aktivität vieler Lebensformen auf unserem Planeten stehen in enger Verbindung zu den Mondphasen (Kapitel 13). Neue Forschungsergebnisse zeigen zudem einen Zusammenhang zwischen dem Mond und dem Wetter auf der Erde. Über einen längeren Zeitraum hinweg könnte der Mond auch für die Eiszeiten verantwortlich sein. Aber der Mond stabilisiert auch unseren sich drehenden Planeten und schützt uns vor chaotischen Klimaveränderungen. Ohne unseren Mond wäre das Leben auf der Erde sicherlich ganz anders, und komplexe Lebensformen hätten sich vielleicht gar nicht entwickeln können.

Die ersten Mythen versuchten, natürliche Ereignisse wie die Phasen und Eklipsen des Mondes zu beschreiben. Irgendwann wurden aus diesen Legenden und Geschichten Religionen. Der Unterschied? Mythen erzählen zu diesen kosmischen Erscheinungen eine Geschichte, während Religionen diesen Geschichten und Phänomenen eine tiefere Bedeutung geben, einen Grund, einen Zweck und eine Wirkung. Viele antike Kulturen sahen die Ereignisse des Kosmos als bedeutsame Omen der Götter an. Das, was für die Menschen auf Anhieb nicht verständlich war, musste das Werk von etwas Höherem sein. Und genauso wie sich Mythen in Religionen verwandelten, verwandelten sich himmlische Omen schließlich in Astrologie.

Die griechischen Philosophen waren um das 6. Jahrhundert v. Chr. die Ersten, die sich von der Idee lossagten, dass Götter über den Kosmos und das Geschehen auf der Erde bestimmten. Sie verstanden die tatsächlichen Gründe für die Eklipsen und die Mondphasen und maßen sogar den Abstand zum Mond und seine Größe (Kapitel 8). Aber dieses rationale Denken endete abrupt mit dem Römischen Reich. Behauptungen wie jene von Ptolemäus und Plinius dem Älteren versetzten die Wissenschaft um ein Jahrtausend zurück. Man glaubte, der Mond beeinflusse das Verhalten der Menschen, die Astrologie florierte, und aus den Träumen vom Mond wurden im Mittelalter regelrechte Albträume (Kapitel 9). Das Licht des Vollmonds, so ein Aberglaube, mache Menschen wahnsinnig. Weil der Mond in der Lage ist, Ozeane zu bewegen, verbreitete sich die Überzeugung, er müsse einen Einfluss auf alles Leben auf der Erde haben.

Von der Antike bis ins 17. Jahrhundert wurde der Mond für einen der Planeten gehalten, die sich in gläsernen Hüllen über den Nachthimmel bewegten – ebenso wie die Sonne. Der Mond war gar der wichtigste unter den Planeten, und selbstverständlich war er von einem allmächtigen Schöpfer erschaffen worden. Wissenschaftliche Theorien zu seiner Entstehung kamen erst nach der Erfindung des Teleskops auf, als die Religion ihre Fesseln gegenüber dem freien Denken etwas gelöst hatte (Kapitel 10). Descartes' Werk *Le Monde* stammt aus dem Jahr 1630 und beschreibt, wie seiner Ansicht nach die Erde und der Mond aus Wirbeln entstanden sind. In den vergangenen 400 Jahren gab es viele verschiedene Erklärungsversuche zur Entstehung unseres prächtigen Mondes. Doch keiner von ihnen hat die Zeit überdauert, und nicht einmal heute ist sich die Wissenschaft einig über die Details seiner Entstehungsgeschichte (Kapitel 4).

Weil man so wenig darüber wusste, was und wie der Mond tatsächlich war, konnte man nur spekulieren. Einige Philosophen bei den alten Griechen glaubten, der Mond sei ein Tor zu einem Ring aus Feuer. Andere wiederum schrieben, dass er das Licht der Sonne reflektiere und der Erde sehr ähnlich sein müsse. Diese Ideen gaben Schriftstellern, Poeten und Dramatikern viele Freiheiten, und sie schufen wunderbare Erzählungen davon, wie es wäre, zum Mond zu reisen und die Wesen zu treffen, die dort wohnten. Ihre Werke waren nicht so eingeschränkt wie die heutige Science-Fiction – weil man noch so wenig über den Mond wusste. Heute würde man eine solch ausufernde Vorstellungskraft schlicht als Fantasy abtun.

Vor fast 2000 Jahren schrieb der römische Autor Lukian von Samosata seine *Wahren Geschichten*, eine satirische Erzählung, in der Lukian und seine Gefährten von einem Wirbelwind in die Luft gehoben werden, der sie bis auf die Oberfläche des Mondes trägt. Dort angekommen, werden die Abenteurer in einen Krieg zwischen den Königen der Sonne und des Mondes hineingezogen – es geht darum, wer das Recht habe, die Venus zu besiedeln.

Die japanische *Geschichte vom Bambussammler und dem Mädchen Kaguya* ist eine wunderbare kurze Erzählung über ein

Wesen vom Mond, das aus dem Mondpalast verbannt und auf die Erde geschickt wird. Nachdem sie eine wunderschöne menschliche Form angenommen und 20 Jahre auf der Erde verbracht hat, sich verliebt und die Herzen vieler Erdlinge erobert hat, wird die Heldin gegen ihren Willen zurück zum Mond gebracht, während die Menschheit ihr Flehen hilflos mit ansieht.

EINE FREMDE WELT

Die Erfindung des Teleskops zu Beginn des 17. Jahrhunderts sorgte für viel Aufregung. Es war, als hätte man eine neue Welt entdeckt, und die Menschen waren fasziniert von der Vorstellung, die Mondoberfläche sehen zu können. In den nächsten 300 Jahren wurde die überwältigende Lichtscheibe am Nachthimmel durch immer größere Teleskope betrachtet. Astronomen spekulierten über die Existenz von Flüssen und Ozeanen, Bäumen und Tieren. Es gab einige kühne Behauptungen, auf der Mondoberfläche Leben beobachtet zu haben, aber durch die damaligen Teleskope konnte man nichts erkennen, das kleiner war als ein paar Kilometer im Durchmesser. Bis in den Sechzigerjahren die ersten Raumschiffe auf dem Mond landeten, war uns seine Oberfläche voller Krater ein Rätsel.

Viele waren der Ansicht, dass der Mond Leben beherbergen müsse, und sie träumten davon, ihn zu besuchen. Aber wie würde dieses Leben aussehen? Und wie käme man zum Mond? Johannes Kepler war einer der Ersten, die den Mond durch ein Teleskop sahen. Wenig später, im Jahr 1608, schrieb er *Somnium*, das allerdings erst 1634 veröffentlicht wurde. Der Erzähler wird im Traum von einem Dämon (einer wohlwollenden Intelligenz) hoch über die Erde gehoben. Er bewegt sich im Schatten einer Eklipse, bis er auf die Mondoberfläche fällt. Kepler beschreibt, wie es sein könnte, auf der zu- und der abgewandten Seite des Mondes zu stehen, und den ewigen Blick auf die Sonne von seinen Polen zu erfahren. Es scheint, als wollte Kepler das neue kopernikanische Weltbild in einer Science-Fiction-Geschichte erklären, um so der Rache der Kirche zu entkommen.

Francis Godwin schrieb zu Beginn des 17. Jahrhunderts – wahrscheinlich noch vor Keplers *Somnium* – *The Man in the Moone* (*Der Mann im Mond*), jedoch wurde auch dieses Werk erst 1638 veröffentlicht. Der Held der Erzählung ist ein gewisser Domingo Gonsales, der in einem von Schwänen gezogenen Flugapparat zum Mond befördert wird. Gonsales trifft dort auf eine besiedelte Welt mit Ozeanen – und ein Volk von hochgewachsenen Christenmenschen, die in einer Art Utopie leben. Godwin beschreibt auch die Bewegungen des Mondes und der Erde, lässt sich aber nicht völlig auf das neue kopernikanische Weltbild ein – wahrscheinlich, weil er ein Bischof der Kirche war.

1657 veröffentlichte der französische Romanautor und Dramatiker Cyrano de Bergerac *L'Autre monde ou les états et empires de la lune* (*Die Reise zum Mond).* Es ist ein satirischer Roman, in dem der Erzähler, Cyrano, erfolglos versucht, mit einem wasserbetriebenen Fahrzeug den Mond zu erreichen. Ziel der Reise war es, den Mond zu besuchen und zu beweisen, dass es dort eine Zivilisation gibt, welche die Erde für ihren Mond hält! Cyrano schafft es schließlich in den Weltraum, allerdings mit einem Gefährt, das von Feuerwerk angetrieben wird. Der Autor hatte wohl keine Ahnung, dass das, was er sich als Komik ausgedacht hatte, ein paar Jahrhunderte später tatsächlich die Grundlage für die Raumfahrt sein würde. Auf seiner Reise trifft Cyrano den Geist des Sokrates und Domingo Gonsales, die Figur aus Francis Godwins Buch. Er unterhält sich mit Gonsales über die unsinnige Idee eines Gottes.

Die Abenteuer des Barons Münchhausen[8] aus dem Jahr 1786 erzählen davon, wie Mondbesucher durch einen Sturm von der Erde auf die Oberfläche des Mondes geblasen werden. George Tuckers Roman *A Voyage to the Moon* (1827) nutzt ein Anti-Gravitations-Material, um die Reisenden auf den Mond zu befördern. In anderen Werken aus dieser Zeit wurden Sprungfedern, Ballone und viele andere Arten von Vorrichtungen verwendet, um Menschen zum Mond zu bringen. Er wurde meist als utopisches Paradies voller Leben dargestellt – ein klares Zeichen für die herrschende Aufregung in einer Zeit, als diese neue Welt mithilfe der weltgrößten Teleskope immer detaillierter dargestellt werden konnte.

In Jules Vernes *De la terre à la lune* (1865) wird eine Kanone verwendet, um eine Kapsel auf den Mond zu befördern – ein Konzept, das sich später im ersten Science-Fiction-Film über den Mond, dem spektakulären *Le voyage dans la lune* (1902) von Georges Méliès, wiederfindet. Jules Verne schrieb »harte« Science-Fiction; so realistisch wie möglich. Er war vielleicht der Erste, der sich eine realistische Raumkapsel ausdachte, und der die Schwerelosigkeit im Weltraum zutreffend beschrieb, bevor jemand diese überhaupt am eigenen Leib erfahren hatte. Da er sich keinen wissenschaftlichen Reim darauf machen konnte, wie die Reisenden von der Mondoberfläche zurück zur Erde kommen könnten, flogen seine Figuren um den Mond herum und kehrten zur Erde zurück.

Als man gegen Ende des 19. Jahrhunderts kosmische Reisen ernsthaft in Betracht zu ziehen begann, waren Astronomen bereits ziemlich skeptisch in Hinsicht auf höher entwickeltes Leben auf dem Mond. Es gab keinen Nachweis für eine Atmosphäre, Wasser oder Wetter auf dem Mond. Und Astronomen hatten erst kürzlich erstmals die extremen Temperatu-

8 G. A. Bürger: *Wunderbare Reisen zu Wasser und zu Lande – Feldzüge und lustige Abenteuer des Freiherrn von Münchhausen.* Göttingen 1786

Szene aus dem Science-Fiction-Film »Die Reise zum Mond« (»Le voyage dans la lune«, 1902) von Georges Méliès

ren auf seiner Oberfläche gemessen. Dies spiegelt sich auch in der Science-Fiction dieser Zeit – mehrere Autoren beschreiben den Mond als trostlose Welt ohne Leben, während in anderen Geschichten die Reisenden auf die Ruinen längst untergegangener Zivilisationen stoßen. In *The First Men in the Moon* (1901) von H. G. Wells wird, ähnlich wie bei George Tucker, ein Anti-Gravitations-Material dazu verwendet, ein Raumfahrzeug zum Mond zu steuern. Die beiden Reisenden finden eine öde Landschaft vor, entdecken aber im Inneren des Mondes eine fortschrittliche Insekten-Zivilisation.

Ebenso wie die Arbeit der Astronomen als Inspiration für Romane, Filme und Science-Fiction diente, inspirierte die Fiktion eine neue Generation von Wissenschaftlern, den Traum von einer Reise zum Mond zu verwirklichen. Konstantin Ziolkowski, geboren 1857 in einem kleinen Dorf in der Mitte Russlands, war einer der Ersten, die sich detaillierte Gedanken zur Entdeckung des Weltraums und zur Raketentechnik machten. Er war ein schüchternes Kind, das wegen einer Krankheit zu Hause unterrichtet wurde und viel Zeit mit dem Lesen von Science-Fiction und wissenschaftlichen Arbeiten verbrachte.

Ziolkowski träumte davon, den Weltraum zu besiedeln, und war der erste echte Raketenwissenschaftler – 1897 stellte er die Raketengrundgleichung auf, die heute seinen Namen trägt. 1903 veröffentlichte er seine bekannteste Arbeit, *Erforschung des Weltraums mittels Reaktionsapparaten*, in welcher er die nötige Energie für eine Reise in den Weltraum berechnete und eine mehrstufige, von Sauerstoff und Wasserstoff angetriebene Rakete vorschlug. Ziolkowskis Gleichung und sein mehrstufiger Entwurf wurden zur Grundlage für die Raumfahrt. 1911 schrieb er in einem Brief an einen Freund: »Die Erde ist die Wiege der Menschheit, aber wir können nicht auf immer in einer Wiege leben.« Obwohl er an eine Vielfalt von Leben im Weltall glaubte und ein Verfechter der menschlichen Raumfahrt war, baute er nie eine Rakete, um seine Ideen zu überprüfen. Erst Jahrzehnte später begannen die Wissenschaftler der Sowjetunion damit, seine Träume in die Tat umzusetzen.

1893 veröffentlichte Ziolkowski seinen Science-Fiction-Roman *Auf dem Monde*, in welchem er realistisch schildert, wie es wäre, auf dem Mond zu stehen – unter dem Einfluss der schwächeren Gravitation. In einer anderen Arbeit widerlegte er Jules Vernes Idee, für die Raumfahrt eine Kanone einzusetzen. Er berechnete, dass eine solche Kanone unmöglich lang sein müsste und die Reisenden einer *g*-Kraft von über 20 000 aussetzen würde, was jeden Astronauten sofort in ein Mus aus Biomasse verwandeln würde. Dennoch inspirierte ihn Vernes Geschichte dazu, seine Arbeit voranzutreiben. Seine von ihm selbst verfasste Grabschrift lautet: »Der Mensch wird nicht immer auf Erden bleiben; sein Streben nach Licht und Raum wird dazu führen, dass er zaghaft die Grenzen der Atmosphäre durchbricht und schließlich das gesamte Weltall erobert.«

Ziolkowski war nicht der Einzige, den die Science-Fiction zur Raketenwissenschaft führte. 1913 veröffentlichte der französische Flugzeugdesigner Esnault Pelterie ebenfalls eine von ihm selbst abgeleitete Raketengrundgleichung – die Arbeit von Ziolkowski war ihm nicht bekannt. In seiner Rede an die französische physikalische Gesellschaft erklärte er 1912: »Zahlreiche Autoren haben den Menschen, der von Stern zu Stern reist, als Fiktion dargestellt. Niemand hat je daran gedacht, die physikalischen Erfordernisse und die Größenordnung der relevanten Phänomene zu untersuchen, die für die Verwirklichung dieser Idee erforderlich sind. Dies ist das einzige Ziel der vorliegenden Arbeit.«

Ein weiterer Pionier der Raketenwissenschaft war der deutsche Physiker Hermann Oberth (1894–1989). Im Alter von elf Jahren las er wieder und wieder Jules Vernes *Von der Erde zum*

Mond und *Reise um den Mond*, bis er die Texte fast auswendig konnte. Er war fasziniert von der Idee, mit einer Rakete ins All zu reisen, und baute mit 14 Jahren seine erste Modellrakete. Aufgrund dieser Erfahrung hatte auch er die Idee einer mehrstufigen Rakete. 1922 schrieb er seine Dissertation und das später legendäre Buch *Die Rakete zu den Planetenräumen*. Oberth wurde später von Wernher von Braun rekrutiert, um während des Zweiten Weltkriegs die V-2-Rakete zu bauen. Wie viele andere Raketenwissenschaftler war Oberth von der Vorstellung getrieben, das Weltall zu erkunden. 1957 schrieb er: »Denn das ist das Ziel: Dem Leben jeden Platz zu erobern, auf dem es bestehen und weiter wachsen kann, jede unbelebte Welt zu beleben und jede lebende sinnvoll zu machen.«

Oberth war wissenschaftlicher Berater des ersten realistischen Science-Fiction-Films *Frau im Mond* (1929). Fritz Lang führte Regie bei diesem wundervollen Stummfilm, der auf dem gleichnamigen Roman von Langs damaliger Frau, Thea von Harbou, basierte – sie schrieb übrigens auch das Drehbuch zum Filmklassiker *Metropolis*. *Frau im Mond* stellt viele der Entdeckungen und Spekulationen dar, die Wissenschaftler in den Jahrzehnten zuvor gemacht hatten. Wenn Sie in diesem Buch beim Kapitel über die ersten teleskopischen Beobachtungen angelangt sind, werden Sie den Film mit ganz anderen Augen sehen!

Der amerikanische Raketenwissenschaftler Robert Goddard fühlte sich vor allem durch H. G. Wells' *Krieg der Welten* inspiriert. Er sagte einmal: »Es ist schwer zu sagen, was unmöglich ist, denn die Träume von gestern sind die Hoffnungen von heute und die Tatsachen von morgen.« Goddard startete 1926 die erste Rakete mit Flüssigtreibstoff, die bei einer Startgeschwindigkeit von über 800 Stundenkilometern eine Höhe von mehr als zwei Kilometern erreichte. Er wusste nichts von Ziolkowski und ließ 1914 eine mehrstufige Rakete mit Flüssigtreibstoff patentieren. Außerdem machte er viele neue Erfindungen, zum Beispiel die Drei-Achsen-Gyroskop-Steuerelemente, die Raketen zur Flugstabilisierung dienen.

VON ASTRONAUTEN UND TOURISTEN

Diese Pioniere der Raketenwissenschaft läuteten eine neue Ära des Realismus ein, in der viele dachten, der Mensch würde bald auf dem Mond landen. Populärwissenschaftliche Artikel wie jener des Physikers und Science-Fiction-Autors Arthur C. Clarke mit dem Titel *We Can Rocket to the Moon – Now* (1939 im Magazin *Tales of Wonder* veröffentlicht) unterstützten diese Annahmen. Nach dem Zweiten Weltkrieg, in dem die Furcht einflößende V-2-Rakete den Himmel gekreuzt hatte, erschienen einige Science-Fiction-Geschichten, die von einer baldigen Landung auf dem Mond handelten. Dazu gehören auch ein paar exzellente Romane von Robert Heinlein, zum Beispiel *Der Mann, der den Mond verkaufte* (*The Man Who Sold the Moon*, 1950).

In seinem bekannten Buch *A Guide to the Moon* schrieb der britische Astronom Sir Patrick Moore 1953: »Unsere Erde ist geplündert. Der moderne Mensch seufzt nach neuen Welten, die er erobern kann, und das Sonnensystem wartet darauf, von ihm inspiziert zu werden. Er hat die Fähigkeiten dazu, und er ist dabei, das nötige Wissen zu erlangen; und wenn er bei Sinnen bleibt, befindet er sich an der Schwelle zum Weltraumzeitalter.«[9]

1957 hatte es die Sowjetunion vollbracht, mit Sputnik den ersten künstlichen Satelliten ins All zu schicken. Und 1958 wurde die amerikanische Weltraumagentur NASA gegründet;

9 Falls nichts anderes vermerkt, wurde selbst aus dem Englischen übersetzt

zu einem Zeitpunkt, als man schon darüber diskutierte, welche wissenschaftlichen Fortschritte durch die Erkundung des Sonnensystems erzielt werden könnten. Ihr erstes Ziel: der Mond.

Arthur C. Clarkes Science-Fiction-Roman *A Fall of Moondust* (*Im Mondstaub versunken*) aus dem Jahr 1961 zeugt vom Wissen über unseren Trabanten kurz vor der ersten Mondlandung. Er spielt im 21. Jahrhundert, nach der Besiedlung des Mondes. Dieser ist zum Reiseziel wohlhabender Touristen geworden. Eine der Attraktionen ist eine Fahrt über die lunaren Maria – die dunklen Ebenen, die von der Erde aus zu erkennen sind – mit dem Jetski. Die unglückseligen Touristen versinken im tiefen Mondstaub, und ein Wettlauf gegen die Zeit beginnt, um sie zu retten.

Arthur C. Clarke schrieb Science-Fiction, die auf wissenschaftlicher Plausibilität beruhte. Tatsächlich war vor der ersten Mondlandung nicht bekannt, was von der Mondoberfläche zu erwarten war, und viele Wissenschaftler – ebenso wie die Apollo-Astronauten – machten sich Sorgen, dass das Landemodul im Mondstaub versinken könnte. Clarkes Geschichte von den Weltraum-Touristen war hellsichtig, denn heute sind diese der wichtigste Antrieb der privaten Raumfahrtindustrie. In seiner Rede vor dem amerikanischen Kongress sagte Arthur C. Clarke 1975: »Ich bin sicher, es hätte keine Menschen auf dem Mond gegeben, wenn Wells und Verne und die Leute, die darüber geschrieben und die Leute zum Nachdenken gebracht haben, nicht gewesen wären. Ich bin ziemlich stolz darauf, dass ich mehrere Astronauten kenne, die durch das Lesen meiner Bücher zu Astronauten wurden.«

Bevor ich zu den zukünftigen Träumen vom Mond komme (Kapitel 14), erscheint es mir sinnvoll, einen genaueren Blick darauf zu werfen, wie die Träume dieser ersten Raketenwissenschaftler und Science-Fiction-Autoren in die Tat umgesetzt wurden. Träume, die letztlich dazu führten, dass Menschen auf dem Mond herumliefen und Beweismaterial zurück auf die Erde brachten, das uns erlaubte, die Geschichte und Entstehung unseres Trabanten tiefer zu ergründen. Träume, die nie vergessen gingen und heute einen neuen Wettlauf ins All befeuern. In den vergangenen Jahren haben verschiedene Weltraumagenturen angekündigt, nicht nur zum Mond zurückkehren, sondern bis 2030 bemannte Mondbasen einrichten zu wollen. Doch nicht nur Nationen und Wissenschaftler träumen davon, den Mond wieder zu besuchen. Eine neue Generation von Milliardären will mithilfe der privaten Raumfahrtindustrie ihre ganz eigenen Träume in die Tat umsetzen.

2. HERRLICHE VERWÜSTUNG

Vor 50 Jahren betrat der erste Mensch den Mond, und ein Fünftel der Weltbevölkerung war live dabei.

Die Geschichte der ersten Mondlandung könnte mit vielem beginnen, aber beginnen wir mit der Rakete. Um zum Mond zu gelangen, brauchte es ein Gefährt, das die Anziehungskraft der Erde überwinden und das Vakuum des Weltalls durchqueren konnte – und dabei eine Lebensform transportierte, die nicht dafür geschaffen war, jenseits der unteren atmosphärischen Schichten der Erde zu existieren.

Die ersten Raketen wurden im 13. Jahrhundert in China gebaut. Diese chemisch angetriebenen Feuerwerkskörper wurden mit großem Erfolg im Krieg gegen die Mongolen eingesetzt. Feuerwerkskörper verwenden eine Art Schießpulver, das mit dem heutigen Raketentreibstoff nicht viel zu tun hat, aber es kann aus leicht erhältlichen Zutaten gemischt werden: Schwefel, Kohle und Salpeter (Kaliumnitrat), das als Oxidationsmittel dient – als Stoff, der anderen Elementen die Elektronen entreißt, sie dabei enger bindet und während der Reaktion Energie freisetzt.

Lange glaubte man, dass die Raketentechnik bis ins 20. Jahrhundert keine nennenswerten Fortschritte machte. Doch 1961 wurde ein altes Manuskript entdeckt, das ein österreichischer Militäringenieur namens Conrad Haas im 16. Jahrhundert verfasst hatte. Es enthielt eine Abhandlung über Raketentechnik, in welcher Feuerwerkskörper mit Waffen kombiniert wurden. Haas skizzierte mehrstufige Raketen und regte den Gebrauch von Flüssigtreibstoff und aerodynamischen Finnen zur Stabilisierung an. Er könnte sogar – in einer Skizze eines von einer Rakete angetriebenen Hauses – das moderne Raumschiff vorausgeahnt haben. Obwohl er ein Entwickler von Waffentechnologie war, endet sein Buch mit einem humanistischen Ausblick: »Aber mein Rath mehr Fried und kein Krieg, die Büchsen do sein gelassen unter dem Dach, so wird die Kugel nit verschossen, das Pulver nit verbrannt nass, so behielt der Fürst sein Geld, der Büchsenmeister sein Leben; das ist der Rath so Conrad Haas tut geben.«[10]

AUSGEKLÜGELTE FEUERWERKE

Der Kalte Krieg war der Hauptantrieb für den Wettlauf zum Mond. Doch die Technologie, die ihn möglich machte, kam von Wissenschaftlern, die schon lange von Reisen zum Mond und weit darüber hinaus träumten. Diese musste allerdings erst noch entwickelt werden. Kein Science-Fiction-Roman aus der Zeit vor den Mondlandungen stellt tatsächlich im Detail dar, wie komplex es ist, Menschen zum Mond und zurück zu befördern. Fast alles musste von Grund auf erdacht und entworfen werden.

Wie ich im letzten Kapitel erwähnt habe, nahm die moderne Raketenwissenschaft auf verschiedenen Kontinenten ihren Anfang – auf denen Konstantin Ziolkowski, Hermann

10 Zt. n. H. Barth: *Conrad Haas – Raketenpionier und Humanist.* Verlag Johannes Reeg Heilbronn 2005

Oberth, Robert Esnault-Pelterie und Robert Goddard unabhängig voneinander forschten. Zu dieser Zeit glaubte man, dass der Mond und die Planeten Leben beherbergten, das nur darauf wartete, entdeckt zu werden. Viele Wissenschaftler vor den Raketenpionieren hatten mit ihren Arbeiten zur Astronomie, Mechanik, Strömungslehre, Chemie und Mathematik den Grundstein für das nötige Wissen gelegt.

Ziolkowskis Raketengrundgleichung beruht auf physikalischem Basiswissen – dem Impulserhaltungssatz. Damit konnte er die Beschleunigung und Maximalgeschwindigkeit einer Rakete berechnen, die eine Ladung mit einer bestimmten Masse transportiert. Da die Rakete einen konstanten Schub abgibt und dabei ständig an Masse verliert, weil sie Treibstoff verbrennt, wird sie mit der Zeit schneller. Je schwerer die Ladung, desto mehr Treibstoff braucht es, um den Weltraum zu erreichen. Ziolkowski errechnete, dass der Großteil der Anfangsmasse einer Rakete aus Treibstoff bestehen müsse, weil man die leeren Treibstoffkanister unterwegs abwerfen könne.

Die ersten Raketenwissenschaftler hatten vor, ihre Raketen mit einem Gemisch aus Wasserstoff und Sauerstoff anzutreiben. Dieses Gemisch wird heute tatsächlich in vielen Raketen verwendet, aber manche verwenden auch Äthanol und Sauerstoff oder Benzin und Sauerstoff. Der Sauerstoff ist das Oxidationsmittel, weil er eines der reaktionsfreudigsten Elemente ist – er verbindet sich fest mit anderen Elementen und setzt dabei Energie frei.

Das Prinzip des Raketentreibstoffs lässt sich relativ einfach verstehen, wenn man an eine seiner gebräuchlichsten Komponenten denkt – Wasser. Wasser besteht aus zwei Wasserstoff-Elementen, die an ein Sauerstoff-Element gebunden sind. Gibt man genug Energie dazu, lassen sich die Wassermoleküle in Wasserstoff und Sauerstoff aufteilen. Leider ist das nicht gerade einfach und benötigt wirklich eine große Menge Energie –

sonst wäre dies ein unheimlich umweltfreundlicher Treibstoff. Nimmt man dagegen je einen Tank mit Wasserstoff und Sauerstoff und vermischt die beiden, verbinden sie sich, und die kinetischen Bewegungen der daraus resultierenden Wassermoleküle setzen Energie frei.

Ein Raketentriebwerk funktioniert, indem Sauerstoff und Wasserstoff kontrolliert gemischt werden, sodass immer nur eine kleine Menge verbrennt und die Abfallprodukte der resultierenden Moleküle mit einer Geschwindigkeit von über vier Kilometern pro Sekunde aus einer Düse am Heck schießen. Wird die Vermischung nicht kontrolliert, führt eine Kettenreaktion zur Explosion.

Die benötigte Menge Treibstoff hängt von der Anziehungskraft des Planeten, der Masse der leeren Rakete und der Ladung sowie der Masse des Treibstoffs beim Start ab. Ein Liter Wasser enthält genug Treibstoff, um die Anziehungskraft der Erde zu überwinden und etwas über ein Kilo Ladung ins All zu befördern! Das sind gute Nachrichten, denn wäre die Erde nur etwas größer und hätte dadurch eine stärkere Anziehungskraft, hätte es, um zum Mond zu gelangen, viel größere Raketen gebraucht als die ohnehin schon gigantische Saturn V.

Eine Rakete ist natürlich viel komplexer als einfaches Feuerwerk. Sie muss bei Geschwindigkeiten jenseits der Schallgeschwindigkeit stabil bleiben. Der Flüssigtreibstoff muss bei sehr niedriger Temperatur gelagert werden, und das führt dazu, dass sich an der Außenseite der Treibstofftanks eine Eisschicht bildet. Die Treibstoffmischung muss genau richtig sein und in einer Brennkammer entzündet werden, die Temperaturen von mehreren 1000 Grad standhält. Raketen müssen in der Erdatmosphäre ebenso funktionieren wie im Vakuum des Weltraums. Sie werden üblicherweise nicht von einem Piloten gesteuert, und alles muss automatisiert sein – Gyroskope kontrollieren ihre Ausrichtung, und eine Vielzahl von Sensoren beliefern die Computer an Bord, die ihre Bewegung steuern.

Die Komplexität eines bemannten Raumschiffs ist mit der eines Jumbo-Jets zu vergleichen. Der Airbus A380 besteht aus mehreren Millionen Einzelteilen, die von über 1000 verschiedenen Firmen hergestellt werden. Das ist bei den Raketen, die Astronauten zur internationalen Raumstation ISS befördern, gar nicht so anders. Allerdings beruht der A380 auf Generationen früherer Flugzeuge, die alle Tausende von Testflügen absolviert haben. Die Raketen für die Mondflüge dagegen wurden innerhalb von fünf Jahren entworfen und gebaut, und sie mehr als ein paarmal zu testen, wäre schlicht zu teuer gewesen.

Die Entwicklung der Raketentechnik begann erst mit dem Zweiten Weltkrieg so richtig – in Deutschland. Wissenschaftler, die von Flügen ins All geträumt hatten, wurden rekrutiert, um ballistische Flugkörper zu entwerfen, die bis ins Ausland fliegen konnten. Ihre Ladung waren keine Menschen, sondern Bomben. Ein Prototyp der V-2-Rakete war 1942 das erste von Menschenhand gefertigte Objekt, welches das Weltall erreichte. Bei einer Reichweite von über 300 Kilometern und einer Überschallgeschwindigkeit von 5700 Stundenkilometern konnte sie eine Ladung von über einer Tonne transportieren. Sie wurde gebaut und verwendet, um 1944/45 England zu bombardieren.

Nach dem Krieg diente die V-2 als Grundlage der ersten amerikanischen und sowjetischen Raketendesigns. Die Geheimdienste beider Seiten lieferten sich ein Wettrennen, um möglichst viele der deutschen Raketeningenieure auf ihre Seite zu bringen. Die Sowjets nahmen 170 deutsche Raketenspezialisten gefangen und brachten sie an einen abgeschiedenen Ort, damit sie bei der Konstruktion ihrer Raketen behilflich sein würden. Die Amerikaner schnappten sich den Kopf des V-2-Programms, Wernher von Braun, und über 100 seiner Kollegen und brachten sie nach White Sands in New Mexico. Der Kalte Krieg hatte begonnen.

WETTLAUF INS ALL

Die USA und die Sowjetunion – einst Alliierte im Zweiten Weltkrieg – stürzten sich in einen Psychokrieg. Es war ein Kampf der Ideale zwischen Kapitalismus und Kommunismus – ein Kampf, der sich schon Jahrzehnte zuvor angekündigt hatte. Es war erschreckend, mit an zusehen, wie die beiden Staaten in den folgenden Jahren ihr militärisches Arsenal ausbauten. Die Amerikaner warfen bereits 1945 ihre ersten Atombomben ab. Vier Jahre später hatten die Sowjets aufgeholt und begannen damit, ihre eigenen Nuklearsprengköpfe zu testen. Daraufhin konterten die Amerikaner mit dem Bau einer noch zerstörerischeren Waffe, der H-Bombe, die sogar die größten Städte unseres Planeten zerstören konnte.

Damit diese schweren Waffen überhaupt abgeschossen werden und um den halben Planeten reisen konnten, brauchte es bessere Raketen. Der Kalte Krieg wurde an vielen Fronten geführt, so auch im All. Ein zweiter Grund, die Raketentechnik voranzutreiben, war die Notwendigkeit von Spionagesatelliten. Der Wettlauf ins All war bereits in vollem Gange, als 1955 sowohl die USA als auch die Sowjetunion verkündeten, dass sie bis 1958 künstliche Satelliten in die Erdumlaufbahn bringen würden.

1957 hatten die Sowjets die Semjorka-Rakete R-7 entwickelt, die erste funktionsfähige Interkontinentalrakete. Es war ein deutlich verbesserter Entwurf, der auf der V-2 basierte. Aber da nukleare Sprengköpfe deutlich kleiner geworden waren, war eine so große Rakete gar nicht mehr nötig, um Bomben zu transportieren. Stattdessen wurde sie als Trägerrakete für die ersten Satelliten und Astronauten – oder Kosmonauten, wie die Sowjets sie nannten – genutzt. Eine modifizierte Version der R-7 ist noch heute im Einsatz, um Vorräte und Astronauten auf die ISS zu bringen.

Im gleichen Jahr präsentierten die Amerikaner ihre Atlas-

A-Rakete, die von der United States Air Force entwickelt wurde. Parallel dazu baute die United States Navy an der Redstone-Rakete, die ihrem Design nach der V-2-Rakete ähnelte. Aus diesem Entwurf entstand später die Schwerlastrakete Saturn V, die schließlich im Apollo-Programm zum Einsatz kam.

Am 4. Oktober 1957 schossen die Sowjets den ersten künstlichen Satelliten ins All. Die Ladung einer modifizierten R-7-Rakete war der sogenannte Sputnik, der etwa einen halben Meter groß und 84 Kilogramm schwer war. Ein Großteil seines Gewichts machte die Energieversorgung aus, die er benötigte, um eine sich wiederholende Serie von Piepstönen auf Radiofrequenzen auszusenden, während er um die Erde kreiste. Sputnik schockte die Amerikaner. Nur einen Monat später schossen die Sowjets den Hund Laika in den Weltraum. Das schockte die Welt noch mehr, vor allem jene, die der Meinung waren, so etwas sollte man einem Tier nicht antun.

Für die Amerikaner verschlimmerte sich die Lage weiter, als Präsident Eisenhower den Startplan für den ersten amerikanischen Satelliten präsentierte. Am 6. Dezember 1957 erhob sich die Vanguard-Rakete etwa einen Meter von der Startrampe auf Cape Canaveral, bevor sie in einem riesigen Feuerball zurück auf die Erde krachte – während einer Live-Übertragung. Daraufhin witzelte der sowjetische Delegierte in einer Sitzung der Vereinten Nationen, er würde den Amerikanern gerne Unterstützung im Rahmen des »sowjetischen Programms für technische Hilfe für rückständige Nationen« anbieten, was die Amerikaner vollends demütigte.

Der erste amerikanische Satellit erreichte das All schließlich 1958. Im gleichen Jahr gründete Präsident Eisenhower die »National Aeronautics and Space Administration«, kurz NASA, eine staatliche Agentur, die sich der nichtmilitärischen Erforschung des Weltraums widmen sollte – und ein paar weitere Programme, die das militärische Potenzial des Alls ausschöpfen sollten. Nachdem man erfolgreich Satelliten in den Weltraum geschossen hatte, erschien die Erkundung des Alls greifbar, und Wissenschaftler begannen, davon zu träumen, mittels der neuen Technologien das Sonnensystem zu erkunden.

Der Chemiker Harold Urey besuchte ebenfalls 1958 das NASA-Hauptquartier, um sich für eine ernsthafte wissenschaftliche Erforschung des Mondes starkzumachen. Urey und sein Beratungsteam plädierten dafür, dass der Mond eine Art Stein von Rosette für die Entstehung von Planeten darstelle. Sie wiesen darauf hin, dass das Fehlen einer Atmosphäre bedeute, dass auf dem Mond keine Erosion stattfinde, die auf der Erde dafür verantwortlich ist, dass im Laufe der geologischen Gezeiten ein Großteil ihrer Entwicklungsgeschichte verschwunden ist. Sie lieferten starke wissenschaftliche Argumente dafür, dass eine Untersuchung des Mondes nicht nur eine Erklärung für die Entstehung des Erdtrabanten selbst liefern würde, sondern auch für jene der Erde und des ganzen Sonnensystems.

Urey war einer der renommiertesten amerikanischen Wissenschaftler seiner Zeit – er war 1934 für seine Entdeckung des Deuteriums mit dem Nobelpreis ausgezeichnet worden. Er hatte viele Interessen und begründete die Disziplin der chemischen Kosmologie, um Meteoriten und Planetenoberflächen zu erforschen und wegweisende Experimente zur Entstehung des Lebens durchzuführen. Die NASA nahm seine Argumente ernst und bildete kurz nach Ureys Besuch eine Arbeitsgruppe, die herausfinden sollte, welche Experimente man auf Weltraummissionen durchführen könnte. Diese motivierte die NASA dazu, ihr Ranger-Programm ins Leben zu rufen mit dem Ziel, den Mond genauer zu erforschen.

Zu diesem Zeitpunkt waren die Sowjets den Amerikanern immer noch ein paar Schritte voraus. Die ersten Starts der Lunik-Missionen fanden 1959 statt, ebenfalls mit dem – geheimen – Ziel, den Mond zu erreichen. Lunik 1 hatte eine Fehlfunktion und flog nach einer Reise von fast 400 000 Kilometern relativ knapp – 6000 Kilometer – am Mond vorbei. Lunik 2 erreichte im September 1959 nach 36 Stunden Flugzeit den Mond. Ihre obere Stufe bestand aus einem 390 Kilogramm schweren Satelliten, der Informationen zurück auf die Erde funkte. Die Sonde wurde absichtlich auf dem Mond zum Absturz gebracht und wurde so zum ersten vom Menschen gemachten Objekt auf dem Mond. Bereits im nächsten Monat umrundete Lunik 3 den Mond, machte die ersten Fotos von seiner Rückseite und funkte sie zurück zur Erde. Eine bemerkenswerte Leistung, die erste Bilder lieferte von etwas, das noch nie ein Mensch gesehen hatte.

Die United States Air Force wusste, dass die Sowjets einen Vorsprung hatten, und arbeitete unter strengster Geheimhaltung an einem Projekt namens A119, das zum Ziel hatte, auf dem Mond eine Atombombe zur Explosion zu bringen. Dass das Projekt überhaupt existiert hat, wurde erst im Jahr 2000 von seinem Leiter offenbart. Bis heute ist dies nicht offiziell bestätigt worden. Erst vor Kurzem wurde bekannt, dass die Sowjets an einem ganz ähnlichen Projekt arbeiteten. Zum Glück wurden diese lächerlichen Machtdemonstrationen nie in die Tat umgesetzt – man fürchtete sich vor negativen Reaktionen. Der Weltraumvertrag, der 1967 von den USA und der Sowjetunion unterzeichnet wurde, verbot später den Gebrauch nuklearer Waffen im Weltraum.

1960 gewann John F. Kennedy mit dem Slogan »Let's get this country moving again« – eine Anspielung auf den Rückstand gegenüber der Sowjetunion an verschiedenen Fronten – die Präsidentschaftswahlen der USA. In einem Versuch, sich aus der Demütigung durch die Sowjets in Sachen Raumfahrttechnologie zu befreien, beriet Kennedy sich mit den Raketeningenieuren Jerome Wiesner und Wernher von Braun darüber, wie man zu den Sowjets aufschließen könne. Es standen sowohl Pläne für eine Weltraumstation als auch eine Mondlandung zur Diskussion. Von Braun überzeugte Kennedy, dass eine Mondlandung machbar wäre, und Kennedy präsentierte im Mai 1961 die Pläne für das Apollo-Programm.

Die Idee einer Mondlandung war bereits im Rahmen einer Machbarkeitsstudie der NASA aufgekommen. Abe Silverstein, der bei der NASA für die Raumfahrtentwicklung zuständig war, hatte dem Programm den Namen »Apollo« gegeben. Er folgte damit der Tradition, für Raketen und Missionen Namen aus der griechischen Mythologie zu verwenden, und Apollo war immerhin einer der wichtigsten griechischen Götter. Anfangs ging es mit dem Programm schleppend voran – bis im April 1961 die Sowjets die Welt noch einmal überraschten, als sie den Kosmonauten Juri Gagarin in eine Umlaufbahn um die Erde schickten. Zwei Tage später traf sich Kennedy mit NASA-Chef James Webb, um eine amerikanische Mondlandung zu planen.

Präsident Kennedy demonstrierte sein Engagement für das Apollo-Projekt am 25. Mai 1961 in einer Rede über »dringende nationale Notwendigkeiten«. Er sagte vor dem Kongress, dass die USA sich mit außerordentlichen Herausforderungen konfrontiert sähen und daher auch auf außergewöhnliche Weise reagieren müssten: »Wenn wir den Kampf zwischen Freiheit und Tyrannei, der sich rund um den Globus abspielt, gewinnen wollen, wenn wir den Kampf um die Köpfe der Menschen gewinnen wollen, sollten uns die dramatischen Errungenschaften im Weltraum, die in den letzten Wochen stattgefunden haben, ebenso wie der Sputnik 1957, klargemacht haben, welchen Eindruck diese Abenteuer in den Köpfen der Menschen hinterlassen haben, die versuchen zu entscheiden, welchen

Weg sie einschlagen sollen … Wir gehen in den Weltraum, weil was auch immer die Menschheit unternehmen muss, von freien Menschen voll und ganz geteilt werden muss.« Dann fügte er hinzu: »Ich glaube, diese Nation sollte sich dazu verpflichten, noch vor dem Ende dieses Jahrzehnts einen Menschen auf dem Mond zu landen und ihn sicher auf die Erde zurückzuholen. Kein einziges Weltraumprojekt wird in dieser Zeit für die Menschheit eindrucksvoller sein, oder wichtiger für die Erkundung des Weltraums über längere Entfernungen; und keines wird so teuer und so schwierig zu bewerkstelligen sein.«

Seine Rede fand breite Unterstützung. Die Deadline zum Ende des Jahrzehnts, die er proklamiert hatte, war ein ehrgeiziges Ziel, und benötigte viel Geld. Dieses wurde vom Kongress bewilligt, und das jährliche Budget der NASA schwoll von 500 Millionen Dollar im Jahr 1960 auf den Höchststand von 5,2 Milliarden Dollar im Jahr 1965 an – das waren immerhin fünf Prozent des Staatsbudgets.

Die Herausforderung, Menschen auf den Mond und wieder zurückzubringen, war enorm. Alles, was zu diesem Zeitpunkt existierte, waren Raketen, die einen Satelliten in eine niedrige Erdumlaufbahn bringen konnten. Alles andere musste erst noch entwickelt werden: von größeren Raketen, die Mondlandekapseln und Astronauten transportieren konnten, über Kommunikations- und lebenserhaltende Systeme bis hin zum Rücktransport der Astronauten auf die Erde. Noch 1960 waren bei der NASA weniger als 10 000 Menschen angestellt. 1966 waren es über 400 000 Menschen, die direkt oder indirekt für das Apollo-Programm arbeiteten, die meisten von ihnen via Outsourcing in Unternehmen und Universitäten. Den Mond zu erreichen, war zu einer riesigen Koordinations-Aufgabe geworden, und die NASA übernahm die Planung und das Outsourcing, kontrollierte die Hardware und sorgte für die

Finanzierung. Alles musste funktionieren, bis zur letzten Schraube. Auf die heutigen Verhältnisse umgerechnet, hätte das Apollo-Programm deutlich über 100 Milliarden Dollar gekostet. Über 20 000 Unternehmen und Universitäten im ganzen Land waren an ihm beteiligt. All dies wurde vom Vorsitzenden des Apollo-Programms, George Mueller, koordiniert. Das Projekt war ein Meisterstück in Verwaltung und Organisation. James Webb, der NASA-Administrator von 1961 bis 1968, sagte einmal, dass Apollo vor allem eine organisatorische Aufgabe gewesen sei.

Als Kennedy das Apollo-Programm vorstellte, wollten die Sowjets weder bestätigen noch negieren, dass sie dasselbe Ziel verfolgten. Erst viel später wurde bekannt, dass sie ebenfalls versuchten, einen der Ihren auf den Mond zu bringen, bis ihre Pläne kurz nach der amerikanischen Mondlandung aufgegeben wurden. 1961 hätte sich der Lauf der Geschichte beinahe verändert, als Kennedy den Kalten Krieg aufwärmen wollte, indem er die Sowjets zu einer Zusammenarbeit beim Ziel, den Mond zu erreichen, einlud. Der sowjetische Premierminister Nikita Chruschtschow lehnte das Angebot ab, doch sein Sohn gestand später ein, dass er 1963 das Angebot doch annehmen wollte – und sich nach Kennedys Ermordung dann wieder anders entschied, weil er dessen Nachfolger Lyndon B. Johnson nicht traute. Das ist keine Überraschung, denn als Vorsitzender der Senatsmehrheit hatte Johnson 1958 erklärt: »Die Kontrolle über den Weltraum bedeutet auch die Kontrolle über die Welt.«

1961 feuerte die NASA die ersten Sonden ihres Ranger-Programms ab, mit dem Ziel, erste Nahaufnahmen vom Mond zu machen. Ranger 1 und 2 hatten Fehlfunktionen. Ranger 3 schaffte es zum Mond, allerdings auf der falschen Flugbahn – und flog am Mond vorbei. 1962 erreichte Ranger 4 den Mond, stürzte aber auf der Rückseite ab, ohne Daten gesendet zu haben. Im gleichen Jahr ging Ranger 5 der Saft aus, bevor die Sonde überhaupt den Mond erreicht hatte. Ein erster Erfolg stellte sich 1962 ein, als im Zuge des Mercury-Programms mit John Glenn der erste Amerikaner die Erde umrundete. Ranger 6 erreichte schließlich 1964 den Mond und landete erfolgreich, aber die Kamera funktionierte nicht. Erst ein paar Monate später konnte Ranger 7 endlich Nahaufnahmen von der Mondoberfläche an die Erde senden, bevor die Sonde absichtlich zum Absturz gebracht wurde.

Die Sowjets waren den Amerikanern in den folgenden Jahren noch ein paarmal voraus. Sie schickten die erste Frau ins All, absolvierten den ersten Spacewalk, steuerten die ersten Zwei- und Dreimannraumschiffe und schickten erstmals Menschen ins All, die schon beim Start eher normale Kleidung trugen als Raumanzüge. Doch dank des enorm angeschwollenen NASA-Budgets holten die Amerikaner mit ihrem Projekt Gemini, dem zweiten Raumfahrtprogramm, das der Unterstützung des Apollo-Projekts diente, immer weiter auf. 1965 gelang ihnen das erste Rendezvous zweier bemannter Raumschiffe in der Erdumlaufbahn, und sie stellten mit 14 Tagen einen neuen Langzeitrekord im All auf.

Um Menschen zum Mond und zurückzubringen, entwickelte man die riesige Schwerlastrakete Saturn V. Das Programm wurde von Arthur Rudolph geleitet, der einer der wichtigsten Ingenieure beim Bau der V-2-Rakete gewesen war. Die Saturn V bestand aus sechs verschiedenen Modulen, die von fünf verschiedenen Firmen entworfen wurden. Drei der Komponenten waren Starttriebwerke, die anderen drei die Kommando-, Service- und Landemodule. All das bestand aus mehr als einer Million verschiedenen Teilen – über zehntausendmal mehr, als eine typische Schweizer mechanische Uhr hat, und es musste genauso zuverlässig funktionieren. Für jede Apollo-Mission wurden alle Module von Grund auf neu gebaut – und konnten nicht getestet werden. Sie mussten funktionieren.

Eigentlich hatte von Braun vorgesehen, in bester deutscher Gründlichkeit jeden Schritt und jede Veränderung in Starts zu testen. Doch so hätte man die Mondlandung nie zum Ende des Jahrzehnts geschafft. Deshalb wurde schließlich das gesamte Apollo-Saturn-System an einem Stück getestet – ohne Vorrunden. Das Landemodul war besonders schwierig in der Konstruktion. Es musste die Astronauten auf die Mondoberfläche bringen und wieder abheben, um zum Kommandomodul zurückzukehren. Das würde aufgrund der niedrigen Schwerkraft auf dem Mond etwas leichter sein, bedeutete aber auch, dass es auf der Erde nicht wirklich getestet werden konnte. 1962 begann man mit den Entwürfen, 1968 wurde es fertiggestellt.

Die Saturn V ist bis heute die größte und stärkste Rakete, die je gebaut wurde. Zehn Meter im Durchmesser, 110 Meter lang und mit einer Ladekapazität von 140 Tonnen bis in die Erdumlaufbahn und weiteren 44 Tonnen bis zum Mond. Über 90 Prozent des Gewichts der Saturn V war Treibstoff, und voll aufgetankt wog sie fast 3000 Tonnen. In der ersten Stufe war Kerosin, ähnlich wie in Flugzeugen, die zweite und dritte Stufe enthielten flüssigen Wasserstoff, und alle drei verwendeten Sauerstoff als Oxidationsmittel. Saturn V wurde von einem Computer gesteuert, der in den frühen Sechzigern entwickelt worden war und etwa die Leistung eines frühen Apple II hatte. Obwohl ein aktuelles Smartphone tausendmal mehr Leistung hat als der Apollo-Computer, funktionierte dieser immerhin im Weltraum, und die Chancen, dass er plötzlich abstürzen würde, waren gleich null.

Im Weltraum hat man es auch heute nicht leicht, und für die sowjetischen und amerikanischen Pioniere der 60er-Jahre war es um ein Vielfaches schwieriger. Elf Astronauten verloren in jenem Jahrzehnt ihr Leben, entweder im Training oder durch Fehlfunktionen im All. Die erste Apollo-Mission endete 1967 in einer Tragödie, als während eines Countdown-Tests in der Astronautenkabine ein Feuer ausbrach. Wegen der mit reinem Sauerstoff gefüllten Kabine breitete sich das Feuer schnell aus, und die Astronauten erstickten. Um die Crew zu ehren, begannen die folgenden Missionen mit der Nummer 4.

Nach Apollo 1 wurden bemannte Raumflüge für 21 Monate ausgesetzt, um alles gründlich zu testen und alle Entwürfe noch einmal zu kontrollieren. In späteren Missionen verwendete man für die Kabinenatmosphäre ein Gemisch aus Sauerstoff und Stickstoff. Apollo 4, 5 und 6 waren unbemannte Flüge, die dem Test aller Phasen der Mondlandemission dienten. Nur die letzte Phase – die eigentliche Landung – konnte nicht getestet werden. In Apollo 6 wurde die Endversion der Saturn V verwendet, die auf allen späteren Flügen eingesetzt wurde. Im Oktober 1968 brachte Apollo 7 drei Astronauten in eine niedrige Erdumlaufbahn. Zwei Monate später umrundeten die drei Astronauten von Apollo 8 den Mond und flogen zurück zur Erde. Während Apollo 9 wurden weitere Details der Mission getestet, und Apollo 10 war sozusagen die Hauptprobe, bei der alles außer der eigentlichen Landung exakt durchgespielt wurde.

DESTINATION: MOND

Am 16. Juli 1969 hob Apollo 11 vom Kennedy Space Center ab. Eine Million Menschen sahen aus der Nähe zu, unter ihnen über 3000 Reporter. Die erste Stufe der Rakete verbrannte 13 Tonnen Treibstoff pro Sekunde, aber der Start war langsam – die riesige Rakete brauchte 12 Sekunden, bis sie über dem Startturm war. Der Triebwerkschub reichte gerade aus, um die Rakete von der Erde zu heben. Aber mit dem stetigen

Verbrennen des Treibstoffs nahm das Gewicht ab, und der konstante Schub beschleunigte die Rakete. Das ist die Ziolkowski-Gleichung in Aktion!

In einer Höhe von 67 Kilometern hatte die erste Stufe ihren Treibstoff verbrannt, löste sich automatisch ab und fiel 560 Kilometer von der Startrampe entfernt in den Atlantik. Die zweite Stufe übernahm, und die neuen Triebwerke feuerten während weiteren sechs Minuten, um die Rakete auf eine Höhe von 180 Kilometern und eine Geschwindigkeit von sieben Kilometern pro Sekunde zu bringen. Das ist in etwa die nötige Geschwindigkeit, die eine Rakete oder ein Satellit benötigt, um in einer niedrigen Erdumlaufbahn zu bleiben. Die zweite Stufe wurde abgeworfen und landete über 4000 Kilometer vom Startplatz entfernt.

Nachdem sie drei Stunden lang die Erde umrundet hatte, wurde die Rakete auf den Mond gerichtet, und die dritte Stufe zündete während sechs Minuten. Dies gab dem verbliebenen Raumschiff eine Geschwindigkeit von 11,2 Kilometern pro Sekunde – die nötige Fluchtgeschwindigkeit von der Erde. Danach reiste die Rakete still und ruhig mit einer konstanten Geschwindigkeit Richtung Mond. An ihrer Spitze befand sich das Kommandomodul mit den Astronauten, und direkt darunter das Landemodul.

Auf dem Weg zum Mond rotierte die Rakete langsam, um keine einzelne Seite zu lange der Sonnenhitze auszusetzen. Während sie sich allmählich dem Mond näherte, wurde ein kompliziertes Manöver ausgeführt. Das Kommandomodul musste irgendwann seine Triebwerke zünden, um die Rakete in eine Mondumlaufbahn zu bringen. Da sich aber unter ihm das Landemodul befand und die Triebwerke in dessen Richtung zeigten, musste es sich auf dem Weg zum Mond ablösen, um 180 Grad drehen, und wieder ans Landemodul andocken. Die Astronauten waren wahrscheinlich ziemlich nervös, aber alles klappte reibungslos. Wieder aneinandergedockt, lösten sich das Kommando- und das Landemodul gemeinsam von der dritten Stufe. Die dritte Stufe wurde abgefeuert, und die verbleibenden Komponenten der Rakete setzten ihren Weg zum Mond fort.

Während die ersten beiden Stufen zurück auf die Erde fielen, wurde die dritte Stufe ins All geschossen und umrundete weiterhin die Erde. 2002 meinte ein Hobbyastronom, er habe einen neuen Asteroiden in einer Erdumlaufbahn entdeckt. Als andere Astronomen genauer hinschauten und die Reflexion seines Lichtspektrums maßen, zeigte sich, dass die Signatur auf Titandioxid hinwies – die Farbe, welche die NASA als Anstrich für die Saturn-V-Raketen verwendet hatte.[11] In späteren Apollo-Missionen wurden die Triebwerke der dritten Stufe gezielt Richtung Mond gefeuert, damit die Seismometer, die man dort während früherer Missionen aufgestellt hatte, den Einschlag aufzeichnen konnten.

Die Reise zum Mond verlief nach Plan. Die Astronauten sendeten live und in Farbe Bilder aus dem Kommandomodul und bekamen regelmäßige Updates von der Erde. Sie waren bereits rund um die Welt auf den Titelseiten, sogar in der Sowjetunion. Am 19. Juli, drei Tage nach dem Start, erreichte Apollo 11 die Rückseite des Mondes und zündete seine Triebwerke, um in seine Umlaufbahn zu gelangen.

Bereits drei Tage vor den Apollo-Astronauten war die Lunik-15-Sonde der Sowjets zum Mond aufgebrochen. Ihre Aufgabe war, auf dem Mond zu landen, Proben einzusammeln und sie zurück auf die Erde zu bringen. Nachdem Apollo 11 in den Mondorbit eingetreten war, erhielt die amerikanische Mission Control eine Gratulationsnachricht von den Sowjets. Sie informierten Mission Control darüber, dass die Raum-

11 K. Jorgensen: »Observations of J002E3: Possible Discovery of an Apollo Rocket Body«. *Bulletin of the American Astronomical Society* 35, 2003: 981

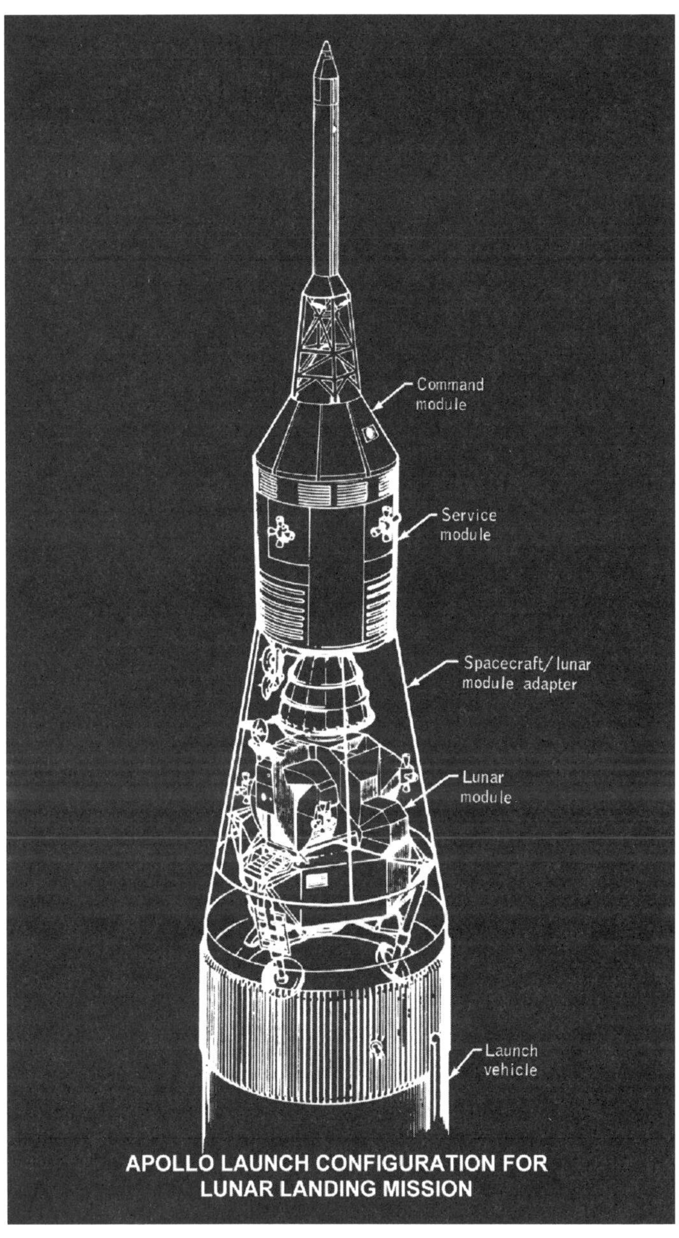

Die Anordnung der Apollo-Module beim Start der Rakete

sonde Lunik 15 zurzeit ebenfalls im Mondorbit sei und bewegt würde, falls sie ein Problem darstellte. Mit einer ferngesteuerten Sonde Proben einzusammeln und zurück auf die Erde zu bringen, war ebenfalls eine ziemliche Herausforderung. Leider krachte Lunik 15 etwa 800 Kilometer von der Apollo-Landestelle entfernt auf die Mondoberfläche.

Lunik 15 wäre den Amerikanern darin zuvorgekommen, Stücke vom Mond einzusammeln und zurück auf die Erde zu bringen. Im nächsten Jahr war die Lunik-16-Mission der Sowjets erfolgreich. Ein Computer an Bord der Sonde kontrollierte ihr Landemodul, dann dauerte es sieben Minuten, bis ein automatischer Bohrer 35 Zentimeter tief in den Mondregolith eingedrungen war. Ein Teil des Landemoduls zündete daraufhin seine Triebwerke und machte sich mit 100 Gramm Mond auf den Rückweg zur Erde.

Die beiden Astronauten Neil Armstrong und Buzz Aldrin stiegen ins Landemodul, welches sich, gesteuert vom dritten Astronauten Michael Collins, vom Kommandomodul löste. Seine Triebwerke zündeten und brachten es hinunter zur Mondoberfläche. Die Landezone befand sich im Mare Tranquillitatis, dem Meer der Ruhe, das wegen seiner gleichmäßigen Oberfläche, die man auf Fotos der Ranger- und Surveyor-Missionen gesehen hatte, ausgewählt worden war. Das Landemodul hatte genug Treibstoff für sechs Minuten Brennzeit.

Während der Landung ertönten aus dem Computer des Moduls diverse Alarmsignale. Er wurde mit Informationen überladen und war nicht stark genug, um all die Daten zu verarbeiten. In der Checkliste war ein Fehler, sodass ein Radarschalter in der falschen Position war. Es erklangen noch weitere Alarme, und Armstrong übernahm das Steuer. Die Landezone war mit über fünf Meter hohen Felsbrocken übersät, die auf den Fotografien nicht zu erkennen gewesen waren. Armstrong manövrierte das Modul weiter zu einer ebeneren

Stelle. Obwohl er auf der Erde viele Stunden im Simulator verbracht hatte, sagte er später, es sei viel schwieriger gewesen als jede Übungseinheit. Als das Landemodul sich der Oberfläche näherte, blies es Staubwolken auf, welche die Sicht vernebelten. Nur 25 Sekunden Treibstoff waren übrig, als die Astronauten am 20. Juli 1969 auf der Mondoberfläche aufsetzten.

Diese Phase der Mondlandung war nie getestet worden. Neben der Angst, dass das Landemodul in einer dicken Staubschicht versinken könnte, war man auch besorgt, dass die Mondoberfläche luftentzündlich sein könnte und mit dem Sauerstoff im Landemodul reagieren würde – was beim Öffnen der Türe zur Explosion geführt hätte. Zum Glück waren diese Sorgen unbegründet.

Neil Armstrong ließ seine eigentlich vorgesehene Schlafpause aus und trat nach stundenlangen Vorbereitungsarbeiten auf die Stufen, die vom Landemodul auf die Mondoberfläche führten. »Ich bin am Fuß der Leiter. Die Fußpads des LM (Landemoduls) sind nur etwa ein bis zwei Zoll eingesunken, obwohl die Oberfläche sehr, sehr feinkörnig aussieht – fast wie ein Puder – sehr fein. Okay, ich werde jetzt vom LM steigen.«

Dann der berühmte Satz: »Dies ist ein kleiner Schritt für einen Menschen. Ein großer Sprung für die Menschheit.« Aldrin kam später nach und kümmerte sich offenbar mehr um menschliche Grundbedürfnisse: »Ich habe mir einen Moment Zeit genommen für … ähm … um mich um eine Körperfunktion zu kümmern und meinen Urinbehälter ein wenig zu füllen, damit ich mir keine Sorgen darüber machen muss, das später zu tun.« Erst viel später wurde bekannt, dass sein Urinbehälter riss, als er auf die Mondoberfläche hüpfte, und sich einer seiner Stiefel mit Urin füllte!

Bereits vor dem Start waren Aldrins Gedanken eher nüchtern: »Ich habe mit dem Pfeifenrauchen etwa drei Wochen vor dem Start aufgehört. Mit dem Trinken drei Tage vorher. Ich glaube nicht, dass auch nur einer von uns in der Nacht davor gut geschlafen hat. Wir trugen, was man ein ›faecal containment garment‹ nennt, das man unter seiner Unterwäsche trägt, und das während eines langen Fluges alle Ausscheidungen auffängt. Also rieb ich früh am Morgen die untere Hälfte meines Körpers mit Windelcreme ein.«[12] Als er auf die Mondoberfläche trat, sagte er nur: »Wunderschön, wunderschön. Herrliche Verwüstung.«

Apollo-15-Astronaut David Scott sprach darüber, wie schwer es ist, den Menschen zu erklären, wie es sich anfühlt, auf dem Mond zu stehen: »Die Leute fragen immer, wie es war. Es ist schwer zu beschreiben, weil man sie nicht dorthin mitnehmen kann. Darum glaube ich, dass man in der Zukunft einen Künstler oder Poeten oder Schriftsteller hinschicken sollte, damit er es auf eine Art ausdrücken kann, welche die Leute besser verstehen.«[13]

Alle Erkundungen der Mondoberfläche fanden während der langen Mondtage statt, in denen die Mondoberfläche von der Sonne beleuchtet wird. Der Mond ist kleiner als die Erde, und der sichtbar gekrümmte Horizont ist nur zweieinhalb Kilometer entfernt, halb so weit wie auf der Erde. Die Landschaft ist grau schattiert, und es ist schwierig, Distanzen und die Größe von Objekten abzuschätzen, weil es nichts Vertrautes zum Vergleich gibt.

Da der Mond keine Atmosphäre hat, die das Sonnenlicht streut, ist der Himmel Tag wie Nacht dunkel. Es gibt auf dem Mond keine farbigen Sonnenuntergänge, und wegen der langsamen Rotation des Mondes dauert es eine ganze Stunde, bis die Sonne hinter dem Horizont verschwunden ist. Sobald der letzte Rest der Sonnenscheibe hinter den Horizont sinkt, wird es auf dem Mond sofort völlig dunkel. Aber auf der Mond-

12 »What Was It Like to Walk on the Moon?«. *The Telegraph* 2008
13 *In the Shadow of the Moon*. Dokumentarfilm 2007

seite, von der aus die Erde sichtbar ist, bleibt ein schwaches Licht von ihrer Reflexion. Die Erdscheibe steht über dreizehnmal größer am Mondhimmel als der Mond am Erdhimmel. Die Kontinente und Ozeane sind klar zu erkennen, und die Erde bewegt sich, vom Mond aus gesehen, ebenfalls durch »Erdphasen«.

Das starke Sonnenlicht verhindert, dass die Astronauten vom Mond aus die Sterne sehen, weil sich ihre Augen an das helle Licht gewöhnt haben. Das ist auch der Grund, warum auf den Fotoaufnahmen der Apollo-Astronauten keine Sterne zu sehen sind – die Belichtungszeiten waren auf Tageslicht eingestellt. Hätten die Astronauten für einige Minuten die Augen geschlossen, um sie auf die Dunkelheit vorzubereiten, hätte sich ihnen ein spektakulärer Sternenhimmel mit bestem Blick auf die Milchstraße offenbart. Ohne den Filter der Atmosphäre erscheinen die Sterne heller, als wir sie von der Erde aus sehen, und sie funkeln auch nicht.

Die Astronauten von Apollo 11 verbrachten nicht einmal zwei Stunden mit der Erkundung der Mondoberfläche. Sie entfernten sich etwa 100 Meter vom Landemodul, nahmen Fotos und Videos auf, führten die geplanten Experimente durch und sammelten Gesteinsbrocken und Staub von der Oberfläche. Sie brachten 22 Kilogramm Material vom Mond zurück – 50 Gesteinsbrocken, Proben von feinkörnigem Mondstaub und zwei weitere Materialproben, die sie dreizehn Zentimeter unter der Mondoberfläche entnommen hatten.

Aus Sorge um Übergewicht hatte Apollo 11 nur zwei Instrumente mitgenommen, die auf dem Mond verblieben. Das Wichtigere war das Seismometer, das zukünftig mögliche Mondbeben und Einschläge von Asteroiden aufzeichnen und Aufschluss über die innere Struktur des Mondes liefern sollte. Das zweite Instrument war ein Laser-Retroreflektor, eine Anordnung von Parabolspiegeln, die von der Erde aus mit einem Hochleistungslaser bestrahlt werden konnten. Die Zeit, die das Laserlicht braucht, um den Mond zu erreichen, wurde später dazu verwendet, um die genaue Distanz zum Mond zu berechnen.

Nach 21 Stunden auf der Mondoberfläche kehrten die Astronauten zum Landemodul zurück, zündeten während sieben Minuten dessen Startraketen und erreichten den Orbit, wo sie wieder an das Kommandomodul andockten, in dem Michael Collins in der Zwischenzeit alleine den Mond umkreist hatte.

Collins hatte man das Etikett des »einsamsten Mannes im Universum« gegeben, weil er im Kommandomodul 27 Mal allein den Mond umrundet hatte. Er selbst aber sagte: »Später hörte ich, dass man mich als den einsamsten Mann beschrieben hatte, den das Universum je gesehen hat, oder so, was wirklich Unsinn ist. Ich meine, ich hatte die Hälfte der Zeit das Gequassel von Mission Control in meinem Ohr. Alles funktionierte prächtig im Kommandomodul, ich hatte mein schönes kleines Zuhause, ich hatte die hellen Lichter eingeschaltet, und alles war gut.« Er beschrieb auch seine Aussicht: »Wenn die Sonne in einem sehr niedrigen Winkel die Oberfläche beleuchtet, werfen die Krater lange Schatten, und der Mond erscheint sehr unwirtlich. Fast bedrohlich. Es erschien mir nicht, als würde der Mond uns einladen, ihn zu besuchen. Mir erschien er eher als feindlicher, angsteinflößender Ort.«[14]

HÖLLENRITT DURCH DIE ATMOSPHÄRE

Das Landemodul wurde abgeworfen und krachte schließlich wieder auf den Mond. Auch wenn sein Bau auf die heutigen Verhältnisse umgerechnet über eine Milliarde US-Dollar gekostet hatte, wäre es nicht in der Lage gewesen, den Wiederein-

14 »What Was It Like to Walk on the Moon?«. *The Telegraph* 2008

tritt in die Erdatmosphäre zu überstehen. Sein Absturz auf die Mondoberfläche war geplant, damit die Seismometer den Einschlag eines Objekts bekannter Masse aufzeichnen konnten.

Das Kommandomodul zündete seine Triebwerke, um zurück zur Erde zu gelangen. Auf dem Weg nach Hause wechselten sich die Astronauten am Mikrofon ab, um von ihren Eindrücken zu berichten. Armstrong sprach von Jules Vernes Roman über die Reise zum Mond, der etwas über hundert Jahre zuvor erschienen war, um das Streben der Menschen zu unterstreichen, sich ins Unbekannte hinauszuwagen und das Mysteriöse zu erkunden. Kurz vor dem Wiedereintritt in die Erdatmosphäre wurde das Servicemodul abgeworfen, und das kleine Kommandomodul drehte sich um 180 Grad, damit seine Hitzeschilde zur Erde zeigten.

Michael Collins beschrieb den Wiedereintritt in die Atmosphäre, bei dem das Kommandomodul mit bis zu 41 000 Stundenkilometern zurück zur Erde raste: »Man steht wortwörtlich in Flammen. Der Hitzeschild brennt, und seine Reste strömen nach hinten weg. Es ist, als sitze man in einer gigantischen Glühbirne.«[15]

Gehalten durch den atmosphärischen Widerstand und zuletzt durch Fallschirme, landete das letzte Teil der Saturn-V-Rakete schließlich im Pazifik, acht Tage nachdem es die Erde verlassen hatte. Das Rettungsteam trug Schutzanzüge für den Fall, dass irgendwelche Pathogene vom Mond auf die Erde gekommen wären, obwohl man das für unwahrscheinlich hielt. Die Astronauten verbrachten zwei weitere Wochen in Quarantäne. Dies war im Einklang mit dem »Extra-terrestrial exposure law« der NASA, welches die Erde vor der möglichen Kontamination durch außerirdische Lebensformen schützen sollte. Diese Praxis wurde noch für zwei weitere Missionen, Apollo 12 und Apollo 14, beibehalten, bevor man

15 Ebenda

den Mond für bar jeden Lebens erklärte und die Quarantäne aufhob.

Mit Apollo 11, 12, 14, 15, 16 und 17 gelangten insgesamt zwölf Astronauten auf den Mond. Apollo 13 schaffte es wegen eines Unfalls nicht zum Mond. Als die Mission zwei Tage unterwegs war, explodierte ein Sauerstofftank und beschädigte das Servicemodul. In einer dramatischen Serie von Ereignissen, die seitdem in mehreren Filmen nacherzählt wurden, musste die Crew improvisieren und mit dem Landemodul zur Erde zurückkehren. Das Landemodul war dazu bestimmt, zwei Menschen eineinhalb Tage lang am Leben zu erhalten, nicht drei Menschen während vier Tagen. Der Wiedereintritt in die Erdatmosphäre war schwierig, aber die Astronauten schafften es heil zurück auf die Erde.

1903 schrieb der polnische Science-Fiction-Autor Jerzy Zulawski *Auf dem silbernen Globus* (*Na srebrnym globie*), in dem Mondreisende ein Fahrzeug verwendeten, um sich auf dem Mond fortzubewegen. Seine Vision wurde auf den letzten Apollo-Missionen zur Realität. Die Apollo-Raumanzüge wogen auf der Erde 82 Kilogramm, aber auf dem Mond nur 14. Dennoch war es für die Astronauten der ersten Missionen sehr anstrengend, sich in ihren sperrigen Raumanzügen fortzubewegen, und sie konnten nur etwa die Fläche eines Fußballfeldes erkunden. Die Idee für ein Mondfahrzeug kam 1969 auf und wurde sehr schnell in die Tat umgesetzt.

Mit dem ersten Einsatz des Lunar Rover bei der Apollo-15-Mission 1971 konnten die Astronauten 27 Kilometer über den Mond fahren. Die Rover waren äußerst ausgeklügelte Fahrzeuge. Sie funktionierten in der extremen Kälte und Hitze des Mondes, konnten Steigungen von 45 Grad erklimmen, transportierten zwei Astronauten mit Steuerrädern auf beiden Seiten des Fahrzeugs und fuhren in einem faktischen Vakuum. Sie wurden mit Batterien betrieben, weil konventionelle

Motoren wegen des fehlenden Sauerstoffs nicht funktioniert hätten.

Die Apollo-Rover waren aber nicht die ersten Fahrzeuge auf dem Mond. Bereits 1970 hatten die Sowjets ein solarbetriebenes, ferngesteuertes Fahrzeug im Mare Imbrium des Mondes gelandet. Der Betrieb von Lunokhod 1 war eigentlich nur für einen Mondtag vorgesehen, doch der Rover funktionierte während elf Mondtagen und erkundete die Oberfläche.

Die letzten drei Apollo-Missionen waren alle mit Fahrzeugen ausgestattet, um die Mondoberfläche eingehender zu erkunden. Die Rover wurden zurückgelassen und werden zweifellos eines Tages eine tolle Attraktion für Mondtouristen sein. Die letzte Mission war 1972 Apollo 17, die Eugene Cerman zum letzten Mann auf dem Mond machte. Ursprünglich waren drei weitere Apollo-Missionen geplant, sie wurden aber aus Budgetgründen gestrichen. Die Arbeit war getan.

Weil sie im Rennen um den Mond unterlegen waren, konzentrierten sich die Sowjets auf unbemannte Missionen zur Venus und das Errichten von Raumstationen im Erdorbit. Ihre erste Raumstation Saljut 1 wurde 1971 ins All gebracht und beherbergte in ihren 175 Tagen im Orbit im Ganzen sechs Kosmonauten. In den folgenden zwei Jahrzehnten brachten die Sowjets sechs weitere Raumstationen in den Orbit – mehrere davon für militärische Zwecke. In einer kurzen Tauphase des Kalten Krieges einigten sich US-Präsident Richard Nixon und der sowjetische Präsident Leonid Breschnew auf eine gemeinsame Mission, in welcher die letzte Apollo-Rakete 1972 im All an eine Sojus-Rakete andockte.

Das Apollo-Programm begann 1961, und die erste Mondlandung fand nur acht Jahre später statt. Es war eine unglaubliche Leistung in dieser kurzen Zeit. Jeder einzelne Aspekt der Reise, Landung und Rückkehr musste entworfen und entwickelt werden. Es zeigt, wozu wir fähig sind – wenn die Motivation und die Ressourcen vorhanden sind.

Von Mitte der 60er-Jahre bis Mitte der 70er-Jahre gab es 45 erfolgreiche Mondmissionen. 21 der 29 Sowjet-Missionen waren erfolgreich, und 24 der 29 US-Missionen. Die Geschwindigkeit der Erforschung war immens, und deutlich höher als jene heutiger Raumfahrprogramme. Allein 1971 gab es zehn Missionen, aber nach Lunik 24 im Jahr 1976 hörte es plötzlich auf. Das Space Race der beiden Nationen wurde kaum noch erwähnt, außer von jenen, die bezweifelten, dass die Sowjets jemals geplant hatten, Menschen auf den Mond zu schicken. Die USA konzentrierten sich auf den Mars und das äußere Sonnensystem, und auf die Skylab- und Space-Shuttle-Programme. Die Sowjetunion löste sich 1991 auf, und der Nachlass ihres Raumfahrtprogramms ging zum größten Teil an Russland. Seitdem haben die USA und Russland im Rahmen des Shuttle-Mir-Programms zusammengearbeitet, und sie tun es auch beim Betrieb der internationalen Raumstation ISS.

Das bedeutendste Erbe der Apollo-Missionen ist die Möglichkeit für die Menschen auf der Erde, ihren Planeten auf neue Weise zu sehen. Alle Astronauten, die den Mond besuchten, berichteten von dem spirituellen Gefühl, die Erde als Ganzes zu sehen – ein kleines Zuhause in einem riesigen Universum. Diese wissenschaftliche Leistung musste hinter dem Gefühl, die Sowjets besiegt zu haben, zurückstehen. Aber auch Letztere hatte einen hohen Stellenwert. Nur vier Länder berichteten nicht über die Mondlandung: China, Albanien, Nordkorea und Nordvietnam. Es ist gut möglich, dass Pablo Picasso der einzige Mensch auf dem Planeten war, den das alles nicht beeindruckte. In einem Interview mit der *New York Times* sagte er: »Es bedeutet mir nichts. Ich habe dazu keine Meinung, und es ist mir egal.«

3. DAS APOLLO-ERBE

Das Apollo-Programm wird heute als eines der wichtigsten Ereignisse des 20. Jahrhunderts wahrgenommen. Es war unglaublich gefährlich und wegweisend, und brachte als Symbol der menschlichen Leistungsfähigkeit die damals existierende Technologie an ihr Limit. Die USA erreichten ihr Ziel, ihre Dominanz im All unter Beweis zu stellen – ein Erbe, das bis heute nachhallt. Der sowjetische Nobelpreisträger Andrej Sacharow und seine Kollegen veröffentlichten 1970 einen offenen Brief an die sowjetische Regierung, in dem sie postulierten, die amerikanische Mondlandung sei ein Beweis für die Überlegenheit der Demokratie. Das technologische Erbe der Apollo-Missionen war aber ebenso wichtig. Das Programm brachte zahlreiche Nebenprodukte hervor, vom Erdbeobachtungsprogramm Landsat über Technologien zur Trinkwasseraufbereitung und gefriergetrocknetem Essen bis hin zu feuerfesten Materialien und vielem mehr.

Der wissenschaftliche Erkenntnisgewinn aufgrund der Mondlandungen darf genauso wenig unterschätzt werden. Nur, weil wir den Mond aus der Nähe gesehen, seine Oberfläche betreten und Proben aufgesammelt haben, erfuhren wir Näheres über die Geschichte des Mondes, unserer Erde und unseres Sonnensystems. Die ursprünglichen Ideen von Harold

Urey, dem wissenschaftlichen Berater des Apollo-Programms, wurden in die Tat umgesetzt. Noch heute, fünfzig Jahre nach Apollo 11, arbeiten Wissenschaftler daran, anhand der damals gesammelten Daten weitere Geheimnisse unseres Mondes zu entschlüsseln.

In den dreieinhalb Jahren zwischen den ersten und den letzten Fußabdrücken auf dem Mond verbrachten zwölf Astronauten insgesamt zwölfeinhalb Tage auf der Mondoberfläche. An sechs verschiedenen Landeplätzen wurden Proben eingesammelt, Messungen gemacht und Instrumente aufgestellt, welche die lunare und planetare Wissenschaft revolutionierten und bis heute eine wichtige Bedeutung für sie haben. Die Apollo-Landeplätze befanden sich jedoch alle nahe des Zentrums der Mondscheibe, die wir von der Erde aus sehen. Die polaren Mondregionen blieben unerforscht, weil es von dort aus viel komplexer gewesen wäre, zum Kommandomodul zurückzukehren, das den Mondäquator umkreiste. Denn vom Mondäquator aus ist es wesentlich einfacher für das Kommandomodul, auf eine »freie Rückkehrbahn« zur Erde zu gelangen. Diese minimiert den Treibstoffverbrauch für den Rückflug, indem sie die Bewegung und die Gravitation des Mondes zur Energiegewinnung nutzt. Kein Astronaut hat je die abgewandte Seite des Mondes betreten, weil die Funkkommunikation mit der Erde ohne ein Satellitenübertragungssystem unmöglich gewesen wäre.

Jede der Apollo-Missionen brachte ein wissenschaftliches Paket mit auf den Mond, das zurückgelassen wurde. Seismometer maßen die innere Struktur des Mondes. Experimente bestimmten die Zusammensetzung der Partikel im Weltraum nahe dem Mond und die Interaktion der Magnetfelder des Mondes und der Erde. Es gab Experimente, um mögliche Überbleibsel einer Mondatmosphäre zu entdecken, und solche, um Sonnenwinde einzufangen und deren Zusammensetzung zu messen. Reflexionsspiegel wurden aufgestellt und eine Ultraviolett-Kamera, die Bilder von der Erde und den Sternen zurückschicken sollte, aufgenommen in Spektralbereichen, die von der Erdatmosphäre blockiert werden. Andere Experimente sollten den Wärmefluss im Inneren des Mondes messen. Es gab biomedizinische Experimente wie das Biostack-Experiment, das die Auswirkungen kosmischer Strahlung auf lebende Organismen erforschte, das BIOCORE-Experiment, das den Effekt von hochenergetischen Partikeln auf das Gehirn maß, und das MEED, das die Auswirkungen ultravioletter Strahlung und des Vakuums im All auf Mikroorganismen analysierte. Kleine Satelliten wurden in die Mondumlaufbahn gebracht, um die Topologie des Mondes zu untersuchen, ebenso wie seine Masse und die Variationen in seinem Gravitationsfeld. Mit ihnen wurde auch die Infrarotstrahlung von der Mondoberfläche gemessen, um festzustellen, wie schnell diese sich nachts abkühlt.

Die Apollo-Landeplätze befanden sich nahe an oder in den größten Mondkratern, und von jeder Landestelle wurden Gesteinsproben zurück auf die Erde gebracht. Drei der sowjetischen Luna-Missionen brachten ebenfalls kleine Proben von Mondgestein zurück. Manche Missionen entnahmen auch Bohrproben von bis zu einem Meter unterhalb der Oberfläche. Zu Fuß und in Fahrzeugen wurden 95 Kilometer Mondoberfläche erkundet, 382 Kilo Mondregolith und Gestein wurden eingesammelt, und über zwei Tonnen wissenschaftliches Material wurden zurückgelassen. Auch in den Service- und Kommandomodulen im Mondorbit wurden Experimente durchgeführt. Wie hat all dies unser Wissen erweitert?

Es gibt viele Highlights in den wissenschaftlichen Erkenntnissen, die auf die Mondlandungen folgten. Die wichtigsten Ergebnisse waren die Altersbestimmung des Mondes und seiner Oberflächenstruktur, die Messung seines zwiebelähnlichen

Inneren, die Entdeckung seines kleinen Eisenkerns, die Beschreibung der Kraterbildung während der vergangenen vier Milliarden Jahre, die Feststellung, dass der Mond sich jedes Jahr um vier Zentimeter von der Erde wegbewegt, die Entdeckung, dass der Mond aus dem gleichen Material besteht wie die Erde, und dass die abgewandte Seite des Mondes erstaunlicherweise anders ist als die uns zugewandte. Die Apollo-Missionen bestätigten, dass die Maria, die dunklen Ebenen der Mondoberfläche, vulkanischen Ursprungs sind und die Krater durch Einschläge entstanden – und dass es auf dem Mond kein Leben gibt.

IM INNERN DES MONDES

Amalthea (im Original *Seven Eves*, 2015) von Neal Stephenson ist ein epischer Science-Fiction-Roman über die Zukunft der Menschheit. Er beginnt mit dem Satz: »Der Mond explodierte ohne Vorwarnung und ohne erkennbaren Grund.« Es ist allerdings ziemlich schwierig, sich ein Szenario vorzustellen, bei dem sich unser Mond einfach in Luft auflöst. Der Mond ist eine riesige Kugel aus Gestein und Metall mit einer Masse von 73 Trillionen Tonnen und einem Durchmesser von 3474 Kilometern – etwas mehr als ein Viertel des Erddurchmessers. Sein Volumen beträgt rund zwei Prozent des Erdvolumens, wohingegen seine Masse nur etwa 1,2 Prozent der Erdmasse ausmacht, da die Dichte des Mondes niedriger ist als jene der Erde. Im Schnitt ist der Mond knapp über 30 Erddurchmesser von uns entfernt. Weil er sich in einer Ellipse um die Erde bewegt, ist er, wenn er uns am nächsten ist, 28,5 Erddurchmesser weit weg, und in seiner maximalen Entfernung 31,8 Erddurchmesser. Um sich die relative Größe von Erde und Mond vorzustellen, kann man einen Basketball (Erde) und einen Tennisball (Mond) zur Hand nehmen. Für eine Veranschaulichung der ungefähren Distanz zwischen Erde und Mond müsste der Tennisball etwa sieben Meter weit weg vom Basketball platziert werden!

Wie die Erde auch hat unser Mond eine Kruste, einen Mantel und einen Kern, aber die Größe und die Proportionen dieser Regionen sind ganz anders als bei der Erde. Diese sogenannte »differenzierte Struktur« aus Kern, Mantel und Kruste weist darauf hin, dass der Mond einst komplett geschmolzen war. Die innere Struktur der Erde kann durch Dichtemodellierung veranschaulicht werden, und durch die Aufzeichnung der Schallwellen von Erdbeben, die durch ihr Inneres dringen. Manche dieser Schallwellen werden vom Eisenkern der Erde reflektiert.

Die äußere Hülle des Mondes besteht wohl aus festem, kaltem Gestein – aus diesem Grund hat der Mond keine Plattentektonik und hatte er keine vulkanische Aktivität in jüngerer Zeit. Es gibt auch keine »Mondbeben«, die durch die Kollisionen von Platten ausgelöst würden. Aber während der Mond die Erde umkreist, wird er durch ihre Gravitation gestaucht, was dazu führt, dass seine inneren Strukturen sich verschieben und aufbrechen. So kommt es zu Mondbeben tief in seinem Inneren, und deren Vibrationen können wiederum von den Seismometern, die auf dem Mond zurückgelassen wurden, aufgezeichnet und analysiert werden. Diese monatlichen Beben, die auf den elliptischen Orbit des Mondes zurückzuführen sind, ereignen sich in einer auffälligen Regelmäßigkeit.

Aus der Analyse des mitgebrachten Mondgesteins haben wir erfahren, dass der Mondmantel einst feuerflüssig war – ein Meer aus Magma. Ein geologischer Prozess, die sogenannte fraktionierte Kristallisation, ereignete sich, als der Mond seine Hitze in den Weltraum abstrahlte und abkühlte. Im Magma bildeten sich Kristalle aus Mineralien wie Olivin und Anorthosit. Die schwereren, eisenreichen Kristalle sanken zum Kern hin, die leichteren schwammen obenauf und bildeten die Kruste.

Der radioaktive Zerfall von Elementen im Inneren von Erde und Mond ist eine wichtige Wärmequelle und hat die inneren Regionen der beiden Himmelskörper über Milliarden von Jahren erhitzt. Aber für unseren Mond gab es noch eine zweite Wärmequelle. In seiner frühen Geschichte war der Mond viel näher an der Erde, tatsächlich nur ein paar Erddurchmesser entfernt. Dies entdeckte George Darwin, der Sohn von Charles Darwin, und wir werden in späteren Kapiteln noch mehr darüber erfahren. Die Gezeitenkräfte, die auf den Mond wirkten, waren enorm – so stark, dass der Mond deformiert und in eine elliptische Eiform gequetscht wurde. Weil die Mondumlaufbahn nicht kreisförmig ist, wurde das Material im Inneren des Mondes ständig gestaucht und auseinandergezogen, was ihn von innen erhitzte.

Lange diskutierten Wissenschaftler darüber, woraus der Kern des Mondes bestehe, aber 2011 ergab eine sorgfältige Neuanalyse der seismischen Daten der Apollo-Missionen, dass der Mond einen relativ kleinen Eisenkern mit einem Radius von etwa 200 Kilometern hat. Diese Eisenkugel macht gerade mal ein Prozent der Masse des Mondes aus, während der Metallkern der Erde über ein Drittel unserer planetaren Masse ausmacht. Der deutliche Unterschied erklärt, warum der Mond eine geringere Dichte hat als die Erde. Was aber noch viel wichtiger ist: Es liefert einen Hinweis auf die Entstehungsgeschichte des Mondes – im Material, aus dem er entstand, war deutlich weniger Eisen.

Der Eisenkern des Mondes ist von einer dünnen, heißen, metallenen Grenzschicht umgeben, etwa 100 Kilometer breit, und darüber liegt der dicke Mantel. Man nimmt an, dass dieser in den tieferen Schichten nahe dem Kern teilweise geschmolzen ist, aber ein Großteil des Mantels besteht aus kaltem, hartem Gestein, was damit zu tun hat, dass der Mond kleiner ist als die Erde. Kleine Körper kühlen schneller ab als große, weil die Hitzemenge, die im Innern gespeichert ist, sich proportional zum Volumen verhält, aber die Geschwindigkeit, mit der die Hitze ins All abgegeben wird, proportional zur Oberfläche ist. Dies bedeutet, dass größere Objekte mehr Wärme über längere Zeit speichern.

Der Mond kühlte schnell ab. Die Kruste und die äußeren Regionen härteten in etwa 100 Millionen Jahren aus. Die Mondgebirge sind das älteste Material auf dem Mond – sie entstanden vor 4,4 Milliarden Jahren aus dem Magmaozean. Man schätzt, dass die Anorthosit-Kruste des Mondes etwa 50 Kilometer dick ist – etwa so dick wie die Erdkruste, aber im Verhältnis zur Größe deutlich dicker. Teile der Oberfläche sind von Basaltgestein bedeckt, dort wo das flüssige Innere des Mondes sich einst über die Oberfläche ergoss und aushärtete. Dies sind die dunkelgrauen lunaren Maria.

EIN GEFÄHRLICHER AUFENTHALTSORT

Am Mond fallen besonders die zahlreichen Krater auf, die seine gesamte Oberfläche bedecken. Im Laufe der Zeit sind unzählige kleinere Asteroiden, Meteoriten und Weltraumstaub mit dem Mond kollidiert und haben seine Oberfläche mit Kratern übersät. Die Krater überlappen sich, und innerhalb der größeren gibt es wiederum kleinere Krater.

Der Astronom Julius Schmidt schätzte im 19. Jahrhundert, als Teleskope viel weniger leistungsstark waren als heute, dass es auf dem Mond 30 000 Krater gibt. Heute wissen wir, dass es 5000 Krater mit einem Durchmesser von über 20 Kilometern gibt und über eine halbe Million mit einem Durchmesser von mehr als einem Kilometer. Bei den kleineren Kratern lohnt es sich erst gar nicht zu zählen – jeder Punkt auf dem Mond wurde wohl irgendwann von einem Einschlagsobjekt getroffen, die meisten Orte erwischte es gleich mehrmals.

Seit 1919 legt die International Astronomical Union (IAU) die Nomenklaturen von Planeten und Satelliten fest. Über 9000 Strukturen des Mondes wurden bereits mit Namen versehen, darunter Maria, Krater, Montes, Rilles und Valles. Aber es gibt viele mehr, die noch namenlos sind. Wenn Sie auf dem Mond ein hübsches Gebilde entdecken, das noch keinen Namen hat, und jemanden ehren möchten, können Sie ein Gesuch an die IAU richten. Im Jahr 2018 trugen erst 1619 Krater einen Namen, und auf dem Mond gibt es genug Krater mit einem Durchmesser von über zehn Metern für jeden Menschen!

Unsere Erdoberfläche hat nur sehr wenige Einschlagskrater. Der Grund, weshalb die Mondoberfläche sich so sehr von jener der Erde unterscheidet, ist das Fehlen einer Atmosphäre und einer Plattentektonik. Diese führen auf der Erde dazu, dass ihre Oberfläche relativ jung ist. Auf dem Mond gibt es kein Wetter, keinen Wind, keinen Regen und keine Flüsse, und es gibt auch keine Bewegungen von Landmassen, die Berge und Vulkane hervorbringen. Die Mondoberfläche ist ein Speicher, in dem die vergangenen vier Milliarden Jahre – die Geschichte unseres Sonnensystems – aufgezeichnet sind.

Als man erkannt hatte, dass die lunaren Krater durch Einschläge von Asteroiden und Meteoriden entstanden waren, konnte die Einschlagsfrequenz eruiert werden. Wenn ein Krater in einem anderen liegt, oder wenn sein Schutt mit einem anderen überlappt, muss er der jüngere der beiden sein. Aber um die Einschlagsfrequenz festzustellen, musste zuerst das Alter einiger Krater gemessen werden. Dies war einer der wichtigsten Beiträge des Apollo-Programms – nachdem man anhand einer Altersmessung der vom Mond mitgebrachten Gesteinsbrocken das Alter der Krater bestimmt hatte, konnte man durch Zählen der Krater in anderen Kratern die Einschlagshäufigkeit auf dem Mond während der vergangenen vier Milliarden Jahre berechnen. Dies ist ein wichtiges Resultat, denn die Krater-Zeitachse des Mondes wird auch verwendet, um das Alter von Merkmalen auf der Oberfläche anderer Planeten und Asteroiden zu schätzen.

Die Behauptung, dass unser Mond anders als die Erde eine Aufzeichnung der Geschichte unseres Sonnensystems ist, wird verständlich, wenn wir uns vor Augen führen, dass der Tycho-Krater mit seinen hellen, nach außen führenden Linien durch einen Einschlag vor 100 Millionen Jahren entstanden ist – ein Einschlag, der wohl von den Dinosauriern auf unserem Planeten beobachtet wurde. Der Kopernikus-Krater entstand gar vor 800 Millionen Jahren, noch vor der kambrischen Explosion. Zu jener Zeit gab es auf der Erde nicht eine Kreatur, die diese kosmische Kollision bewusst miterlebte.

Der Mond wird auch heute noch bombardiert, wenn auch deutlich weniger als früher. Über die vergangenen Jahrzehnte haben verschiedene Observatorien Videokameras auf den Mond gerichtet. Diese suchen nach den hellen Lichtblitzen, die auftreten, wenn kleine Asteroiden auf den Mond prallen. Dabei werden zwei Teleskope gleichzeitig eingesetzt, sodass ein Einschlag zeitgleich von beiden Kameras registriert werden muss, um aufgezeichnet zu werden. Mit dieser Methode hat man jährlich Hunderte weiterer Einschläge bestätigen können.

Täglich treffen rund 100 Tonnen Partikel aus dem Weltraum in der Größe von Sand- oder Staubkörnern auf die Erde, aber alles, was kleiner ist als ein paar Meter, ist harmlos und verbrennt in unserer Atmosphäre. Auf dem Mond fehlt die schützende Atmosphäre, und Gesteinsbrocken aus dem Weltraum treffen mit einer Geschwindigkeit von 20 bis 70 Kilometern pro Sekunde auf die Oberfläche. Sogar ein kleiner Gesteinsbrocken von fünf Kilogramm kann auf dem Mond einen

Einschlagskrater von zehn Metern Durchmesser verursachen, und wirbelt dabei über 70 Tonnen Mondstaub in alle Richtungen auf.

Die Kameras, die auf den Mond gerichtet sind, können einschlagende Objekte erkennen, die nur ein paar Gramm schwer sind. Das klingt vielleicht schwierig, aber ein Gramm, das mit 70 Kilometern pro Sekunde unterwegs ist, hat genauso viel Energie wie ein Kilo TNT-Sprengstoff. Damit man die Helligkeit der Blitze der Größe und Geschwindigkeit eines einschlagenden Objekts zuordnen kann, hat man auf der Erde Experimente durchgeführt. Dazu wurden künstliche Mond-Steinbrocken hergestellt, auf die man Projektile mit einer Hochgeschwindigkeits-Pistole mit bis zu sechs Kilometern pro Sekunde abgefeuert hat – schneller kann eine Waffe nicht feuern. Die resultierenden Blitze verschiedener Projektile werden mit den Lichtblitzen der Mondeinschläge verglichen.

Der hellste Einschlagsblitz wurde 2015 im Mare Imbrium aufgezeichnet. Die Koordinaten wurden an den Lunar Reconnaissance Orbiter weitergeleitet, einen NASA-Satelliten, der seit 2009 den Mond umkreist und kartografiert. Der Satellit hatte bereits zuvor Aufnahmen von der Region gemacht, und ein neuer Satz von Bildern offenbarte einen brandneuen Einschlagskrater von 20 Metern Durchmesser, dessen Schutt in alle Richtungen verstreut war. Über 250 sekundäre Einschläge wurden verzeichnet, einige von ihnen 30 Kilometer entfernt vom ursprünglichen Einschlag. Die ungeschützte Oberfläche des Mondes birgt eine der potenziellen Gefahren für eine bewohnte Mondbasis.

Jedes Jahr entstehen im Durchschnitt 16 neue Krater mit einem Durchmesser von über zehn Metern. Zählt man die Ejekta hinzu, die durch einen solchen Einschlag über die Mondoberfläche verstreut werden, werden gemäß einer neueren Hochrechnung die obersten zwei Zentimeter des Mondregoliths alle 81 000 Jahre komplett neu aufgewirbelt. Das ist hundertmal schneller, als man früher annahm, und bedeutet, dass die Fußabdrücke der Apollo-Astronauten nicht, wie oft behauptet wird, noch in Millionen von Jahren sichtbar sein werden.

Wenn das aufgewirbelte Material bei einem Einschlag 2,4 Kilometer pro Sekunde oder mehr erreicht, entzieht es sich der Anziehungskraft des Mondes und gerät in eine Umlaufbahn um die Erde oder die Sonne. Im Laufe der Zeit landen manche dieser Mondbrocken als Meteoriten auf der Erde. Ein guter Ort, um nach solchen Meteoriten zu suchen, ist die Antarktis, wo sie exponiert auf alten Eisschollen liegen. Rund 37 000 Meteoriten wurden bisher in der Antarktis gefunden, von denen 35 nachweislich vom Mond stammen.

Etwa einer von 1000 Meteoriten kommt vom Mond und eine ähnliche Anzahl vom Mars. Der Rest kommt von Asteroiden und Meteoroiden, die seit Milliarden von Jahren die Sonne umkreisen. Leider hat man bisher keinen einzigen Meteoriten von der Venus identifizieren können. Ein Stück Venus könnte das Rätsel um die Entstehung unseres Mondes lösen – mehr dazu im nächsten Kapitel. Auf der Venus ist die Schwerkraft ähnlich wie auf der Erde, aber ihre Atmosphäre ist etwa hundertmal dichter als unsere. Dieser dichte Gasschild hält alles außer den größten Asteroiden davon ab, Krater auf der Oberfläche zu produzieren, und er sorgt auch dafür, dass Material aus Einschlägen sich nicht der Anziehungskraft des Planeten entziehen kann.

Insgesamt über 100 verschiedene Meteoriten konnten dem Mond zugeordnet werden – das sind über 200 Kilo Forschungsmaterial. Für die Wissenschaft sind diese Meteoriten von hoher Wichtigkeit, denn sie liefern zusätzliches Analysematerial von anderen Mondregionen. Allerdings waren sie auch über Jahrzehnte im Weltraum kosmischer Strahlung ausgesetzt und mussten den Höllenritt durch die Erdatmosphäre überstehen.

Wie aber wissen wir überhaupt, dass es sich bei einem Meteoriten um ein Stück Mond und nicht um irgendeinen anderen Gesteinsbrocken aus dem All handelt? In allen Meteoriten finden sich bestimmte Isotope, die nur durch die Reaktion mit eindringender kosmischer Strahlung außerhalb der Erdatmosphäre entstehen. Das Vorhandensein sogenannter »kosmogenischer Nuklide« ist der ultimative Test, um festzustellen, ob ein Gesteinsbrocken ein Meteorit ist oder nicht. Und weil manche dieser durch kosmische Strahlung entstandenen Isotope instabil sind, lässt sich auch feststellen, wie lange es her ist, dass ein Meteorit auf die Erde fiel, und wie viel Zeit er vorher im Weltraum verbracht hat. Die kürzeste bekannte Zeit, die ein Meteorit brauchte, um vom Mond auf die Erde zu fallen, beträgt 100 Jahre, den »Längenrekord« hält ein Gesteinsbrocken, der über zehn Millionen Jahre im All verbracht hat.

EINE STAUBIGE ANGELEGENHEIT

Die Flecken auf der uns zugewandten Seite des Mondes, die wir mit bloßem Auge erkennen können, bestehen aus dunklerem Basaltgestein. Es sind die lunaren Maria. Sie entstanden, als vor Millionen von Jahren feuerflüssiges Material aus dem Mantel auf die Mondoberfläche strömte und riesige ältere Einschlagskrater bedeckte. Aus der Analyse der Gesteinsbrocken, die wir aus dieser Region auf die Erde gebracht haben, wissen wir, dass die riesigen Krater alle während einer relativ kurzen Zeitspanne vor etwa vier Milliarden Jahren entstanden.

Diese Epoche in der Geschichte des Mondes wird als »Late Heavy Bombardement« (manchmal auch deutsch »Großes Bombardement«) bezeichnet. Es könnte die abschließende

Salve einer zuvor noch höheren Einschlagsrate gewesen sein. Oder es könnte ein einmaliges katastrophales Ereignis gewesen sein, möglicherweise verursacht durch einen Zustrom von Asteroiden und Kometen aus dem äußeren Sonnensystem, die durch den Einfluss der Umlaufbahnen der großen Planeten Jupiter und Saturn nach innen gedrängt wurden. Um die Frühgeschichte des Mondes besser verstehen zu können, müssten wir Mondbrocken von vielen verschiedenen Orten auf seiner Oberfläche analysieren.

Die lunaren Maria sind umgeben vom helleren Gestein der alten Krustengebirge. Der höchste Berg auf dem Mond ist mit 5,5 Kilometern Mons Huygens, der am Rande des riesigen Mare Imbrium liegt. Aber die Mondberge sind nicht wie die Berge auf der Erde, die aus kollidierenden Oberflächenplatten entstehen. Die Mondberge sind Wände von Kratern oder bestehen aus Material, das durch Asteroideneinschläge verschoben wurde.

Der höchste Punkt des Mondes liegt im Leibnitzgebirge auf seiner abgewandten Seite und erhebt sich um 10 786 Meter – die Stelle ist also rund 2000 Meter höher als der Mount Everest. Sie wurde 2010 vom Lunar Reconnaissance Orbiter (LRO) entdeckt, der mit einem Laser-Höhenmesser die Oberfläche des Mondes abtastete. Der höchste Punkt des Mondes entstand wohl aus feuerflüssigen Ejekta des massiven Einschlags, der den Aitken-Krater an seinem Südpol formte. Der erste Mondbesucher, der diesen höchsten Punkt erklimmen wird, wird wohl eher eine leichte Wanderung absolvieren – es geht mit einer moderaten Drei-Grad-Steigung aufwärts.

In der ersten Zeit nach der Entstehung von Erde und Mond war das Sonnensystem noch ein sehr feindlicher Ort, in dem viel mehr Asteroiden herumschwirrten als heute. Mit der Zeit sank die Zahl der Asteroiden, weil sie entweder von Planeten absorbiert wurden, in die Sonne fielen oder durch Gravitations-Interaktionen mit Jupiter und Saturn ins äußere Sonnensystem geschickt wurden.

Während der ersten Milliarde Jahre nach dem Late Heavy Bombardement kam durch Vulkane und pyroklastische Eruptionen Material an die Mondoberfläche, welches viele der riesigen Einschlagskrater auffüllte. Gemäß der Kraterzählung erscheint es, als hätten sich einige dieser Eruptionen von Magma erst vor rund einer Milliarde Jahre ereignet.

Es gibt auch Hinweise auf neuere Aktivitäten auf der Mondoberfläche. 2014 gab die NASA bekannt, dass es an 70 irregulären Mare-Stellen, die vom LRO identifiziert wurden, Anhaltspunkte für neuere vulkanische Aktivitäten gebe, manchenorts vielleicht vor weniger als 50 Millionen Jahren. Es könnte daher sein, dass der lunare Mantel deutlich wärmer ist als angenommen, zumindest auf der uns zugewandten Seite, wo die tiefe Kruste viel wärmer ist – vielleicht aufgrund einer rätselhaft hohen Konzentration radioaktiver Elemente.

Wir wissen nicht, wie diese Lava-Eruptionen auftraten, oder weshalb ein Großteil der heißen Lava auf der uns zugewandten Seite austrat. Der größte Einschlagskrater auf dem Mond – und der zweitgrößte bekannte in unserem gesamten Sonnensystem – ist der Aitken-Krater am Südpol. Er liegt auf der Rückseite, ist 2500 Kilometer breit und 13 Kilometer tief. Dennoch hat er sich bisher nicht mit vulkanischem Magma gefüllt.

In den lunaren Maria befinden sich lange, schmale Gebilde, die sogenannten Rilles. Sie sind oft strahlenförmig um alte vulkanische Schlote angeordnet, und man nimmt an, dass es sich um alte Lava-Kanäle handelt. Wie aus hochauflösenden Fotos von Vertiefungen und Löchern abzulesen ist, gibt es auf dem Mond auch Lava-Röhren, manche davon mit »Oberlichtern«. Diese wurden als ideale Orte für zukünftige Mondsiedlungen vorgeschlagen, weil sie einen Schild gegen Einschläge von Mikro-Meteoriten und hochenergetische Sonnenpartikel bilden.

Asteroideneinschläge haben die Mondoberfläche pulverisiert und eine feine Oberflächenschicht geschaffen, den Mondregolith. Dieser kann Dutzende Meter tief sein und ist ganz anders als der Sand oder die Erde auf unserem Planeten.

Trotz der Angst, dass das Landemodul versinken könnte, erwies sich der Mondregolith als stabile Landeoberfläche. Dies bedeutete aber auch, dass der erste Schritt auf den Mond eher ein kräftiger Sprung aus über einem Meter Höhe war, weil das Modul bei Weitem nicht so tief einsank wie angenommen. Während sich die Oberflächenschicht der Erde aus tektonischer Aktivität, Erosion und biologischen Prozessen gebildet hat, ist der Staub auf der Mondoberfläche das Resultat der Pulverisierung von Anorthosit und Basaltgestein durch Einschläge und hochenergetische Partikel aus dem All.

Der Mondstaub ist eine der größten Gefahren für zukünftige Mondmissionen oder eine Mondbasis. Das Fehlen einer Atmosphäre und eines Magnetfeldes führt dazu, dass die Mondoberfläche ständig vom Sonnenwind bombardiert wird – Nuclei und geladenen Partikeln von der Sonne, die sich sehr schnell bewegen. Dies lädt den Mondstaub elektrostatisch auf. Die Ladung kann so stark sein, dass die Staubpartikel von der Oberfläche abheben. Elektrostatisch geladene Partikel klebten an den Raumanzügen der Astronauten und gelangten so in deren Quartier an Bord des Landemoduls. Die meisten Astronauten kommentierten den stechenden Geruch des Mondstaubs, der dem von Schießpulver oder nasser Asche ähnlich ist.

Am Tag nach seinem Spaziergang auf dem Mond atmete Apollo-17-Astronaut Harrison Schmitt versehentlich Mondstaub ein, der ins Landemodul gelangt war. Daraufhin hatte er einen Anfall von – wie er es beschrieb – »Mondheuschnupfen«: tränende Augen, Halsschmerzen und ständiges Niesen. Der Mondstaub ist nicht verwittert wie Staub auf der Erde, und sogar die kleinsten Partikel sind scharf und gezackt, sie gleichen winzigen Glasfragmenten. Das kann nicht nur an unserer Ausrüstung, sondern auch in unseren Körpern erhebliche Schäden verursachen.

Eine neuere Studie zeigt, dass winzige Mondstaubfragmente durch die Nase ins Gehirn gelangen und dort zu neurologischen Erkrankungen führen können. 2018 erforschten Wissenschaftler die Toxizität vom Mondstaub für die DNS in den Lungenzellen von Säugetieren. Diese außerirdischen Staubpartikel sind offenbar fähig, signifikanten Schaden an der DNS anzurichten und Zellen, die ihnen ausgesetzt sind, zu töten – sie könnten krebserregend sein.

DIE »DUNKLE« SEITE

Vor Tausenden von Jahren glaubten manche, der Mond sei das Portal zu einem Feuerkreis. Andere glaubten, er sei eine Kristallkugel. Und sogar nachdem man erkannt hatte, dass der Mond eine Gesteinskugel ist, und Astronomen seine uns zugewandte Seite vermessen hatten, blieb seine »dunkle« Seite ein Rätsel.

Dies änderte sich, als 1959 die sowjetische Sonde Lunik 3 den Mond umrundete, Fotos machte und diese zurück zur Erde schickte. Erst acht Jahre später umrundeten die Astronauten von Apollo 8 den Mond und sahen die abgewandte Seite mit eigenen Augen. Mondgloben aus einer früheren Zeit waren auf der Rückseite blank und sind heute gesuchte Sammlerstücke. Den Mond mit einer unbemannten Sonde zu fotografieren, war damals eine bemerkenswerte Leistung. Lunik 3 war zylindrisch geformt, etwa einen Meter lang, mit Sonnenkollektoren bedeckt und mit Antennen übersät. Sie wurde mittels Funk von der Erde aus kontrolliert, und ihre Flugrichtung konnte durch kleine Gasdüsen angepasst werden.

In jener Zeit gab es keine digitalen Kameras, also wurden die Fotos auf 35-mm-Film aufgenommen. Weil Lunik 3 nicht dazu bestimmt war, zur Erde zurückzukehren, musste der Film in einer Miniatur-Dunkelkammer mit Chemikalien automatisch entwickelt werden. Die Negative wurden danach in eine Kammer bewegt, in der ein Kathodenstrahl durch den Film gejagt wurde und ein fotoelektrisches Vervielfältigungsgerät die dunklen und hellen Stellen aufzeichnete. Die resultierenden Daten wurden in ein elektrisches Signal umgewandelt, das zurück zur Erde geschickt wurde – im Grunde ein Telefax über Funk. Die Übermittlung eines einzelnen Fotos dauerte 30 Minuten, und etwa ein Dutzend Weitwinkel- und Nahaufnahmen konnten empfangen werden, bevor der Kontakt mit Lunik 3 abbrach.

Die Herkunft des Films, den die Sowjets verwendeten, ist eine Geschichte für sich: Bevor es Spionagesatelliten gab, hatten die USA 1956 heimlich begonnen, mit Kameras, die von Heliumballons in die Höhe getragen wurden, Aufnahmen der Sowjetunion zu machen. Diese Ballons erreichten eine Höhe von bis zu 30 Kilometern, in der die Kälte und die kosmische Strahlung normale Fotofilme zerstört hätten. Daher hatten die Amerikaner einen speziellen »Weltraumfilm« nur für diesen Zweck entwickelt. Die Sowjets hatten dies selbst noch nicht geschafft, aber sie hatten einige der amerikanischen Spionageballons abgeschossen, in denen ungebrauchte Filme waren. Diese verwendeten sie für die Kamera von Lunik 3.

Die ersten Fotos von der abgewandten Seite des Mondes waren ziemlich verschwommen, aber sie erregten dennoch viel Aufmerksamkeit, als sie veröffentlicht wurden. Sie zeigten eine dicht mit Kratern bedeckte Oberfläche, die sich auffällig von der uns zugewandten Seite unterschied. Rund 35 Prozent der uns zugewandten Seite sind mit dunklerem vulkanischem

Material bedeckt, während es auf der abgewandten Seite nur fünf Prozent sind.

Warum das so ist, wissen wir nicht. Dennoch geben uns spätere Mondmissionen, die das Gravitationsfeld des Mondes vermessen haben, einen wichtigen Hinweis. Die Mondkruste ist auf der abgewandten Seite etwa 15 Kilometer dicker als auf der erdnahen Seite. Dies muss es dem vulkanischen Magma aus dem Mantel auf der Vorderseite leichter gemacht haben, durch die Oberfläche zu dringen. Warum die Kruste auf der uns zugewandten Seite dünner ist, wird immer noch diskutiert. Eine Theorie geht davon aus, dass die Kruste auf der abgewandten Seite dicker ist, weil ein früherer zweiter Erdmond langsam mit dem heutigen Mond kollidierte und in der abgewandten Seite versank, was die Kruste verdickte. Eine andere Idee ist, dass sich aufgrund der Gezeiten-Interaktion mit der Erde auf der zugewandten Seite radioaktive Elemente unter der Kruste anhäufen, die als Wärmequelle dienen. Wieder eine andere Theorie besagt, dass die erdnahe Seite des Mondes von der Hitze der frühen Erde so stark bestrahlt wurde, dass die Kruste sich nicht verdicken konnte – dies wäre plausibel, weil der Mond in jener Zeit viel näher an der Erde war.

Inzwischen ist der gesamte Mond in einer Auflösung von zwei Metern oder weniger kartografiert. Der LRO der NASA hat über 10 000 hochauflösende Fotos gemacht, von denen manche Oberflächenmerkmale von weniger als 50 Zentimetern auflösen können. Diese Aufnahmen wurden zu einem der größten Bilder der Welt zusammengefügt. Die Karte des Mondes ist online verfügbar, besteht aus 867 Milliarden Pixel und benötigt über drei Terabyte Speicherplatz. Die Daten sind so hochauflösend, dass man die Apollo-Landestellen heranzoomen kann. Man erkennt den Unterbau der Landemodule und die kilometerlangen Spuren der Mondfahrzeuge. Man sieht sogar die Fußspuren der Astronauten selbst, die 50 Jahre nach der ersten Landung noch intakt sind.

Die der Erde zugewandte und die abgewandte Seite des Mondes, fotografiert vom Lunar Reconnaissance Orbiter der NASA

WIE ALT IST DER MOND?

Die ältesten Gesteinsbrocken im Sonnensystem, die datiert wurden, sind Meteoriten. Ausgenommen jene, die vom Mond und vom Mars stammen, sind sie alle rund 4,5 Milliarden Jahre alt. Mittels radiometrischer Datierung kann ihr Alter auf etwa eine Million Jahre genau bestimmt werden. Manche Uran-Isotope zerfallen über Milliarden von Jahren zu Blei, und das Alter eines Gesteinsbrockens kann bestimmt werden, indem man die Uran- und Bleimengen misst. Das Alter der ältesten Meteoriten wird herangezogen, um die Geburt unseres Sonnensystems zu markieren, und die ältesten Fragmente, die als Meteoriten auf der Erde landeten, sind 4,57 Milliarden Jahre alt.

Die ältesten erhaltenen Gesteine, die sich auf der Oberfläche der Erde bildeten, sind vier Milliarden Jahre alt, aber es gibt zahlreiche ältere Zirkonkristalle, die bis zu 4,4 Milliarden Jahre alt sind. Kristalle bilden sich, indem sie sich Atome aus der Gesteinsmatrix, in die sie eingebettet sind, einverleiben. Die Existenz dieser Zirkonkristalle an sich zeigt, dass die Erde vor 4,4 Milliarden Jahren eine harte Gesteinskruste hatte. Diese ersten Gesteine könnten durch Einschläge aus dem All pulverisiert worden sein, weshalb nur die winzigen harten Kristalle als Beweis für ihre Existenz zurückgeblieben sind.

Wie steht es mit dem Mond? Man ging lange davon aus, dass sein ältestes Gestein der Anorthosit auf der Oberfläche ist, der sich nach der Entstehung des Mondes aus dem heißen Magma-Ozean bildete. Allerdings zeigten Proben, die auf die Erde gebracht wurden, dass dieses Gestein mit 4,3 Millionen Jahren jünger ist als erwartet. Da viele radiometrische Datierungstechniken das Alter eines Materials zu dem Zeitpunkt bestimmen, als es aushärtete, könnte dieses jüngere Alter auch daher rühren, dass spätere Einschläge die Mondoberfläche erneut zum Schmelzen brachten.

Der Anorthosit vom Mond enthält allerdings auch Zirkonkristalle. Diese kleinen Kristalle sind enorm hart und hätten jeden Einschlag überstanden. 2017 wurden von der Apollo-17-Mission stammende Zirkon-Fragmente radiometrisch datiert. Die Forscher stellten fest, dass die Kristalle – und somit auch das Gestein, in dem sie sich ursprünglich gebildet hatten – 4,51 Milliarden Jahre alt waren. Demnach ist der Mond nur 60 Millionen Jahre nach der Geburt unseres Sonnensystems entstanden. Auch dies ist ein wichtiger Hinweis darauf, wie sich unser Mond gebildet haben könnte.

Um diese Schätzungen zur Geburt unseres Sonnensystems zu prüfen, können wir auch das Alter unseres Sterns, der Sonne, berechnen. Dies scheint auf den ersten Blick schwierig, denn wir können ja nicht einfach ein Stück Sonne nehmen, um es zu datieren. Allerdings sind Sterne im Grunde sehr einfache Gebilde – riesige Gaskugeln, in deren Mitte eine Kernfusion abläuft. So werden aus leichten Elementen schwerere Elemente, und als Folge davon wird Energie freigesetzt. Wenn ein Stern altert, ändern sich seine Größe, Zusammensetzung, Temperatur und Helligkeit auf klar vorhersehbare Weise. Dies bedeutet, dass wir nur ein paar simple Merkmale eines Sterns zu messen brauchen, um den Zeitpunkt zu bestimmen, an dem er zu scheinen begann. Für unsere Sonne war dieser Zeitpunkt vor 4,6 Milliarden Jahren.

Die wohl überraschendste Entdeckung aus der Analyse der Gesteinsbrocken vom Mond war, dass sie alle mit dem Erdgestein identisch sind. Aber woher wissen wir das? Nun, es hat – wieder einmal – mit Isotopen zu tun, diesmal mit Sauerstoff-Isotopen. Sauerstoff kann in drei stabilen Isotopen existieren, mit 16, 17 und 18 Neutronen.

Während sich unser Sonnensystem bildete, gelangten unterschiedlich große Mengen dieser Isotope in verschiedene Regionen des Proto-Sonnensystems. In Asteroiden, Kometen oder Planeten, die weit von der Sonne entfernt entstanden, ist der jeweilige Anteil der Isotope daher anders als in Objekten, die sich näher an der Sonne bildeten. Dies bedeutet, dass jeder Gesteinsbrocken auf der Erde das gleiche Verhältnis dieser Isotope aufweist, aber das Verhältnis zum Beispiel bei Steinen vom Mars oder in Meteoriten oder Kometen ganz anders ist.

Ein anderes Beispiel für Isotope findet sich im Wasserstoff. Seine Atome bestehen für gewöhnlich aus einem Proton und einem Elektron. Der formelle Name dafür ist Protium. Ein winziger Anteil der Wasserstoffatome hat aber auch ein Neutron, das an das Proton gebunden ist. Dieses schwerere Isotop heißt Deuterium. Der Deuterium-Anteil im Wasser von Kometen ist viel höher als jener im Wasser auf der Erde, was darauf hinweist, dass das Wasser auf der Erde nicht dieselbe Herkunft hat. Es wird inzwischen vermutet, dass das Wasser auf der Erde von Asteroiden stammt, die sich zwischen den Umlaufbahnen von Mars und Jupiter bildeten. Der Deuterium-Anteil im Wasser dieser sogenannten »chondritischen« Asteroiden ähnelt dem im Wasser auf der Erde – und auch jenem im Wasser auf dem Mond (mehr dazu in Kürze).

In Proben von allen Apollo-Landestellen wurde das Verhältnis der drei Sauerstoffisotope gemessen. Das bemerkenswerte Ergebnis der Untersuchungen war, dass die relative Häufigkeit der Isotope aus den Proben zu über 99,998 Prozent mit jener in irdischen Gesteinen übereinstimmte. Daraus lässt sich faszinierenderweise folgern, dass der Mond aus Material entstanden sein muss, welches einst Teil der Erde war.

Untersuchungen von Isotopen anderer Elemente wie Titan und Kalium kamen zum gleichen Ergebnis und lieferten weitere Indizien zur Untermauerung dieser These. Neuere Untersuchungen mit empfindlicherem Equipment aus dem Jahr 2018 zeigten, dass es dennoch winzige Abweichungen zwischen den Mond- und Erdgesteinen gibt – allerdings liegen diese bei drei in 100 000 Teilchen. Es ist ein wichtiges

Ergebnis, denn diese winzige Differenz könnte sich aus Asteroiden und Kometen ergeben, die auf der Erde einschlugen, nachdem der Mond entstanden war – so hätte sich die relative Häufigkeit der Isotope auf der Erde aufgrund des Einschlagsmaterials aus dem äußeren Sonnensystem leicht verändert.

Dies ist nur ein Beispiel für die vielen Untersuchungen, die an den Apollo-Mondbrocken gemacht werden. Vielleicht ist es an der Zeit, dass die NASA einige ihrer versiegelten Stücke herausgibt – drei Behälter mit Mondgestein von Apollo 15, 16 und 17 sind noch ungeöffnet. Diese Proben blieben versiegelt, damit sie nicht von unserer Atmosphäre kontaminiert würden und verfügbar wären, wenn sich die Analysemethoden verbessert hätten.

WAS KOSTET DER MOND?

Damit die Mondbrocken nicht von unserer Atmosphäre oder durch Bakterien verunreinigt werden, wird jede Probe in einem Behälter aus rostfreiem Stahl aufbewahrt, der mit inertem Stickstoffgas gefüllt ist. Diese Behälter lagern in einem Tresor, der durch eine Luftschleuse isoliert ist und mit einer 14-Tonnen-Tür geschützt wird, die wiederum durch zwei separate Kombinationsschlösser verschlossen ist. Der Tresor selbst wird von Sicherheitsleuten, Bewegungsmeldern und Videokameras bewacht. Ein Teil der Sammlung wird übrigens mit den gleichen Sicherheitsmaßnahmen an einem anderen Ort gelagert – für den Fall einer Naturkatastrophe.

Warum all diese Sicherheitsmaßnahmen? Mondgestein ist viel seltener als Diamanten, und nicht einmal die Apollo-Astronauten durften etwas davon behalten. Allerdings wurden über 100 winzige Stücke von Präsident Richard Nixon als Geschenke an andere Staaten verteilt. Viele davon sind inzwischen verschollen. In den 90er-Jahren arbeitete die NASA mit einem

Undercover-Agenten zusammen und versuchte, einige der verschwundenen Stücke aufzuspüren. In einer großen Tageszeitung wurde eine Anzeige platziert: »Mondgestein gesucht«. Der Eigentümer des Ein-Gramm-Stückchens, das an Honduras gegangen war, fraß den Köder und bot es dem Undercover-Agenten für fünf Millionen Dollar an. Es ging in der Folge zurück an die NASA. Sollten Sie gerne auf Schatzsuche gehen: Das Stückchen Mondgestein von der Apollo-11-Mission, das an Irland ging, liegt irgendwo unter einer Müllhalde. Es wurde versehentlich weggeworfen, nachdem im Observatorium, in dem es aufbewahrt wurde, ein Feuer ausgebrochen war.

Neil Armstrongs Aufbewahrungstasche für Mondproben, in der sich Spuren von Mondstaub finden, wurde 2017 für 1,8 Millionen US-Dollar versteigert. Die NASA wollte den Verkauf verhindern, aber ein Gericht entschied, dass das Stück rechtmäßig erworben worden war. Der tatsächliche Marktpreis für Apollo-Mondproben ist nicht bekannt, da sie nicht legal verkauft werden können. 1993 zahlte ein anonymer Sammler 442 000 US-Dollar für 0,2 Gramm des sowjetischen Mondstaubs, den Luna 16 1970 zurück auf die Erde gebracht hatte. Ebendieses Staubhäufchen wurde 2018 erneut versteigert – zu einem Preis von 855 000 US-Dollar.

Die oben genannten Preise decken die Transportkosten mehr als genug. Das Apollo-Programm kostete auf heutige Verhältnisse hochgerechnet rund 100 Milliarden US-Dollar. Hätten diese Missionen nur dem Aufsammeln von Mondgestein gedient, hätte das pro Gramm etwa 262 000 Dollar gekostet. Vielleicht ließen sich ja auf diese Weise zukünftige Mondmissionen finanzieren! Übrigens kann man Mondgestein auch für deutlich weniger Geld kaufen – nämlich jenes, das von Meteoriten stammt. 2018 wurde ein 5,5 Kilo schwerer Mondmeteorit, der in der nordafrikanischen Wüste entdeckt worden war, für 612 500 US-Dollar versteigert.

Manche Mondforscher sind, wie ich, der Meinung, es wäre endlich an der Zeit, die versiegelten Container zu öffnen – nicht um sie zu verkaufen, sondern weil sich unsere Möglichkeiten, Spuren von Wasser und Gasen im Gestein festzustellen, seit den 1970er-Jahren enorm verbessert haben, und weil eine neuere Analyse von Mondgestein das Vorhandensein von Wasser offenbart hat.

WASSER AUF DEM MOND!

Viele der frühen Astronomen glaubten, dass die dunklen lunaren Maria riesige Seen seien. Nachdem man entdeckt hatte, dass es auf dem Mond weder eine Atmosphäre noch Wetter gab, erwartete man hingegen eine trockene, leblose Welt. Dies wurde von den ersten sowjetischen und amerikanischen Missionen in den 60er-Jahren bestätigt. Es kann auf der Oberfläche des Mondes kein flüssiges Wasser geben. Dem Sonnenlicht ausgesetzt und im Vakuum des Weltraums würde sich Wasser in Wasserstoff und Sauerstoff zerteilen. Der Wasserstoff würde in den Weltraum entweichen, und der Sauerstoff würde sich mit Mineralien auf der Oberfläche verbinden – ähnlich, wie es auf dem Mars geschehen ist, auf dem es einst eine Menge flüssiges Wasser gab.

Doch bereits bei der Rückkehr der Apollo-Missionen konnte Wasser im mitgebrachten Mondgestein nachgewiesen werden. Damals ging man davon aus, es handle sich um Kontaminationen. Eine sorgfältige Neuanalyse aus dem Jahr 2008 fand jedoch weitere Spuren von Wasser in vulkanischen Glasbläschen, die nicht kontaminiert sein konnten. 2013 wurde bei einer weiteren Untersuchung Hydroxyl entdeckt, ein Molekül aus Sauerstoff und Wasserstoff, was vermuten lässt, dass das Gebirgsgestein auf dem Mond Wasser enthält – im Verhältnis von sechs auf eine Million Teilchen. Aufgrund dieser Untersuchungen schätzt man inzwischen, dass es auf der Mondoberfläche einmal über ein Prozent Wasser (in Gewicht gemessen) gegeben haben könnte.

Es gibt auch neuere Hinweise darauf, dass tief unter der Mondoberfläche große Wasservorkommnisse existieren. Dies ergibt sich aus der Analyse von Meteoriten auf der Erde, die bei Kratereinschlägen aus dem Mond herausgeblasen wurden. Einer dieser lunaren Meteoriten enthält das Mineral Moganit, und Moganit kann sich nur unter hohem Druck und in der Anwesenheit von Wasser bilden.

Die indische Mondmission Chandrayaan-1 fand bereits 2008 Anzeichen dafür, dass der Mondregolith Wasser enthält. Die indische Sonde maß das Lichtspektrum, das von der Oberfläche reflektiert wird, und fand Hydroxyl. 2010 entdeckte die Radarvorrichtung von Chandrayaan-1 Beweise dafür, dass es in den dunklen Kratern an den Mondpolen, wo die Temperatur nie über minus 160 Grad Celsius steigt, große Mengen gefrorenen Wassers gibt. Dies wurde seither von anderen Satelliten in der Mondumlaufbahn bestätigt. Obwohl dies alles nur indirekte Beweise sind, könnte es in den Mondkratern bis zu einer Milliarde Tonnen gefrorenen Wassers geben.

Wo aber kommt dieses Wasser her? Eine Möglichkeit wäre, dass Wasserstoffionen (Protonen) aus dem Sonnenwind auf der Mondoberfläche aufschlagen und sich mit Sauerstoffatomen in Mineralien zu Wasser oder Hydroxyl verbinden. Eine andere Möglichkeit wäre, dass das Wasser von Kometen und Asteroiden – die bekanntlich viel Wasser enthalten – auf den Mond gebracht wurde. Allerdings weisen die neusten Analysen darauf hin, dass das Wasser auf dem Mond mit dem auf der Erde identisch ist. Dies würde bedeuten, dass das Wasser auf Erde und Mond den gleichen Ursprung haben könnte.

All dies ist ziemlich faszinierend, vor allem deshalb, weil das Vorhandensein größerer Mengen gefrorenen Wassers das

Vorhaben einer Mondbasis um einiges erleichtern würde. Es wirft allerdings auch Rätsel auf: Wie kam das Wasser auf den Mond?

Dies ist auch deshalb interessant, weil angenommen wird, das Wasser auf der Erde sei über einen langen Zeitraum von Asteroiden auf unseren Planeten gebracht worden. Die neuen Untersuchungen weisen nun darauf hin, dass diese »Wasserlieferungen« größtenteils vor der Entstehung des Mondes stattgefunden haben müssen; in den ersten 60 Millionen Jahren, nachdem die Erde entstanden war. Und es lässt sich angesichts dessen vermuten, dass das Wasser auf der Erde jene kosmische Katastrophe, die zur Entstehung des Mondes führte, unbeschadet überstand.

Wenn der Mond also tatsächlich einmal Teil unserer Erde war, wie ist dann ein Teil unseres Planeten da oben im Weltraum gelandet? Es ist an der Zeit, einen Blick auf das zu werfen, was wir über die Entstehung des Mondes wissen.

4. EIN MYSTERIÖSER NACHBAR

»For what is the moon, that it haunts us,
this impudent companion immigrated
from the system's less fortunate margins,
the realm of dust collected in orbs?«

Dieser kurze Auszug stammt aus John Updikes Gedicht *Half Moon, Small Cloud.*[16] In nur vier Zeilen beschreibt er die rätselhafte Natur unseres Mondes, frühere Vorstellungen von seiner Entstehung und die alten Ansichten über unser Sonnensystem.

Zweifellos haben sich viele unserer Vorfahren gefragt, wie unser himmlischer Nachbar eigentlich entstanden ist.

In der nordischen Mythologie bildete sich der Mond aus den Funken und der Glut der Urwelt Muspelheim. Bei den Azteken waren die Sonne und der Mond einst gleich hell und entstanden durch das Opfer zweier Götter. Weil ihnen klar wurde, dass zwei Sonnen zu viel für die Welt waren, warfen die übrig gebliebenen Götter ein Kaninchen gegen die eine Sonne, und sie wurde zum Mond. Ein alter chinesischer Schöpfungsmythos von 139 v. Chr. erzählt von der Schöpfung

16 Erschienen in der Sammlung *Endpoint.* Knopf 2009

des Mondes aus Yin und Yang. Im Koran schuf Allah die Sonne, den Mond und die Planeten, und lenkte sie alle auf ihre eigenen Pfade. In der christlichen Folklore schuf Gott die zwei großen Lichter – das hellere, um über den Tag zu herrschen, das schwächere, um über die Nacht zu herrschen. Die beiden letzten Schöpfungsgeschichten könnten ihren Ursprung in der babylonischen Schöpfungsgeschichte *Enuma elisch* haben, die in über 1000 Zeilen im 12. Jahrhundert v. Chr. auf sieben Tontafeln niedergeschrieben wurde. Sie erzählt von der Erschaffung von Mond, Sonne und Tag und Nacht durch den allmächtigen Gott Marduk.

Dies sind alles sehr romantische Geschichten, und angesichts der Informationen, die den Menschen in jener Zeit zur Verfügung standen, sind es wahrscheinlich die besten Geschichten, die man sich hätte ausdenken können. Die einzige Information über den Mond, die wir bis ins 16. Jahrhundert hatten, war, dass er ein großes, kugelförmiges Objekt ist, welches das Sonnenlicht reflektiert. Nach den alten Griechen gab es über tausend Jahre lang keine neuen Erkenntnisse zum Kosmos. Vor der zweiten wissenschaftlichen Revolution, die im 16. Jahrhundert einsetzte, musste sich angesichts der religiösen Lehren und Dogmen niemand eigene Gedanken über die Objekte am Himmel machen. Die ersten wissenschaftlichen Erklärungen zur Herkunft des Mondes kamen erst auf, nachdem durch die Erfindung des Teleskops im 17. Jahrhundert mehr Informationen über ihn verfügbar geworden waren.

Einer der ersten Versuche, die Entstehung des Mondes zu erklären, findet sich in René Descartes' *Le Monde*. Descartes beendete das Werk bereits 1633, veröffentlichte es aber nicht, weil er Angst vor der Kirche und deren Verdammung heliozentrischer Ideen hatte. Der Prozess gegen Galileo verunsicherte ihn zusätzlich. Weil Galileo das heliozentrische Modell unterstützte, beschuldigte ihn die katholische Kirche der Ketzerei und verurteilte ihn zu lebenslanger Haft. 1649 hatte Descartes sich einen Namen als einer der wichtigsten Philosophen Europas gemacht, aber er starb wenig später, im Jahr 1650. In seinem Buch *Der rätselhafte Tod des René Descartes*[17] behauptet der Philosoph Theodor Ebert, dass Descartes von einem katholischen Priester mit Arsen vergiftet wurde. Descartes' Bücher kamen auf den Index *Librorum Prohibitorum*, die Liste jener Bücher, die Katholiken weder drucken noch lesen durften – eine Liste übrigens, die bis 1966 existierte.

Le Monde erschien schließlich 1664. Descartes spricht darin verschiedene Themen an, von der Biologie bis hin zur Kosmologie. Er stellt sich das Universum als erfüllt von Teilchen verschiedener Formen, Größen und Bewegungsrichtungen vor, die ein System aus zahlreichen Strudeln bilden, die um Sterne rotieren. Größere Materieteilchen seien zu Planeten geworden, die durch Kollisionen mit kleineren Teilchen in ihren Umlaufbahnen um Sterne gehalten werden. Jeder Planet entwickelte seinen eigenen Strudel aus kleineren Körpern – den Monden. Descartes war durch Galileos Entdeckung der Jupitermonde dazu motiviert worden, sich an eine generelle Erklärung für die Bildung von Monden heranzuwagen.

Unter dem Einfluss von René Descartes und dem schwedischen Philosophen Emanuel Swedenborg veröffentlichten auch Immanuel Kant und Pierre-Simon Laplace unabhängig voneinander eine ähnliche Theorie dazu, wie der Mond und die Planeten entstanden. Diese Theorien bilden die Basis für die modernen Theorien zur Entstehung des Sonnensystems. 1755 räsonierte Kant, dass Gaswolken im All (Nebulae) langsam rotieren und dann aufgrund der Schwerkraft immer weiter kollabieren und abflachen, sodass daraus schließlich Sterne und Planeten entstehen. Laplace' Theorie enthielt ebenfalls eine sich zusammenziehende und abkühlende proto-solare

17 T. Ebert: *Der rätselhafte Tod des René Descartes.* Alibri 2009

Wolke – die proto-solare Nebula. Während sich diese abkühlt und zusammenzieht, flacht sie ab und rotiert immer schneller, wodurch sie eine Reihe von Ringen aus gasartigem Material abstößt. Die Planeten kondensieren aus diesem Material, und Laplace nahm an, dass der Mond sich aus einem Ring aus Material bildete, das die rotierende, gasartige Proto-Erde abgestoßen hatte.

Seit dem 17. Jahrhundert gab es verschiedene führende Theorien zur Entstehung unseres Mondes. In den vergangenen 30 Jahren wurde ein bestimmtes Szenario favorisiert, aber es besteht in der Wissenschaft nach wie vor kein klarer Konsens über seine Entstehung. Vor dem Apollo-Programm musste eine Formationstheorie in der Lage sein, die grundlegenden beobachtbaren Merkmale zu reproduzieren – die relative Größe des Mondes und seine Umlaufbahn. Aber es gab noch einen weiteren wichtigen Hinweis auf die Entstehungsgeschichte des Mondes, der bereits vor den Apollo-Missionen bekannt war: dass der Mond weniger dicht ist als die Erde. Dieses Wissen erlangten wir durch die ersten genauen Berechnungen seiner Masse.

DIE MASSE DES MONDES

Die Masse eines Objekts ist eine Aussage über die Anzahl Atome, aus denen es besteht – aber wie kann man überhaupt die Masse von etwas bestimmen, das so weit weg ist und nie besucht wurde?

Isaac Newton war der Erste, der im 17. Jahrhundert eine Schätzung zur Masse des Mondes abgab. Er hatte Bewegungs- und Gravitationsgesetze aufgestellt und gezeigt, wie die Gravitationskraft sowohl für die Bewegung des Mondes in seiner Umlaufbahn verantwortlich war als auch für die Geschwindigkeit, in der Äpfel vom Baum fallen. Er wusste, dass die Erde ein Jahr braucht, um die Sonne zu umrunden, und weil er dank der alten Griechen die Distanz zur Sonne kannte, konnte Newton die Masse der Sonne berechnen. Newton konnte daraufhin die Masse des Mondes schätzen, weil er wusste, dass die durch den Mond verursachte Gezeitenhöhe etwa doppelt so hoch war wie die durch die Sonne verursachte. Er kam zum Schluss, dass die Erde etwa vierzigmal mehr Masse hatte als der Mond, und schloss daraus wiederum auf die Dichte des Mondes. Er stellte fest: »Daher ist der Körper des Mondes dichter als die Erde und irdischer als die Erde selbst.«

Newtons Einschätzung war nicht besonders akkurat. Er hatte die Gezeitenhöhe für seine Berechnungen nur an einem Ort gemessen – an der Mündung des Flusses Avon in England. Die Höhe der Gezeiten ist aber von Ort zu Ort sehr unterschiedlich, weil sie von vielen verschiedenen Faktoren abhängt – zum Beispiel von der Meerestiefe, der Abgrenzung zur umgebenden Landmasse und den komplizierten Meeresströmungen. Im 19. Jahrhundert, als man bei den Messungen mehr Sorgfalt walten ließ, wurde die Erde etwa auf achtzigmal die Masse des Mondes geschätzt. Diese Zahl wurde später bestätigt, als man die Masse des Mondes mit einer anderen Technik maß, welche sich der Parallaxe von weit entfernten Sternen bediente, um die Distanz zum Masseschwerpunkt von Erde und Mond zu bestimmen. Diese Messungen ergaben, dass der Mond nur etwa halb so dicht war wie die Erde, und kehrten Newtons Behauptung um – die Erde war eben doch irdischer als der Mond!

Heute kennen wir die Masse des Mondes bis auf ein Millionstel genau – dank der Satelliten, die den Mond umrunden. Diese Genauigkeit mag auf den ersten Blick nicht besonders wichtig erscheinen, ist aber eine weitere Auflage für Theorien zur Entstehung unseres Mondes. Der Mond hat gerade einmal 60 Prozent der Dichte der Erde; dies entspricht etwa der Dichte großer Asteroiden. Diese Erkenntnis verführte wiederum viele Wissenschaftler dazu, eine Theorie zu favorisieren, die davon ausgeht, dass der Mond ein beliebiger Himmelskörper aus dem Sonnensystem war, der von der Anziehungskraft der Erde eingefangen wurde. Die Theorie wurde aber fallengelassen, als die auf die Erde gebrachten Mondbrocken zeigten, dass der Mond aus nahezu identischem Material besteht wie die Erde.

DIE ERSTEN THEORIEN ZUR ENTSTEHUNG DES MONDES

Zum Ende des 19. Jahrhunderts etablierte sich eine neue Theorie. Und obwohl diese rund 100 Jahre später wieder von einer anderen Theorie verdrängt wurde, enthält sie die Essenz dessen, was ich für die korrekte Geschichte der Entstehung unseres Mondes halte. Die Idee kam von George Darwin (1845–1912) – wir werden ihm und seiner Pionierarbeit zum Mond später noch einmal begegnen.[18] Zwar hatten schon vor Darwin verschiedene Wissenschaftler darauf hingewiesen, dass der Mond aufgrund des Effekts der astronomischen Gezeiten von der Erde wegdriften müsse, doch Darwin war der Erste, der auf die Idee kam, den Mond in der Zeit zurückzuverfolgen. Er drehte die kosmische Uhr zurück und berechnete die Geschichte des Mondes. Dabei stellte er fest, dass, wenn der Mond sich tatsächlich von der Erde wegbewegt, er früher viel näher an der Erde gewesen sein müsste.

Darwins langwierige Analyse der Geschichte von Erde und Mond brachte ihn zu der Annahme, dass der Mond einmal so nah an der Erde war, dass er sie berührte – oder in anderen Worten, dass der Mond aus der Erde selbst entstanden ist.[19] In

18 Siehe Kapitel 11, in dem es um die Gezeiten geht.

19 G. H. Darwin: »On the Bodily Tides of Viscous and Semi-Elastic Spheroids, and on the Ocean Tides Upon a Yielding Nucleus«. *Philosophical Transactions of the Royal Society of London* 170, 1879: 1–35.

jener Zeit drehte sich die Erde viel schneller, als sie es heute tut, mit einer Rotationsperiode von etwa fünf Stunden. Bei dieser Rotationsgeschwindigkeit wäre die Erde immer noch in der Lage, das Material auf ihrer Oberfläche an sich zu binden. Würde sie sich allerdings so schnell drehen, dass ein Tag nur zwei Stunden dauert, wäre die Zentrifugalkraft so stark, dass sich Material von ihrer Oberfläche lösen würde. Und genau so stellte Darwin sich die Entstehung des Mondes vor: als Trümmer, die sich von einer schnell rotierenden Proto-Erde lösten.

Damals war weder bekannt, dass sich im Zentrum unserer Erde ein gigantischer, dichter Eisenkern befindet, noch, dass es diesen im Mond so nicht gibt. Ansonsten hätte Darwin für sein Modell anführen können, dass es die Strukturen von Erde und Mond korrekt darstelle, da aus dem äußeren Erdmantel gelöstes Material nicht viel Eisen enthalten hätte. Unterstützung bekam Darwin vom Geologen Osmond Fisher, der 1889 behauptete, dass die Stelle, an der sich der Mond von der Erde trennte, nie ganz verheilt sei.[20] Fisher suggerierte, dass der Mond aus jenen Regionen entstand, die zum Pazifik und Atlantik wurden, und ein Loch zwischen Amerika und Afrika riss. Heute wissen wir, dass die Trennung der Kontinente durch die Plattentektonik verursacht wurde, aber in jener Zeit erschien Fishers Idee durchaus plausibel.

Darwin fiel es schwer, einen Mechanismus zu finden, durch den die Rotation der Erde sich bis zur Zerreißgeschwindigkeit beschleunigt hätte. Er erwog eine kontrahierende Proto-Erde, die aufgrund des Drehimpulserhaltungssatzes schneller rotierte (etwa wie eine Balletttänzerin, die sich schneller dreht, wenn sie die Arme an den Körper nimmt). Er erwog auch, dass die Gezeitenkraft der Sonne die Erde hätte beschleunigen können, aber er war von keiner der beiden Ideen überzeugt.

20 O. Fisher: *Physics of the Earth's Crust*. The Macmillan Company, New York 1889

Dennoch fand Darwins Theorie im frühen 20. Jahrhundert breite Unterstützung, obwohl man nicht verstand, wie sich die Erde so schnell hätte drehen können, dass sich Material von ihr löste und den Mond bildete.

Die Theorie der Kontinentalverschiebung wurde 1912 vom deutschen Polarforscher Alfred Wegener postuliert[21], fand aber erst in den 50er-Jahren Anerkennung, als verschiedene Beweislinien unabhängig voneinander darauf hinwiesen, dass die Kontinente langsam über die Oberfläche des heißen Erdinnern driften. Dadurch verlor Darwins Theorie zur Entstehung des Mondes an Popularität, weil man ja zuvor angenommen hatte, dass die Ozeane die Orte seien, aus denen sich der Mond gebildet hatte.

Andere Theorien zur Entstehung des Mondes wurden entwickelt. Die Nebula-Hypothese von Kant und Laplace wurde von mehreren Astronomen detaillierter wiederbelebt – unter ihnen auch Gerard Kuiper, der erwog, dass die Erde und der Mond im planetaren Ur-Nebel als Doppelplanet entstanden.

Es war Harold Urey, der in den 50er-Jahren neue Ideen ins Spiel brachte. Urey war ein Verfechter der Idee, dass sich der Mond unabhängig von der Erde gebildet hatte und später von unserer Erde eingefangen wurde. Allerdings errechnete Urey, dass die Wahrscheinlichkeit eines solchen »Einfangens« äußerst gering sein würde, außer es gäbe da draußen im Sonnensystem eine große Zahl solcher Objekte. Daraus entwickelte Urey neue Ideen zur Bildung von Planeten. Mittels geochemischer Hinweise versuchte er zu widerlegen, dass es zur Bildung von Planeten den Zusammenschluss zahlreicher kleinerer kalter Körper wie beispielsweise Asteroiden brauche.

21 A. Wegener: »Die Entstehung der Kontinente«. *Geologische Rundschau* 3, 1912: 276

Zu Beginn der 60er-Jahre gab es demnach drei Haupttheorien zur Entstehung des Mondes. Die »Einfangshypothese«, die Nebula-Hypothese eines Zusammenschlusses in einem Ur-Nebel (Kant-Laplace) und Darwins Aufspaltungshypothese.

Die NASA wurde 1958 mit dem Ziel gegründet, das menschliche Wissen über den Weltraum zu erweitern, und Urey spielte, wie wir bereits erfahren haben, eine wichtige Rolle im Festlegen ihrer Strategie, indem er sich dafür einsetzte, dass man zum Mond fliegt, um dessen Geschichte und Entstehung zu verstehen. 1964 diskutierte man bereits über vier verschiedene Mondforschungsprogramme, und im gleichen Jahr fand auch die erste Konferenz statt, die sich ausschließlich der Entstehungsgeschichte des Mondes widmete. Die Erwartung war hoch, dass das Apollo-Programm die Frage nach der Entstehung unseres Mondes ein für alle Mal beantworten würde.

1974, kurz nach dem Ende des Apollo-Programms, veranstaltete die Cornell University eine wissenschaftliche Konferenz zu planetaren Satelliten. An dieser Konferenz präsentierten die Astronomen William Hartmann und Donald Davis ein neues Modell zur Herkunft des Mondes – dass er sich aus den Trümmern eines gigantischen Einschlags auf der Erde gebildet habe.[22] Bei der gleichen Zusammenkunft gaben zwei andere Astronomen, Andrew Cameron und Bill Ward, bekannt, dass sie an einem ähnlichen Modell arbeiteten.[23] Allerdings wurde deren Ausführungen wenig Beachtung geschenkt.

Die nächste Konferenz zur Entstehung des Mondes fand zehn Jahre später, 1984, in Kona auf Hawaii statt und brachte alle Resultate aus den Apollo-Missionen zusammen.

22 W. K. Hartmann/D. R. Davis: »Satellite-Sized Planetesimals and Lunar Origin«. *Icarus* 24, 1975: 504

23 A. G. W. Cameron/W. R. Ward: *The Origin of the Moon. Abstracts of the Lunar and Planetary Science Conference* 7, 1976: 120

Im Anschluss an diese Konferenz fielen alle vorherigen Formationsmodelle in Ungnade. Das sogenannte »Einschlagsmodell« wurde zum allgemein akzeptierten Szenario für die Entstehung des Mondes. Es war eine plausible Erweiterung der vorherrschenden Theorie zur Entstehung von Planeten.

VOM STERNENSTAUB ZU PLANETEN

Der Raum zwischen den Sternen in unserer Galaxie ist nicht völlig leer. Das interstellare Medium ist ein extrem diffuses Gas, das hauptsächlich aus Wasserstoff und Helium besteht. Außerdem enthält es ein Gemisch aus Atomen und Staub, das von Generationen von Sternen synthetisiert wurde. Aus dieser Asche von längst verglühten Sternen bilden sich neue Sterne und Planeten. Auch wenn es immer noch vieles über die Bildung von Sternen und Planeten zu lernen gibt, möchte ich hier kurz darlegen, was die heutige Astrophysik darüber aussagen kann.

Jedes Jahr tauchen in unserer Galaxie mehrere neue Sterne auf. Im interstellaren Medium, das von den Supernova-Explosionen sterbender Sterne quasi »umgerührt« wird, bilden sich große Gaswolken. Manche dieser Gaswolken werden so massereich, dass sie zu kollabieren beginnen. Während die Gravitation alles nach innen zieht und alles zusammenschrumpft, wird jede noch so kleine Rotation in der ursprünglichen Wolke verstärkt. Der dichte Kern in der Mitte der kollabierenden Wolke wird zu einem Proto-Stern, der von einer wirbelnden Scheibe aus Gas und Staub umgeben ist. In dieser rotierenden proto-planetaren Scheibe bilden sich die Planeten. Von der Erde aus können wir diese riesigen Scheiben aus Gas um neue Sterne beobachten, und wir können auch ältere Sterne mit ihren Planeten beobachten. Den tatsächlichen Prozess der Planetenbildung können wir aber nicht beobachten, weil unsere

Teleskope solche Details nicht auflösen können. Daher wird immer noch über den Prozess vom Staub zu den Planeten debattiert, und es gibt einige ungelöste Probleme in dieser Theorie.

Die grundlegende Idee ist, dass die Atome und Moleküle in der proto-planetaren Scheibe zu kollidieren beginnen und schließlich aneinander haften bleiben. So bilden sich winzige Staubklumpen, zusammengehalten von schwachen intermolekularen Kräften – so fragil wie eine Schneeflocke. Manche dieser staubigen Klumpen wachsen schneller als die anderen und reißen immer mehr Material an sich, während sie sich um den neu entstandenen Stern drehen. Während sie weiter wachsen, macht es ihre ebenfalls wachsende Anziehungskraft leichter, neues Material anzuziehen und an sich zu binden. Irgendwann sind da Billionen von Klumpen – von Objekten in der Größe von Felsbrocken bis hin zu Gebilden in der Größe eines Berges.

Manche dieser Objekte werden so groß, dass ihre eigene Schwerkraft ausreicht, um sie in eine Kugelform zu ziehen. Tausende kleine Proto-Planeten umrunden nun den Stern. Immer wieder kommt es zu Kollisionen zwischen ihnen. Manche dieser Kollisionen sind so heftig, dass sie die Objekte in Stücke schlagen, andere Kollisionen führen zu Zusammenschlüssen. Am Ende haben sich mehrere terrestrische Planeten gebildet, welche die meisten kleineren Objekte in ihrer Umgebung »aufgewischt« haben. Beobachtungen und Simulationen gehen davon aus, dass es »vom Staub bis zu den Planeten« weniger als 100 Millionen Jahre dauert.

Asteroiden sind die letzten Überbleibsel der planetaren Bausteine und der verstreuten Trümmer aus all den Kollisionen zwischen Proto-Planeten in unserem frühen Sonnensystem. Der letzte wirklich gigantische Einschlag auf der Erde ereignete sich, kurz nachdem sie sich gebildet hatte. Man geht davon aus, dass vor etwa 4,51 Milliarden Jahren ein Planet in der Größe des Mars mit der Erde kollidierte. Dieser Einschlag vaporisierte ein großes Stück der Erde und das Objekt, das mit ihr kollidiert war. Die Trümmer wurden in den Orbit geschleudert und bildeten eine rotierende Scheibe aus Material. Aus diesem Material, so nimmt man an, habe sich der Mond gebildet – ähnlich wie die Erde selbst. Dies ist die Essenz des »Einschlagsmodells« über die Entstehung des Mondes von 1974.

PROBLEME DES EINSCHLAGSMODELLS

Kollisionen zwischen Proto-Planeten sind eine natürliche Konsequenz aus dem letzten Stadium der Planetenbildung, wenn die Proto-Planeten durch Kollisionen und Zusammenschlüsse stetig wachsen. Dennoch glaubten einige Wissenschaftler, dass eine Kollision wie jene, die zur Entstehung des Mondes geführt haben soll, extrem selten sei. Es brauchte dazu immerhin einen Himmelskörper in der Größe eines Planeten, der in hoher Geschwindigkeit auf die Erde trifft – und das auch noch im richtigen Winkel, um eine Trümmerscheibe zu verursachen, die um die Erde rotiert. Manche Astronomen argumentierten, dass sich ohne unseren Mond kein Leben auf der Erde hätte entwickeln können. Wäre ein Mond wie der unsere eine seltene Erscheinung im Universum, hätten wir eine großartige Antwort auf das Fermi-Paradox[24]!

2010 begann unsere Forschungsgruppe an der Universität Zürich mit der Erstellung eines neuen Computercodes, der die späten Stadien der Planetenbildung simulieren sollte. Unser Ziel war es, die Wahrscheinlichkeit von mondbildenden Einschlägen auf eine Proto-Erde zu kalkulieren. Der Code lief komplett auf schnellen Grafikkarten, die designt wurden, um

24 Das »Fermi-Paradox« beschreibt die folgende Frage: Warum haben wir noch keine Hinweise auf Leben da draußen gefunden, wenn die meisten Sterne Planetensysteme haben?

die vielen gleichzeitigen »Kollisionen« zwischen Objekten in Computerspielen zu verarbeiten. Unsere Simulationen zeigten, dass etwa einer von zehn erdähnlichen Planeten eine Kollision erfahren würde, welche die passende Geometrie und Energie auswiese, um einen massereichen Mond zu bilden.[25] Das ist nicht wirklich selten, wenn man davon ausgeht, dass es allein in unserer Galaxie geschätzte 100 Milliarden erdähnliche Planeten gibt – wir kämen mit dieser Berechnung auf 10 Milliarden erdähnliche Planeten mit massereichen Monden!

Aber ist dies wirklich das korrekte Szenario für die Entstehung unseres Mondes? Es gibt vier Schlüsselbeobachtungen, die jede Formationstheorie erklären können muss. Erstens: Die Masse unseres Mondes relativ zur Erde ist im Vergleich zu anderen Planeten unseres Sonnensystems äußerst hoch. Zweitens: Unser Mond hat aufgrund des sehr kleinen Eisenkerns eine deutlich geringere Dichte als die Erde. Drittens: Die Zusammensetzung des Mondes ist quasi identisch mit jener der Erde. Viertens: Die heutige Rotationsgeschwindigkeit der Erde und die heutige Distanz von Sonne und Mond müssen sich durch das Modell erklären lassen.

Die Theorie müsste außerdem in der Lage sein zu erklären, warum sich der Mond genau zu diesem Zeitpunkt bildete, warum er einmal feuerflüssig war, und warum es auf der Mondoberfläche Wasser gibt, das mit jenem auf der Erde identisch ist. Darüber hinaus sollte die Theorie plausibel klingen und sich nicht auf unwahrscheinliche Begebenheiten stützen. Das ist eine ziemliche Liste, die man abarbeiten muss!

Die ältere »Einfangshypothese«, in welcher der Mond irgendwie von der Anziehungskraft der Erde eingefangen wurde, liefert keine Antwort darauf, wieso der Mond aus dem gleichen Material besteht wie die Erde. Und es fällt schwer, sich ein Sze-

25 S. Elser/B. Moore/J. Stadel/R. Morishima: »How Common are Earth-Moon Planetary Systems?« *Icarus* 214, 2011: 357

nario vorzustellen, in dem ein solch großer Himmelskörper wie der Mond von der Erde eingefangen werden könnte.

Das Nebula-Modell kann wiederum nicht erklären, wieso der Mond weniger dicht ist, oder warum Erde und Mond heute in den beobachteten Geschwindigkeiten rotieren.

Das Einschlagsmodell sollte all diese Beobachtungen erklären. Unser Mond ist so massereich, weil was auch immer in die Erde einschlug, so groß war wie der Mars; die Energie aus der Kollision wäre dann stark genug gewesen, um eine »Mondmasse« an Trümmern in den Orbit zu schleudern. Der Einschlagskörper trägt in manchen Beschreibungen übrigens den Namen Theia, die wiederum in der griechischen Mythologie die Mutter der Mondgöttin Selene war.

Damit Material aus der Erde in einen Orbit geschleudert werden kann, muss die Kollision eher ein Streifschlag sein als eine Frontalkollision. Aus dieser Kollisionsgeometrie und dem großen Einschlagsobjekt hätte sich automatisch ergeben, dass die Erde und die Trümmer sich schnell zu drehen beginnen und über einen Drehimpuls verfügen, der mit den heutigen Bewegungen und dem heutigen Drehimpuls von Erde und Mond in Verbindung gebracht werden kann.

Die niedrige Dichte des Mondes ergibt sich von selbst, denn die Kollision hätte vor allem Material aus dem Mantel in den Orbit geschickt und den Eisenkern der Erde nicht beschädigt, während zugleich der Eisenkern des Einschlagsobjekts mit der Zeit ins Innere der Erde gesunken wäre. Die Ähnlichkeit zwischen der Erde und dem Mond würde sich ebenfalls ganz automatisch daraus ergeben, dass der Mond hauptsächlich aus Mantelmaterial der Erde besteht.

Allerdings ist gerade diese Ähnlichkeit das Hauptproblem der Einschlagstheorie. Die Gesteine von Erde und Mond sind sich einfach zu ähnlich. Wie wir aus dem letzten Kapitel wissen, haben Isotopanalysen gezeigt, dass sie sich in

100 000 Teilchen bis auf zwei gleichen. Das ist zu ähnlich für das Einschlagsmodell, denn in diesem endet auch ein Teil der Trümmer des Einschlagsobjekts in der Scheibe, die schließlich den Mond bildet.

Wo auch immer sich das Objekt gebildet hätte, das mit der Erde zusammengestoßen sein soll; die relativen Verhältnisse der Isotope hätten sich deutlich von jenen der Erde unterschieden. So sind zum Beispiel die Sauerstoffisotope im Marsgestein nur bis auf 30 in 100 000 Teilchen gleich wie jene im Erdgestein. Dieser Unterschied erklärt sich daraus, dass sich der Mars weiter weg von der Sonne bildete, wo die protoplanetare Scheibe kühler war. Da der Mond sich aus einer Mischung des Einschlagsobjekts und der Erde gebildet haben soll, müsste dieser Unterschied im Mondgestein nachweisbar sein.

Es ist unwahrscheinlich, dass Verwitterung oder andere spätere Prozesse die Sauerstoff-Isotopanteile verändert haben könnten. Außerdem maßen Wissenschaftler 2012 auch die Isotopanteile von Titan-47 und Titan-50 und kamen zu den gleichen Ergebnissen.[26] Da Titan sehr robust gegenüber Hitze, Druck und chemischen Veränderungen ist, bestätigt diese Analyse, dass der Mond einst Teil der Erde war.

Mehrere Versionen des Einschlagsmodells haben zu erklären versucht, dass der Mond der Erde so ähnlich ist. Manche Forscher haben behauptet, dass der Mond sich in der gleichen Zusammensetzung gebildet haben muss wie die Erde, andere wiederum haben postuliert, dass dies sehr unwahrscheinlich ist. Einige Wissenschaftler haben seither darauf hingewiesen, dass eine Mission zur Venus das Problem lösen könnte. Der Mars ist zurzeit der einzige andere Planet, von dem wir Gesteinsproben haben – aus unbemannten Missionen und von

26 J. Zhang et.al.: »The Proto-Earth as a Significant Source of Lunar Material«. *Nature Geoscience* 5. 2012: 251

den wenigen Marsmeteoriten, die auf die Erde gefallen sind. Gesteinsproben von der Venus zu analysieren, würde uns erlauben, ein besseres Bild der Gesteinsvariationen auf anderen Welten zu bekommen.

Die vielversprechendste unter den vorgeschlagenen Theorien ist vielleicht jene, in der das Einschlagsobjekt deutlich größer ist als der Mars.[27] Ein anderer Vorschlag war, dass die Erde über einen Zeitraum von Millionen von Jahren von vielen kleineren Objekten bombardiert wurde, die allesamt kleinere »Möndchen« abspalteten, welche dann um die Erde kreisten[28]. Mit der Zeit schlossen sie sich zusammen und bildeten unseren Mond. In diesem Szenario bestünde jedes der »Möndchen« komplett aus Erdmaterial. Eine andere Theorie[29] geht von einem »Hit and Run«-Szenario aus: Der einschlagende Planet schrammte an der Erde vorbei und schleuderte Mantelmaterial in den Orbit, verband sich aber selbst nicht mit der Erde.

2018 wurde eine »Superkollision« vorgeschlagen, in der sowohl die Erde als auch das einschlagende Objekt größtenteils vaporisiert wurden[30]. Daraus hätte sich ein »Donut« aus Trümmern ergeben, der um die Reste der Erde rotierte. Aufgrund der heftigen Kollision wären die Trümmerteile auf die Erde und den sich herausbildenden Mond gefallen, was ihre Oberflächenbeschaffenheit homogenisiert hätte. Allerdings hätte ein solch enormer Einschlag auch alles Wasser auf der Erde vaporisiert – und wir haben gelernt, dass dieses schon vor der Entstehung des Mondes vorhanden war.

27 R. M. Canup: »Forming a Moon with an Earth-Like Composition via a Giant Impact«. *Science* 338, 2012: 1052

28 R. Rufu/O. Aharonson/H. G. Perets: »A Multiple-Impact Origin for the Moon«. *Nature Geoscience* 10, 2017: 89

29 A. Reufer/M. Meier/W. Benz/R. Wieler: »A Hit-and-Run Giant Impact Scenario«. *Icarus* 7, 2012: 21

30 S. J. Lock et.al.: »The Origin of the Moon within a Terrestrial Synestia«. *Journal of Geophysical Research* 123, 2018: 910

In den vergangenen Jahren wurden viele solcher Theorien auf- und vorgestellt. Allerdings hat keines der vorgeschlagenen Modelle wirklich Zuspruch aus Astronomenkreisen bekommen. Dies weckte mein Interesse. Vor ein paar Jahren begannen mein Doktorand Miles Timpe und ich unsere eigene Serie von Computersimulationen, um die Entstehung unseres Mondes zu ergründen. Die ersten Einschlagssimulationen wurden in den 80er-Jahren gemacht und verwendeten Computer, die viel weniger Leistung hatten als die heutigen. Wir haben inzwischen Zugang zu Supercomputern, die solche Kollisionen viel näher an der Realität abbilden können. Und weil die alten Computer langsamer waren, konnte nur eine kleine Anzahl möglicher Kollisionsgeometrien studiert werden. Uns steht im »Swiss Supercomputing Centre« einer der schnellsten Supercomputer der Welt zur Verfügung, und mit diesem haben wir kürzlich mehrere Tausend hochauflösende Einschlagsstudien ausgeführt. Es ist bei Weitem die umfangreichste Studie, die bisher zu diesem Thema gemacht wurde.

Die Anzahl der Variablen ist hoch: Größe und Zusammensetzung der Proto-Erde und des Einschlagsobjekts, außerdem die Geschwindigkeit und der Winkel des Einschlags. Um es noch ein wenig komplizierter zu machen, ist es möglich, dass die Proto-Erde und das Einschlagsobjekt bereits vor der Kollision rotierten, und das würde das Resultat der Kollision ebenfalls beeinflussen. Sogar mit den heutigen Computern gibt es da eine riesige Bandbreite. Dennoch fanden wir einige mögliche Kollisionsvorgänge, die bisher nicht berücksichtigt wurden und alle aus den Beobachtungen hervorgehenden Bedingungen erfüllen könnten.

Ein mögliches Szenario, das wir entdeckt haben, ist eine Kollision, die kein Einschlag war, sondern eher das Zusammentreffen zweier Planeten von ähnlicher Größe. In diesem Szenario hätte jedes der beiden Objekte etwa die halbe Erdmasse gehabt. Der Zusammenschluss erfolgt, indem die beiden Planeten sich zuerst in einer Spirale umeinander bewegen und ihre gegenseitige Anziehungskraft so stark ist, dass beide in eine ellipsoide Form gezogen werden. Diese Art eines Zusammenschlusses bei hohem Drehmoment wurde bisher nicht untersucht, weil man annahm, dass die beiden Proto-Planeten unversehrt aus einer solchen Begegnung hervorgehen würden.

Entgegen diesen Vermutungen versetzt allerdings die gravitationsbedingte Gezeitenkraft, die beim ersten Fast-Zusammenstoß entsteht, beide Planeten in Rotation. Diese Energie ergibt sich aus der Bahnenergie und führt dazu, dass die Planeten sich spiralförmig immer weiter annähern, bis sie sich zu einem schnell rotierenden erdähnlichen Planeten verbinden.

Die neue Welt – unsere Erde – ist durch die Energie dieser Kollision feuerflüssig. Auf der Oberfläche ist sie über 1000 Grad Celsius heiß, und ihr heller Schein wäre auch für außerirdische Beobachter sichtbar, die sich von einem nahen Sternensystem aus anschauen, wie unser Sonnensystem entsteht. Es wird noch Tausende von Jahren dauern, bis ihre Oberfläche aushärtet und erste Gesteine bildet.

Das Material der beiden Planeten vermischt sich vollständig, und ihre Eisenkerne sinken zusammen in die Mitte des neuen Planeten. Das Drehmoment, das in der Bahnenergie steckte, wird komplett in die Rotation des neuen Planeten umgewandelt. Dadurch dreht sich der neue Planet aber so schnell, dass er sich nahe an der Zerreißgeschwindigkeit befindet und sich zu einer Art »Rugby-Ei« verformt. Nach der Vereinigung werden dadurch mehrere Mondmassen an Material in den Weltraum geschleudert, die sich symmetrisch von einem der beiden Enden des rotierenden Rugby-Eis ablösen. Dies erinnert an Darwins ursprüngliches Modell für die Entstehung des Mondes.

In wenigen Erdtagen hat sich so eine ausgedehnte Scheibe von Material um die sich schnell drehende Erde gebildet – mehr als genug Material, aus dem sich nun der Mond bilden kann. Sogar, in dem Fall, dass die beiden vereinigten Planeten ursprünglich unterschiedliche Zusammensetzungen und Isotop-Verhältnisse hatten, ist die finale Vermischung des Materials vollständig – das Material im Mantel des neuen Planeten entspricht bis auf den Bruchteil eines Prozents dem Material in der Trümmerscheibe, aus der sich der Mond bildet. Unser Modell erklärt also alle zuvor aufgeführten Bedingungen.

Der nächste Schritt wird sein, diese Simulationen um ein paar Jahre statt nur um ein paar Tage weiterlaufen zu lassen, und dabei festzustellen, wie sich aus den Trümmern der Mond bildet. Es könnte noch eine ganze Weile dauern, bevor unsere Formationstheorie ausgereift und vollständig entwickelt ist. Und damit wir unsere Ideen überprüfen können, brauchte es möglicherweise gar weitere Erkundungsmissionen zum Mond. Wir werden sehen, was die Zukunft bringt. Aber bevor wir in die Zukunft schauen und ich Gründe anführe, warum wir auf den Mond zurückkehren sollten, wollen wir uns zuerst ein detailliertes Bild vom Anfang der Mondforschung machen und nachvollziehen, wie wir zu all dem Wissen, das wir heute über den Mond haben, gekommen sind.

5. DIE ERSTE ASTRONOMIN

Heutzutage lebt mehr als die Hälfte der Erdbevölkerung in hell beleuchteten Städten und Agglomerationen. Von diesen lichtverschmutzten Orten kann man oft nur ein paar wenige Sterne sehen. Ich schreibe diesen Text in Davos, einem relativ dunklen Ort in den Schweizer Bergen, aber meine astronomischen Fotografien leiden sogar hier unter dem Licht Mailands, das 150 Kilometer entfernt liegt. Es ist wirklich schade, dass die meisten Menschen noch nie einen wahrhaftig dunklen Nachthimmel mit seinen Tausenden von glitzernden, bunten Sternen gesehen haben.

Ich hatte das Glück, Zeit im Paranal-Observatorium in der chilenischen Atacama-Wüste verbringen zu dürfen, und ich werde nie vergessen, wie ich von diesem wirklich dunklen Ort aus den Nachthimmel sah. Es war atemberaubend. Die Sterne der Milchstraße warfen Schatten, und unsere Nachbar-Galaxien, die Magellanischen Wolken, erschienen zwischen den Sternbildern wie Glitterwirbel. Als der Mond aufging, war es, als bräche der Tag an, so hell war es auf einmal, und einen Moment lang war ich schockiert; er war falsch herum! Mir war natürlich sofort klar, dass dies so sein musste, weil ich mich auf der Südhalbkugel befand, aber es ist schön, den Beweis für unsere kugelförmige Erde mit eigenen Augen zu sehen.

Ich habe mich schon oft gefragt, wie es wohl für unsere Vorfahren war, auf einem Planeten ohne Smog oder Lichtverschmutzung zu leben. Sie hatten zwar nicht die Technologie oder die medizinischen Errungenschaften, von denen wir heute profitieren. Dennoch bin ich etwas neidisch auf ein Leben unter einem solch dunklen und klaren Himmel. Es fällt leicht zu verstehen, warum unsere Vorfahren glaubten, dass zwischen diesen Sternen die Götter lebten. Es macht Sinn, dass Verbindungen zu den Sternbildern geschaffen wurden, und dass der Mond eine so wichtige Rolle in der Mythologie und im täglichen Leben spielte.

Wie also nahm unsere Entdeckung des Mondes ihren Anfang? Stellen wir uns die erste Steinzeit-Astronomin vor, die versucht, sich einen Reim auf die Welt zu machen. Wir nennen sie Eva und beginnen am Anfang, bei dem, was Eva aus ihrer Beobachtung des Himmels mit bloßem Auge lernen konnte, indem sie die Bewegungen von Sonne und Mond, den Planeten und den Sternen über ein Jahr verfolgt.

Die Zyklen, die allen vertraut waren, waren die Jahreszeiten. Der erste Schneefall auf den fernen Berggipfeln, der jährliche Monsunregen, die Fluten, die Täler fruchtbar machten, die Frühlingsblüte und das Eis im Winter. Als unsere Vorfahren das nomadische Leben als Jäger und Sammler aufgaben und sich niederließen, wurde es sehr wichtig zu wissen, wann es an der Zeit war, Feldfrüchte zu pflanzen. Die Jahreszeiten waren somit der wichtigste Zyklus, aber seine Abschnitte schienen variabel und hingen vom Wetter ab. Wie also konnte Eva den Überblick über den Lauf der Zeit behalten?

Die Bewegungen von Sonne und Mond und der in seiner Genauigkeit einem Uhrwerk ähnelnde Mondzyklus sind die offensichtlichsten Phänomene am Himmel. Geht es um Zeiträume von über einem Tag, wäre der Mond demnach ein guter Kandidat für die erste Himmelsuhr.

Über einen lunaren Monat durchläuft der Mond seine Phasen, von Neumond zum Vollmond. Eva bemerkte, dass der Mond, während er sich näher an die Sonne bewegte, zum Neumond wechselte und dann für ein paar Nächte verschwand. Sie sah auch, dass der Mond in der Mitte seines Zyklus, wenn er halb voll war, bei Sonnenaufgang und -untergang fast direkt über ihr stand. Jemand, der genau auf den Himmel schaute, konnte daraus schließen, dass ein Vollmond sich immer dann ereignete, wenn der Mond der Sonne fast gegenüberstand. Angesichts des klaren und dunklen Nachthimmels hätte sie vielleicht auch den schwachen Erdenschein auf der dunklen Hälfte des Halbmondes gesehen.

Es wäre ein außergewöhnlicher Intelligenzblitz gewesen – ähnlich dem Isaac Newtons –, wenn die ersten Astronomen sich daraus zusammengereimt hätten, dass der Mond von der Sonne bestrahlt wird, die Mondphasen durch seine Kugelform bedingt sind, und der schwache Schimmer auf der dunklen Hälfte eine Reflexion des Erdlichts ist. Stattdessen versuchten sie, diese Ereignisse durch Geschichten zu erklären. Die Beobachtung, dass der Mond die Sonne über den Himmel verfolgte, brachte Eva dazu, eine Geschichte über Geburt, Tod und Wiedergeburt zu ersinnen – dass die Sonne den Mond gebärt zum Beispiel und er daraufhin immer weiter wächst, bis die Sonne ihn verfolgt und tötet.

Der komplette Zyklus der Mondphasen, vom Neumond über den zunehmenden Mond, den Vollmond und den abnehmenden Mond zurück zum Neumond, spielt sich innerhalb eines sogenannten synodischen Monats ab. Der Mond leuchtet im Licht der Sonne, und die Phasen haben mit dem Winkel zwischen der Erde, dem Mond und der Sonne zu tun. Der synodische Monat dauert so lange, wie der Mond braucht, um sich einmal um die Erde zu bewegen, bis er wieder in der gleichen relativen Position zur Sonne steht. Die Mondsichel ist gebogen, weil der Mond eine Kugelform hat. Sie können das selbst überprüfen, indem Sie einen weißen Ball ins Licht einer hellen Lampe halten und aus verschiedenen Blickwinkeln betrachten. Das mag jetzt ziemlich trivial klingen, aber diese Erklärung für die Mondphasen wurde erstmals im 3. Jahrhundert v. Chr. von Aristoteles gegeben. Wer weiß, vielleicht hatte es ja damit zu tun, dass die Menschheit lange keine weißen Bälle und hellen Lampen zur Verfügung hatte!

Eva merkte schnell, dass der Mondzyklus sich alle 29 oder 30 Tage wiederholte. Das war ein praktisches Muster, mit dem sich der Kreislauf der Jahreszeiten aufteilen ließ – einfacher, als alle Tage des Jahres zu zählen. Schwierig war, die Länge des Mondzyklus genau zu definieren, denn der Mond erscheint während drei Nächten so gut wie voll. Eva hielt schließlich nach dem ersten Zeichen des Neumonds Ausschau – ein einfacherer Weg, Anfang und Ende des Mondzyklus aufzuzeichnen. Nachdem sie auf diese Weise während mehrerer Monate den Mond beobachtet hatte, wurde ihr deutlich, dass der Mondzyklus 29,5 Tage dauerte und dass sich nach zwölf solcher Mondzyklen, also nach 354 Tagen, die Jahreszeiten wiederholten.

Eva erstellte also den ersten Kalender, in dem sie zwölf Mondmonate als ein Jahr definierte – ein großartiger Fortschritt. Fast alle frühen Zivilisationen begannen die Zeitmessung mit einem Mondkalender. Doch es war nicht alles in Ordnung. Nach ein paar Jahren bemerkte Eva, dass die Jahreszeiten nicht mehr im Einklang mit dem Mondjahr waren. Der Winter und der Sommer begannen im Verhältnis zu ihren zwölf Mondmonaten immer später. Irgendetwas konnte nicht stimmen.

TAGUNDNACHTGLEICHEN UND SONNWENDEN

Eva konzentrierte sich nun mehr auf die Sonne, die stärker mit den Jahreszeiten verbunden zu sein schien. Es war offensichtlich, dass die Positionen von Sonnenauf- und untergang sich im Laufe eines Jahres verschoben – nach Norden, wenn es heißer wurde, und nach Süden, wenn der Winter naht, und dass vom Winter zum Sommer die Tage immer länger wurden und die Sonne höher am Himmel stand. Dies hat mit der Bewegung unserer geneigten Erde um die Sonne zu tun, aber das wusste Eva natürlich nicht.

Sie merkte sich die Verschiebung von Sonnenauf- und untergang, vielleicht mithilfe von weiter entfernten Orientierungspunkten, oder indem sie Steine als Markierungen auf den Boden legte. Erst nach etwa zwölf Mondmonaten und elf Tagen ging die Sonne wieder an denselben Orten auf und unter, und dieser Zeitabschnitt war auch im Einklang mit den Jahreszeiten. Eva wurde klar, dass die Sonne die Jahreszeiten bestimmte, aber der Mond war immer noch das einfachere Hilfsmittel, um das Jahr in zählbare Abschnitte zu unterteilen. Sie brauchte eine akkuratere Methode, um das Jahr zu messen, doch das würde schwierig werden. Die Jahreszeiten bestimmten zwar das Jahr, aber die Menschen brauchten eine verlässlichere Zeitmessung, die sich nicht am Wetter oder den ersten Knospen orientierte. Die meisten Feldfrüchte mussten gesät werden, lang bevor die Bäume zu blühen begannen. Wie also konnte man sichergehen, dass die Erde genau einmal ihren Stern umrundet hatte?

Nur zweimal im Jahr geht die Sonne exakt im Osten auf und im Westen wieder unter. An diesen Tagen ist es ziemlich genau zwölf Stunden lang hell und zwölf Stunden lang dunkel. Dies sind die Tagundnachtgleichen, und sie finden im heutigen Kalender im März und September statt. Tagundnachtgleichen gibt es dann, wenn der Erdäquator exakt auf die Erdumlaufbahn, die Ekliptikebene, ausgerichtet ist.

Der Tag, an dem Sonnenauf- und -untergang an ihrem nördlichsten Punkt angelangt sind, ist der längste Tag auf der nördlichen Hemisphäre und wird Sommersonnenwende genannt. An diesem Tag steht die Sonne am höchsten. Parallel dazu ist der Tag mit dem südlichsten Sonnenauf- und Sonnenuntergang der kürzeste auf der Nordhalbkugel, und wird als Wintersonnenwende bezeichnet. An diesem Tag steht die Sonne am tiefsten. Die Sonnwenden liegen in einem Abstand von etwa 183 Tagen und teilen so das Jahr in zwei Hälften, die Tagundnachtgleichen folgen je etwa 91 Tage danach.

Durch das akkurate Messen der Sonnwenden und Tagundnachtgleichen wäre klar, wann wieder ein Jahr vorbei ist, und man könnte den Mondkalender auf das Sonnenjahr abstimmen.[31]

Es gibt verschiedene Möglichkeiten, die Daten der Sonnwenden und Tagundnachtgleichen herauszufinden. Aber keine davon ist einfach. Den exakten Tag des Wendepunkts von Sonnenauf- und -untergang zu bestimmen, ist schwierig. Die Position der aufgehenden Sonne am östlichen Horizont verschiebt sich während der Tage rund um die Sonnwende nur um ein Zehntel Grad. Der kürzeste Schatten, den ein ein Meter hoher Stock wirft, wenn die Sonne am höchsten steht (wenn sie den Mittagskreis überquert), verändert sich gerade einmal um ein paar Millimeter. Und die Tages- und Nachtlänge verändert sich um die Zeit der Tagundnachtgleiche von Tag zu Tag nur um ein paar Minuten.

Doch Eva gab nicht auf. Sie legte bedachtsam ihre Markierungssteine aus und passte deren Positionen jedes Jahr aufs Neue an, damit sie die Schatten und Sonnenaufgänge dieser

31 J. Meeus/D. Savoie: »The History of the Tropical Year«. *Journal of the British Astronomical Association* 102(1), 1992: 40

wichtigen Daten möglichst genau bestimmen konnte. Ihr fiel auch auf, dass an diesen Tagen kurz vor Sonnenaufgang und kurz nach Sonnenuntergang immer die gleichen Sternbilder am Himmel standen. Dies gab ihr eine weitere Möglichkeit, diesen Zyklen nachzugehen. Nur durch jahrzehntelange Beobachtungen konnte Eva die Tage der Sonnwenden und Tagundnachtgleichen präzise bestimmen. Mit viel Geduld fand sie schließlich heraus, dass das Jahr etwa 365 Tage lang war.

GROSSE PROPHEZEIUNGEN

Mit diesem Wissen konnte sie den Mondkalender so korrigieren, dass er mit dem Sonnenkalender übereinstimmte. Vielleicht einfach, indem sie jedem Jahr elf Tage hinzufügte, oder indem sie alle paar Jahre einen zusätzlichen Mondmonat einführte, einen sogenannten Schaltmonat. Eva hatte also einen Mond-Sonnenkalender entwickelt und konnte Anfang und Ende der Jahreszeiten korrekt vorhersagen. Sie wusste nun, wann man säen und ernten sollte, wann man sich auf Flut oder Schnee vorbereiten sollte, und wann eine gute Zeit für ein großes Fest war, das diese wiederkehrenden Zyklen würdigte.

Wir sind jetzt an einem Punkt angelangt, den die meisten frühen Zivilisationen erreichten. Bevor globale Handelsrouten sich über unseren Planeten zogen und Wissen verbreiteten, hatte man bereits an vielen Orten, von den Inuit bis zu den Aborigines, unabhängig voneinander einen Mond-Sonnenkalender entwickelt. Unsere Eva wäre als Mystikerin oder Weise hoch angesehen und zur Vollzeit-Astronomin berufen worden, die den Überblick über den Kalender behielt. Die ersten Astronomen fanden sich zu Recht in den obersten Rängen dieser frühen Gesellschaften. Monumente wurden errichtet, die sich nach den Himmelsbeobachtungen ausrichteten und an denen Zusammenkünfte abgehalten wurden.

Auch der erste ägyptische Kalender orientierte sich an den Mondzyklen. Später aber entwickelten die Ägypter eine andere Methode, um das Jahr zu messen. Vom Breitengrad Ägyptens aus gesehen steht der »Hundsstern« in Canis Major (der hellste Stern, den wir auch Sirius nennen) alle 365 Tage zur Morgendämmerung genau über dem Horizont – ausgerechnet zu dem Zeitpunkt, wenn der Nil üblicherweise über die Ufer tritt.

Auf dieses Wissen gestützt, entwickelten die Ägypter einen 365-Tage-Kalender – offenbar etwa um das Jahr 3000 v. Chr.[32] Die ägyptischen Priester konnten nur die Tage zählen und vorhersagen, wann die Nilflut einsetzen würde – ein scheinbar magisches Talent, das ihnen eine wichtige Stellung in der ägyptischen Gesellschaft sicherte. Die Ägypter beobachteten auch die Bewegungen der Sternbilder und bestimmten so den richtigen Zeitpunkt für Saat und Ernte. Ihr Jahr hatte 365 Tage, ein Monat war 30 Tage lang, und am Ende eines Jahres gab es jeweils fünf zusätzliche Tage, um Mond- und Sonnenkalender in Einklang zu bringen.

Allerdings gibt es da ein kleines Problem. Den Priestern muss irgendwann aufgefallen sein, dass Sirius alle vier Jahre einen Tag später auftauchte. Der Grund dafür liegt darin, dass das Sonnenjahr eher 365 Tage und sechs Stunden dauert.[33] Die Ägypter machten dafür keine Anpassungen, sodass sich ihr Kalender im Verhältnis zu den Jahreszeiten immer weiter nach hinten verschob – ähnlich wie der Mondkalender, nur viel langsamer. Der Mondkalender mit seinen zwölf Mondmonaten würde etwa alle 33 Jahre wieder in Einklang mit den Jahreszeiten kommen, aber es dauert 1460 Jahre, bevor Sirius

32 R. A. Parker: »Ancient Egyptian Astronomy«. *Philosophical Transactions of the Royal Society A* 276 (1257), 1974

33 Es dauert gemäß dem *Astronomical Almanac* (2018) genau 365 Tage, 5 Stunden, 48 Minuten und 45 Sekunden.

wieder am ersten Tag des ersten Monats aufgeht. Wir wissen aus alten Aufzeichnungen, dass im Jahr 139 n. Chr. Sirius am ersten Tag des ersten ägyptischen Monats aufging. Dies machte es wahrscheinlich, dass der ägyptische Kalender in dieser Form einen oder zwei Zyklen früher eingeführt wurde, also entweder 1321 oder 2781 v. Chr.

Vor ein paar Jahren zeigte mir ein Kollege an der Universität Zürich, der Archäologe Michael Habicht, einen antiken ägyptischen Salbentiegel aus dem British Museum, der aus dem 3. Jahrtausend v. Chr. stammte. Nie zuvor war jemandem aufgefallen, dass in den Hieroglyphen der heliakische Aufgang von Sirius beschrieben wird (wenn Sirius etwa zur gleichen Zeit wie die Sonne aufgeht). Dies bestätigt das ältere Datum als den Beginn des ägyptischen Kalenders. Indem man die Positionen der Sterne zu dieser Zeit rekonstruierte, konnte man die Zeitachse des alten Ägyptens neu kalibrieren.[34]

Die meisten alten Zivilisationen maßen die Zeit in zwölf Mondmonaten und fügten hin und wieder einen Schaltmonat hinzu, um den Kalender mit dem Sonnenjahr abzustimmen. So war es beispielsweise in Mesopotamien und in der römischen Republik, und so funktioniert bis heute der jüdische Kalender.

Die Sumerer fügten jedes zweite oder dritte Jahr einen zusätzlichen Monat hinzu, um im Einklang mit den Jahreszeiten zu bleiben. Auf einer Tafel von etwa 1800 v. Chr. erließ Hammurabi, der bekannteste König Altbabyloniens, folgendes Dekret: »Weil das Jahr zu früh endet, soll der Monat, der auf Ululu folgt, als Zweiter Ululu bezeichnet werden, aber die Steuern, die in Babylon im Monat Tashritu fällig sind, sollen

34 R. Gautschy et.al.: »A New Astronomically Based Chronological Model for the Egyptian Old Kingdom«. *Journal of Egyptian History* 10, 2017: 69

im Zweiten Ululu bezahlt werden.«[35] Dieser alte Text zeigt uns außerdem, dass es Steuern schon mindestens so lange gibt wie die Astronomie!

Der islamische Kalender basiert noch heute auf zwölf Mondmonaten mit je 29 oder 30 Tagen. Dies ergibt ein Jahr mit 354 Tagen und einen Kalender, der nichts mit den Jahreszeiten zu tun hat, weil er dauernd hinterherhinkt. Das Regulieren des Mondkalenders war eine der wichtigsten und zugleich eine der schwierigsten Aufgaben für muslimische Astronomen. Nach dem heiligen Gesetz des Islam beginnt der Mondmonat mit der ersten Sichtung der Mondsichel. Die Sichel kann schwer erkennbar sein, wenn sie nur kurz über dem Horizont erscheint und im Vergleich zum westlichen Horizont nach Sonnenuntergang nur schwach leuchtet. Man muss daher genau wissen, wann man wohin schauen sollte, um den Anfang des Monats zu bestimmen.

Üblicherweise wurden Beobachter an Orte mit einem offenen Horizont geschickt, um einen Blick auf den Mond zu erhaschen. Wenn sie ihn nicht sahen, mussten sie am nächsten Abend erneut ausrücken. Wenn am Horizont Wolken standen, musste man für den Monat, den es betraf, mit einer festgelegten Anzahl Tage vorliebnehmen. Diese Unsicherheiten waren problematisch, besonders für den heiligen Monat Ramadan. Die frühen muslimischen Astronomen entwickelten Methoden, um die Sichtbarkeit der Mondsichel zu bestimmen, indem sie den Unterschied zwischen den Auf- und Untergangszeiten von Mond und Sonne berechneten. Mit der Zeit entwickelten sie ausgeklügeltere Verfahren, in welchen sie den Winkelabstand von Sonne und Mond und die beobachtete Geschwindigkeit des Mondes berücksichtigten.

35 W. M. Oneil: »Babylonian Astronomy«. *The Journal of the Sydney University Arts Assocation* 11, 1977

Bevor im 19. Jahrhundert die Straßenbeleuchtung ihren Siegeszug antrat, war der Nachthimmel so dunkel, dass man in einer wolkenlosen Nacht von überall auf dem Planeten mehrere Tausend Sterne sehen konnte. Weil Eva jede Nacht in den Himmel schaute, fiel ihr auf, dass fünf der hellsten Sterne sich im Vergleich zu den Nachbarsternen langsamer bewegten. Sie bewegten sich alle auf demselben »Weg« über den Nachthimmel – dies ist die Ekliptik, die Bahnebene der Planeten um die Sonne. Meistens bewegten sich diese »Sterne« in die gleiche Richtung wie Mond und Sonne, aber manchmal bewegten sie sich auch rückwärts – oder retrograd – im Vergleich zu den Sternen um sie herum. Diese hellen, merkwürdigen Sterne würde man später Planeten nennen, nach dem griechischen Wort »Planetos«, das Wanderer bedeutet.

Die fünf Planeten, die von bloßem Auge sichtbar sind, heißen Merkur, Venus, Mars, Jupiter und Saturn. Die einzigen Sterne, die noch heller erscheinen als jeder dieser Planeten, sind Sirius und Canopus. Allerdings ist Canopus von Griechenland aus nicht sichtbar – wohl aber von Ägypten. Diese merkwürdigen planetaren Wanderer nahmen zusammen mit Sonne und Mond eine besondere Rolle in der antiken Mythologie ein, als Heimat der Gottheiten. Eva fiel auf, dass zwei der hellsten Planeten normalerweise bei Sonnenauf- und -untergang nahe an der Sonne standen. Dies sind Merkur und Venus, aber erst der griechische Astronom Aristarchos von Samos und später Kopernikus spekulierten, dass dies die zwei Planeten sind, die der Sonne am nächsten sind.

Nachdem sie mehrere Monate lang die Position des Mondes im Verhältnis zu den Sternen beobachtet hatte, bemerkte Eva, dass die gewohnten Sternbilder früher aufgingen und nun auch neue Sternbilder auftauchten. Die Erde dreht sich in

365 Tagen 360 Grad um die Sonne. Daher bewegt sie sich jeden Tag etwas weniger als ein Grad weiter um die Sonne, sodass die Sicht auf die Sterne um die gleiche Uhrzeit ein klein wenig anders ist als am Tag zuvor. Erst nach einem Jahr gehen die Sternbilder wieder zur gleichen Zeit am gleichen Ort auf. Die Positionen der Sternbilder konnten daher mit den Jahreszeiten in Verbindung gebracht werden. Wenn Orion beispielsweise in der nördlichen Hemisphäre zum Sonnenuntergang aufgeht, markiert dies den Winterbeginn. Im alten Ägypten repräsentierten die Sterne des Orion den Gott Osiris, den Gott der Wiedergeburt und des Jenseits.

Der nächste Schritt war, die Bewegung des Mondes genauer zu beobachten. Eva bemerkte, dass sein Weg über den Himmel dem der Sonne und der Planeten ähnelte, und dass der Mond jede Nacht um dieselbe Zeit an einer anderen Gruppe heller Sterne vorbeizog. Nach etwa 27 Tagen war er dann im Verhältnis zu den Sternen wieder in der gleichen Position.

Eva hatte soeben die siderische Periode des Mondes entdeckt, obwohl sie noch nicht verstand, weshalb dieser Zyklus um etwa zwei Tage kürzer ist als der synodische Mondmonat. Was Eva da gemessen hatte, ist die Zeit, die der Mond braucht, um genau einmal um die Erde zu kreisen. Weil er sich um unsere sich drehende Erde bewegt, geht der Mond jeden Tag etwa 50 Minuten später auf. Der siderische Monat ist kürzer als der synodische Monat, weil es länger dauert, bis die Sonne den Mond wieder im gleichen Maß beleuchtet. Das ist so, weil die Erde und der Mond sich zusammen um die Sonne bewegen, und der Mond sich ein bisschen weiter um die Erde bewegen muss, um von der Erde aus gesehen die gleiche Beleuchtung zu bekommen. Weil wir immer nur eine Seite des Mondes sehen, muss er sich in einem siderischen Monat genau einmal um sich selbst drehen.

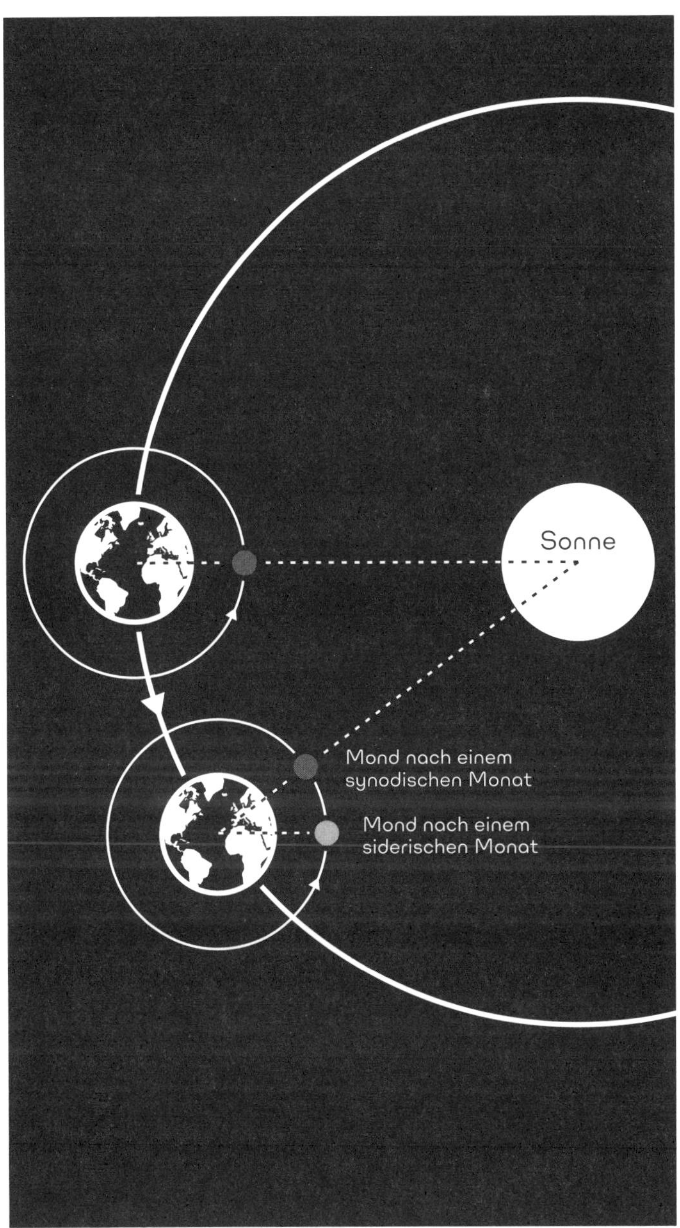

Siderischer und synodischer Mondmonat

Die Länge eines Mondtages ist dadurch bestimmt, wie lang die Sonne braucht, bis sie vom Mond aus gesehen wieder genau am gleichen Ort steht. Dies muss also mit den Mondphasen übereinstimmen – dem synodischen Monat. Deshalb dauert für einen Astronauten auf dem Mond ein Tag rund 29,5 Erdentage. Das sind etwa zwei Wochen Tageslicht, gefolgt von zwei Wochen Dunkelheit.

Um sich diesen neuen Zyklus zu merken, teilte Eva den Nachthimmel in Regionen auf, zu denen sich der Mond jeweils gesellt, und machte aus erkennbaren Sternengruppen die ersten Tierkreiszeichen. Während sie jede Nacht in den Himmel schaute, verband Eva zum Spaß die Lichtpunkte und schuf allerlei Muster und Assoziationen mit ihr bekannten Bildern und Kreaturen. Zur Feier dieser Entdeckung schuf Eva die ersten kosmischen Kunstwerke, indem sie ihre liebsten Tierkreiszeichen auf Felswände malte. Alle frühen Kulturen hatten ihre eigenen Sternbilder mit einer zugehörigen Symbolik.[36] Manche ähneln sich, manche sind sehr unterschiedlich – die Babylonier teilten den Weg des Mondes über die Ekliptik in zwölf Sternbilder, die Chinesen bestimmten 28 »Wohnsitze« des Mondes.

GROSSE VERWIRRUNG

Manchmal sah es so aus, als würden Sterne vom Himmel fallen und über den Horizont streifen. Es gab auch seltene Ereignisse, etwa alle drei Jahre, zu denen der Mond fast verschwand und für etwa eine Stunde eine dunkelrote Farbe annahm, bevor er als dünne Sichel wieder weiß aufleuchtete und innerhalb einer weiteren Stunde wieder zum Vollmond wurde. Eva

36 J.H. Rogers: »Origins of the Ancient Constellation: I. The Mesopotamian Traditions«. *Journal of the British Astronomical Association* 108(1), 1998: 9

war wohl nicht bewusst, dass dies passierte, weil sich der Mond durch den Erdschatten bewegte – eine Mondfinsternis –, aber sie hatte beobachtet, dass dieses Ereignis nur bei Vollmond eintrat. Und sie hatte aus Geschichten, die von ihren Vorfahren überliefert wurden, gehört, dass es Zeiten gegeben hatte, zu denen die Sonne während des Tages für eine gewisse Zeit einfach verschwunden war. Eine Sonnenfinsternis ereignet sich am selben Ort auf der Erde im Durchschnitt nur alle paar Jahrhunderte. Erst, nachdem man über viele Generationen von Beobachtern systematisch diese Ereignisse aufgezeichnet hatte, konnte man daraus ein regelmäßiges Muster ableiten.

Der Mondzyklus, die Bewegungen der Sterne, die merkwürdig wandernden Planeten, die Eklipsen und Sternschnuppen – das alles war ziemlich schön anzusehen und sehr rätselhaft. Aber was bedeutete es, und wie sollte man daraus einen Sinn ableiten?

Für die ersten Astronomen muss es so ausgesehen haben, als wäre die Erde ein flaches, stationäres Objekt, um welches sich die Sonne, der Mond und die Sterne in verschiedenen Geschwindigkeiten drehten. Die Alternative – dass wir auf einer sich drehenden Kugel leben, die sich um die Sonne bewegt – würde keinen Sinn ergeben, denn wir würden doch spüren, dass wir auf einem sich drehenden Ding stehen? Dies war das Argument vieler früher Philosophen gegen eine sich drehende Erde, die in Bewegung ist. Tatsächlich ist es aber vergleichbar mit einem Flugzeug, das mit gleichbleibender Geschwindigkeit unterwegs ist und sich ganz sanft dreht: Wir merken nicht, dass wir uns bewegen, außer wir schauen aus dem Fenster auf einen Punkt, der sich nicht mit uns bewegt.

Die ersten Astronomen versuchten, den Kosmos zu verstehen, und scheiterten dabei kläglich. Ohne all das Wissen, auf das wir uns heute verlassen können, würden wir bestimmt genauso kläglich scheitern.

Nimmt man alle Beobachtungen zusammen, die vor zwei Jahrtausenden verfügbar waren, zeichnen diese aus heutiger Sicht ein Bild von einer sich drehenden, kugelförmigen Welt, die in ihrer elliptischen Umlaufbahn um die Sonne leicht gekippt ist. Sie zeichnen ein Bild von einem Mond, der sich in einem elliptischen, von Bahnstörungen geprägten Orbit um die Erde bewegt. Planeten, die sich in verschiedenen Abständen in Umlaufbahnen um die Sonne bewegen und daher unterschiedlich lange brauchen, um die Sonne zu umrunden, und so weiter. All diese physikalischen Effekte führten zu großer Verwirrung, weil sie als Störfaktoren im Kalender und den scheinbar regelmäßigen Bewegungen der Himmelskörper wahrgenommen wurden. Und so hatte man über mehrere Jahrtausende keine Ahnung, was all das bedeuten sollte.

Diese Verwirrung spiegelt sich in den Geschichten und Mythen wider, die in vielen Kulturen über die Jahrhunderte hinweg weitergegeben wurden. Unsere Gehirne entwickelten sich, um unsere Erfahrungen auf der Erde besser zu verstehen, doch es ist schwierig, allein mit diesen Erfahrungen auch einen Sinn im Kosmos zu erkennen. Zehntausend Jahre nachdem Jäger und Sammler im heutigen Schottland den ersten Mondkalender konstruierten, fällt es uns immer noch schwer, den Kosmos außerhalb unseres Sonnensystems zu verstehen. Wir können die schiere Größe und das Alter dieser unzähligen Galaxien, Sterne und Planeten da draußen nicht wirklich begreifen.

Dennoch ist es auch diesen ersten Philosophen zu verdanken, dass die Wissenschaft irgendwann unsere Welt und unseren Platz im Sonnensystem einordnen konnte. Und der Mond spielt in dieser Entdeckungsgeschichte eine wichtige Rolle. Der Weg dorthin war geprägt von Fehleinschätzungen und Zerstreuungen. Allein durch Erfahrungswerte schien all dies nicht erklärbar, also musste es wohl das Werk irgendeines höheren Wesens sein. Auch heute, da wir nicht wissen, wie genau unser Universum begann, oder warum es überhaupt etwas gibt und nicht nichts, könnten wir uns weiterhin mit der Antwort begnügen, dass dies alles Gottes Werk sei. Oder wir können nach einem tieferen wissenschaftlichen Verständnis streben, in kleinen Schritten, auch wenn das wohl noch mal zehntausend Jahre dauern kann.

Die Schritte, mit denen wir es zum Mond geschafft haben, und mit denen wir langsam seine Entstehung verstanden, waren auch klein und langsam. Aber wenn wir diese Schritte nachverfolgen, erfahren wir so einiges über die Entwicklung wissenschaftlichen Denkens, und über unsere eigene menschliche Natur. Mit der Geschichte einer imaginären Eva wollte ich aufzeigen, wie wohl die allerersten Astronomen versuchten, den Kosmos zu verstehen. Nun aber ist es an der Zeit, die astronomischen Leistungen der ersten Zivilisationen zu betrachten – und was diese über den Mond herausfanden.

6. OMEN AM HIMMEL

Die systematische Geschichtsaufzeichnung beginnt mit den Sumerern, die um 3000 v. Chr. das erste bekannte System der Sprachaufzeichnung entwickelten – ihre schön anzusehende Keilschrift, die auf Tontafeln geritzt wurde. Diese wurden in der Sonne getrocknet oder in Öfen gebacken. Sie hatten den Vorteil, dass sie deutlich länger hielten als der ägyptische Papyrus oder der chinesische Bambus. Die Sumerer ließen sich zwischen 5000 und 4000 v. Chr. an den fruchtbaren Ufern der Flüsse Euphrat und Tigris nieder.

Zusätzlich zur Schrift entwickelten die Sumerer auch ein Zählsystem, mit dem sie sowohl sehr kleine als auch sehr große Zahlen ausdrücken konnten. Sie hatten eine Algebra und eine Geometrie, und es waren sumerische Mathematiker, die als Erste einen Kreis in 360 Grad und jedes Grad in 60 Minuten aufteilten. Die Zahl 60 als Basis eines mathematischen Systems war eine gute Wahl: 60 ist eine Zahl mit vielen Teilern, was Kalkulationen mit Brüchen erleichtert. Das System wurde später von anderen Kulturen übernommen und hält sich zum Teil bis heute, zum Beispiel in der Zeitmessung, der Winkelmessung und bei geografischen Koordinaten.

Die Sumerer leisteten viele andere Beiträge zur Zivilisation, die noch heute Teil unseres Alltags sind, so wie das Rad und die ersten Bewässerungssysteme. Erstaunlicherweise wurde ihre Existenz erst im 19. Jahrhundert entdeckt, als Archäologen in Mesopotamien nach Überresten der Assyrer und Babylonier suchten. Ihre größte Stadt, Uruk, hatte zehn Kilometer lange Verteidigungsmauern und eine Bevölkerung zwischen 50 000 und 80 000 – die größte Stadt der Welt um 2900 v. Chr. Uruk erlangte Bekanntheit als der Sitz von König Gilgamesch, dem Helden des Gilgamesch-Epos, dem vielleicht ersten Epos der Literaturgeschichte, geschrieben um 2100 v. Chr. Man geht auch davon aus, dass Uruk das biblische Erech ist, das in der Genesis erwähnt wird, die zweite Stadt, die von Nimrod in Schinar gegründet wurde. Manche der bekannten Geschichten aus dem Alten Testament, so wie jene von Noahs Arche und der Sintflut, könnten ursprünglich dem Gilgamesch-Epos entstammen.

Die Sumerer glaubten, dass das Universum aus einer flachen Scheibe bestand, die durch eine Kuppel verschlossen wurde und von einem Ur-Meer umgeben war. Das sumerische Jenseits war eine düstere Unterwelt, wo man die Ewigkeit in der elenden Form eines Gidim (Geistes) verbringen würde. Der Himmel bestand für sie aus einer Reihe von Kuppeln aus Edelsteinen, in denen ihre Götter wohnten. Sin (oder Nanna), der Mondgott, war ihr Fruchtbarkeitsgott.

Für seine Doktorarbeit an der University of Pennsylvania studierte Mark Hall alle verfügbaren Texte über den sumerischen Mondgott Sin und folgerte daraus: »[D]er Mondgott erlangte seine wichtigsten Charakterzüge durch die zyklischen Mondphasen. Der sich immer wieder erneuernde Zyklus wurde von den Sumerern als Zeichen gesehen, dass der Mondgott die Fähigkeit besaß, sich jeden Monat zu regenerieren. Man glaubte, dass er diese Fähigkeit auf alle lebenden Kreaturen übertragen könne. Daher war der Mondgott ein Fruchtbarkeitsgott. Seine Verehrung diente dazu, die Zeugungskraft des Mondes in die Sphäre des Menschen zu übertragen, und so die zukünftige Fruchtbarkeit von Pflanzen, Tieren und Generationen von Menschen sicherzustellen.«[37]

Die sumerischen Zikkurats waren Tempel, die gebaut wurden, damit die Priester dort die Götter verehren konnten, die zwischen den Himmelskörpern lebten. Die Planeten Merkur, Venus, Mars, Jupiter und Saturn waren ihnen bekannt. Die Sumerer verwendeten einen Kalender mit zwölf Mondmonaten und brachten ihn durch Schaltmonate mit den Jahreszeiten in Einklang. Das wenige, was wir über ihre Astronomie wissen, kommt von den Babyloniern, die ihre Techniken kopierten und verfeinerten.

Um etwa 2200 v. Chr. wurde die nördliche Hemisphäre von einer langen Dürre heimgesucht, von der man annimmt, dass sie viele der aufkeimenden Zivilisationen vernichtete, unter anderem das Alte Reich in Ägypten sowie die Zivilisationen am Indus und am Yangtse. Das Machtzentrum im Nahen Osten verschob sich nach Süden in die Stadt Babylon. Was ursprünglich eine Kleinstadt gewesen war, wuchs bis 1800 v. Chr. zu einer wichtigen Metropole heran.

ZAHLEN OHNE SINN

Die Babylonier übernahmen, was die Sumerer hinterlassen hatten, perfektionierten es und legten riesige Bibliotheken mit Aufzeichnungen astronomischer Ereignisse an. Babylonische Priester beobachteten die Bewegungen des Mondes, der Sterne und der Planeten ganz genau und verwendeten ihre Aufzeichnungen, um Ereignisse vorherzusagen, die sie als Omen der Götter verstanden. Sie schauten dafür nicht etwa

37 M. G. Hall: *A Study of The Sumerian Moon-God, Nanna/Seun.* University of Pennsylvania PhD dissertation 1985

einfach hin und wieder in den Himmel, sondern machten durchgehende tägliche, wöchentliche und jährliche Aufzeichnungen.[38]

In fast allen Kulturen wurde eine Mondfinsternis als schlechtes Omen gesehen. Solch dramatische Geschehnisse am Himmel wurden mit Tod und Zerstörung in Verbindung gebracht. Ihre Fähigkeit, den Zeitpunkt von Eklipsen vorherzusagen, machte die babylonischen Astronomen zu einflussreichen Beratern der Könige. Die Eklipsen waren so wichtige Zeichen der Götter, dass der König für die Zeit, in der sie vorhergesagt waren, einen Ersatzkönig bestimmte, der dann alle Konsequenzen dieses schlechten Omens erleiden musste!

Von über einer Million bisher entdeckter sumerischer und babylonischer Tafeln ist inzwischen rund die Hälfte übersetzt. Es sind rund 5000 Tafeln, von denen 3000 erforscht und publiziert wurden. Weniger als ein Prozent davon befassen sich mit Astronomie. Das ist viel im Vergleich zu anderen Zivilisationen aus der gleichen Epoche.

Hunderte von Jahren babylonischer Himmelsbeobachtungen sind in der Sammlung von Tontafeln festgehalten, die als *Enūma Anu Enlil* bekannt ist. Diese 70 Tafeln zeichnen die Himmelsbewegungen, Mondphasen, Eklipsen und Wetterphänomene mehrerer Jahrhunderte auf. Dazu gehören auch die Venustafeln des *Ammi-saduqa* aus dem 17. Jahrhundert v. Chr., auf denen die Venus-Sichtbarkeiten über einen Zeitraum von 21 Jahren festgehalten sind. Der Inhalt der Tafeln besteht zu großen Teilen aus Wahrsagungen und Omen – dem Versuch, die astronomischen Beobachtungen im Hinblick auf den König und sein Reich zu deuten. Astronomie war für die alten Babylonier eigentlich nur eine Teildisziplin der Astrologie.

38 J. Anderson: »Astronomy the Babylonian Way«. *Journal of the Royal Astronomical Society of Canada* 106(3), 2012: 108

Die ersten dreizehn Tafeln des *Enūma Anu Enlil* befassen sich mit der ersten Sichtbarkeit des Mondes an verschiedenen Tagen des Monats, seiner Beziehung zu den Planeten und Sternen, und mit Phänomenen des Mondlichts. Hier ein typischer Ausschnitt, der sich mit dem ersten Tag des Monats beschäftigt:

»Wenn der Mond am ersten Tag sichtbar wird: [...]
das Land wird glücklich sein.
Wenn der Tag seine normale Länge erreicht: eine
Herrschaft langer Tage.
Wenn der Mond beim Erscheinen eine Krone trägt:
der König wird den höchsten Rang erreichen.«[39]

Tafel 14 erklärt ein einfaches mathematisches Schema, mit dem sich die Sichtbarkeit des Mondes vorhersagen lässt. Tafeln 15 bis 22 widmen sich den Mondeklipsen. Sie verwenden viele Arten der Codierung, so wie das Datum, Beobachtungen der Nacht und der Mondquadranten, um vorherzusagen, welche Regionen und Städte die Mondfinsternis betreffen würde. Tafeln 23 bis 29 beschreiben die Sichtbarkeit der Sonne, ihre Farbe, ihre Zeichnung und ihr Verhältnis zu Wolken und Stürmen, wenn sie aufgeht. Sonneneklipsen werden auf Tafel 30 bis 39 behandelt. Tafeln 40 bis 49 widmen sich Wetterphänomenen, Stürmen, Donner und Erdbeben. Die letzten 20 Tafeln befassen sich mit Sternen und Planeten. Sie verwenden eine Art der Codierung, bei der die Namen der Planeten durch die Namen von Fixsternen und Sternbildern ersetzt werden. Tafel 63 ist die berühmte Tafel, auf der die 584-Tage-Periode der Venus erläutert wird.

Die babylonischen Astronomen hatten den Grundstein für die spätere westliche Astrologie gelegt. Die Astrologie, die sie

39 H. Hunger: »Astrological Reports to Assyrian Kings«. *State Archives of Assyria*l 8, 1992

entwickelt hatten, war kein Horoskop für ein Individuum, basierend auf dessen Geburtstag – das würden später die Römer erfinden. Stattdessen nutzten sie ihre Fähigkeiten, die Bewegungen der Planeten und die Eklipsen vorauszusagen, um daraus auf das Wetter zu schließen oder Omen für den König oder die Gesellschaft auszusprechen.

Die MUL.APIN-Tafeln sind eine weitere wichtige Reihe astronomischer Aufzeichnungen. Es wird angenommen, dass sie aus der Zeit um 1300 v. Chr. stammen. Sie enthalten Sternenkataloge und Systeme, mit denen sich der Sonnenaufgang und die Bewegungen der Planeten vorhersagen lassen, die Tageslänge an Sonnwenden und Tagundnachtgleichen, die Länge von Gnomon-Schatten zu verschiedenen Tageszeiten und Einschiebungen, durch die sich Mond- und Sonnenkalender gleichsetzen lassen. Sie beschreiben auch, welche Sterne wann am Himmel stehen und in welchen Sternbildern der Vollmond an Sonnwenden und Tagundnachtgleichen steht, damit man das Missverhältnis zwischen Sonnen- und Mondkalender abschätzen kann. Sie listen die Sterne entlang des Mondpfades auf, die wichtigsten Sternbilder nahe der Ekliptik – zu denen alle babylonischen Vorläufer unserer Tierkreiszeichen zählen – und natürlich eine ganze Menge astrologischer Omen.

Im späteren babylonischen Reich waren die Priester, die den Nachthimmel studierten, als Chaldäer bekannt. Obwohl diese Astronomenpriester auch weiterhin die alten Sternenkataloge verwendeten, um astronomische Ereignisse vorherzusagen, entwickelten sie zudem einfache mathematische Modelle, die ihnen Vorhersagen erlaubten, ohne dafür die Aufzeichnungen konsultieren zu müssen.[40] Diese Fähigkeit, in die Zukunft zu

40 M. Ossendrijver: »Ancient Babylonian Astronomers Calculated Jupiter's Position from the Area Under a Time-Velocity Graph«. *Science* 351(6272), 2016: 382

sehen, muss dem Rest der Bevölkerung wie Magie erschienen sein, und die Chaldäer hatten in der sozialen und gesellschaftlichen Hierarchie viel Macht und Respekt.

Sie beobachteten, dass der Pfad der Sonne über die Ekliptik nicht gleichmäßig verlief, aber es war ihnen nicht bewusst, warum. Es würde noch weitere 2000 Jahre dauern, bis Johannes Kepler aufzeigen würde, dass die Erde sich in einer elliptischen Umlaufbahn um die Sonne bewegt, und die Erde sich schneller bewegt, wenn sie näher an der Sonne ist (im Perihel), und langsamer, wenn sie weiter weg ist (im Aphel). Im 5. Jahrhundert v. Chr. hatten die Babylonier ihr himmlisches Koordinatensystem in der Form von Tierkreiszeichen vollendet – zwölf Sternbilder, von denen sich jedes über etwa 30 Grad am Himmel erstreckte. Von den griechischen Tierkreiszeichen, die wir heute verwenden, sind zehn früh-mesopotamischen Ursprungs, und die anderen beiden stammen vielleicht aus der spätbabylonischen Zeit.

Die alten Babylonier bauten komplexe Wasser-Uhren, mit deren Hilfe die Position des Mondes und der Sterne auf ein paar Minuten genau aufgezeichnet werden konnte. Dank ihrer Aufzeichnungen der Mondeklipsen begannen sie, Muster zu sehen, anhand derer sie zukünftige Eklipsen vorhersagen konnten. Eine Tafel, beschriftet um 276 v. Chr., listet Mondeklipsen über 95 Jahre auf. Die Eklipsen sind in einer Reihe von 38 angeordnet, mit jeweils 223 Mondmonaten zwischen den Reihen – der 18 Jahre dauernde Saroszyklus. Jede Reihe hat fünf untergeordnete Reihen mit sieben oder acht Eklipsen im Abstand von jeweils sechs Mondmonaten. Bei der Tafel kann es sich allerdings nicht um eine Aufzeichnung der in Babylon beobachteten Eklipsen handeln, denn etwa die Hälfte der aufgezeichneten Eklipsen ereigneten sich unterhalb des Horizonts oder während des Tages. Außerdem ist nicht jede Eklipse eine totale Verdunkelung des Mondes durch die Erde. Manche sind Teileklipsen (penumbral), und es gibt keine Auf-

Venus-Tafel des »Ammi-saduqa« (ca. 1680 v. Chr.) im Britischen Museum

zeichnung von der Beobachtung solcher Eklipsen. Was nicht erstaunt, denn sie sind mit bloßem Auge kaum zu erkennen. Bei der Tafel handelt es sich also nicht etwa um eine Aufzeichnung vergangener Beobachtungen, sondern um eine Vorhersage möglicher Eklipsen für das nächste Jahrhundert!

Eine weitere Tafel offenbart, dass die Babylonier im 2. Jahrhundert v. Chr. akkurate Messungen der synodischen, drakonischen und anomalistischen Mondmonate ausgeführt hatten. Ich werde im nächsten Kapitel genauer auf diese Monate eingehen, denn sie sind wichtig, wenn man Eklipsen vorhersagen will. Sie maßen auch das anomalistische Jahr – 365, 25 Tage. Dies ist die Zeit, welche die Erde zwischen einem Perihel und dem nächsten braucht. Das Perihel ist der Punkt, an dem die Erde auf ihrer elliptischen Umlaufbahn der Sonne am nächsten ist. Das anomalistische Jahr ist um etwa 20 Minuten länger als das tropische Jahr, das die Jahreszeiten definiert. Dies hat mit der Präzession der Erde zu tun – einer Taumelbewegung unseres sich drehenden Planeten. Die Babylonier hatten keine Ahnung davon, dass die Erde sich in einer Umlaufbahn befindet. Was sie zu beobachten glaubten, war die veränderliche Geschwindigkeit von Sonne, Mond und Sternen, die sich über den Himmel bewegten.

Dies waren bemerkenswerte Beobachtungen, und ihre Werte waren dem griechischen Astronomen Hipparchos bekannt, der sie 150 v. Chr. einsetzte, um die Präzession der Erde zu entdecken. Die Babylonier hatten alle nötigen Aufzeichnungen und Daten, um darauf schließen zu können, dass die Erde ein runder, taumelnder Planet ist, dass der Mond um die Erde kreist, und dass sich die Planeten in elliptischen Bahnen um die Sonne bewegen. Allerdings war die babylonische Astronomie rein deskriptiv. Es wurden keine Versuche unternommen, Erklärungen physikalischer oder geometrischer Natur zu finden. Die Astronomie war Sache der Priester, und sie diente allein dem Zweck der astrologischen Vorhersagen.

ASTRONOMIE IM OSTEN

Nicht nur zwischen Euphrat und Tigris entstanden große Zivilisationen. Nach dem Ende der Eiszeit vor 12 000 Jahren etablierten sich Siedlungen und Ackerbau in vielen Weltregionen unabhängig voneinander. Vor allem das Industal im heutigen Pakistan und Indien und die Gegend um die Flüsse Yangtse und Huang He im heutigen China beheimateten Zivilisationen, die sich in der Neusteinzeit schnell entwickelten.

Westliche Autoren, die sich mit der Wissenschaftsgeschichte beschäftigen, werden oft dafür kritisiert, dass sie den Osten außer Acht lassen. Allerdings sind dessen Entwicklungen nicht ebenso gut dokumentiert und erforscht wie im Westen, und es ist daher schwierig, ihm die Anerkennung zukommen zu lassen, die ihm gebührt. Viele Wissenschaftshistoriker haben sich darüber ausgelassen, dass die meisten Erkenntnisse des Ostens über Babylonien dorthin gelangt sind.[41] Aber jüngere Untersuchungen sind zum Schluss gekommen, dass diese Erkenntnisse auf unabhängige Weise zustande gekommen sein müssen.[42] Viele Innovationen verbreiteten sich auch von Osten nach Westen, wie zum Beispiel unser auf Zehnerschritten beruhendes Zahlensystem und die Idee der Null.

Was also passierte im Osten in der Zeitspanne zwischen den Sumerern und den Babyloniern?

Es ist sehr schwierig, eine Geschichte der Astronomie für die Indus-Kultur zu verfassen, denn sie hinterließen nichts Schriftliches. Die ersten bekannten Schriften aus der Region, die *Veden*, waren zur Zeit ihrer Entstehung ebenfalls keine schriftli-

41 D. Pingree: »The Recovery of Early Greek Astronomy from India«. *Journal for the History of Astronomy* 7: 109

42 Wenn Sie das Thema der nichtwestlichen Astronomie interessiert, empfehle ich Ihnen das Buch *Astronomy Across Cultures: The History of Non-Western Astronomy* (Hg. von Helaine Selin, Springer 2008).

chen Texte, sondern eine Reihe von Versen, die über viele Generationen mündlich überliefert wurden. Sie wurden, so nimmt man an, erst rund 2000 Jahre nach ihrer Entstehung niedergeschrieben und übersetzt. Mehrere Studien haben sich bereits mit der erstaunlichen Genauigkeit dieser Texte befasst; Zehntausende von Versen, die allein über das Erinnerungsvermögen von über hundert Generationen überliefert wurden. Die Texte zu interpretieren, kann allerdings schwierig sein. Die Verse bedienen sich einer symbolischen Sprache mit Doppeldeutigkeiten. So wird zum Beispiel das Wort für Mond anstatt der Zahl Eins verwendet, weil es einen Mond gibt.

Ein häufig auftauchendes Thema in den *Veden* ist die Verbindung zwischen den Sternen, dem Leben und dem Spirituellen. Vedische Rituale fanden oft zu Vollmonden, Neumonden, Sonnwenden und Tagundnachtgleichen statt. Der älteste erhaltene astronomische Text aus Indien ist die *Vedanga Jyotisha*. Sie stammt aus dem Ende der vedischen Zeit, die sich von 1500–500 v. Chr. erstreckt. Die *Surya Siddhanta* ist ein anderer wichtiger Text aus dem 6. Jahrhundert v. Chr.

Im vedischen Eklipsen-Mythos, von dem ich im ersten Kapitel erzählte, werden Rahu und Ketu als zwei dunkle Planeten angesehen, die für die Eklipsen verantwortlich sind. Aus astronomischer Sicht existieren sie nicht, sondern sind Schattenwesen – die beiden Kreuzungspunkte, die der Mond auf seinem Eklipsenpfad durchqueren muss. In der vedischen Astrologie des *Jyotish-Shastra* haben Mond und Sonne einen großen Einfluss auf das Leben der Menschen; die Sonne steht für den Körper, der Mond für den Geist. Rahu und Ketu beeinflussen somit die Energien in unserem Körper und Geist.

Die vedischen Astronomen verfolgten die Bewegung des Mondes relativ zu den Sternbildern, die sie Nakshatras nannten, um ihren siderischen Mondkalender festzulegen. Das Nakshatra-System stammt aus der Zeit vor 1000 v. Chr. 27 Sterne wurden als Referenzpunkte für die Position des

Mondes verwendet, während dieser sich durch seinen siderischen Zyklus von 27,3 Tagen bewegt. Der Himmel war in 27 Sektoren von je 13,33 Grad aufgeteilt. Die alten Texte beschreiben den Mond-Sonnenkalender, die Länge des Jahres, das Teilen von Kreisen in 360 Grad, und dass das Verhältnis vom längsten zum kürzesten Tag 3:2 beträgt. Außerdem werden Eklipsen erwähnt und die Methode der Zeitmessung mittels eines Gnomon.

In der *Rigveda* wird das Universum als unendlich und sehr alt beschrieben. Seine Erschaffung soll vor 4,32 Milliarden Jahren stattgefunden haben.[43] Die Zahlensequenz 432 findet sich häufig in der vedischen Mythologie. Die *Rigveda* selbst soll aus 432 000 Silben bestehen. Die astronomischen Texte erwähnen weder Astrologie noch Prophezeiungen, sondern konzentrieren sich auf die Zeitmessung, besonders im Hinblick auf vedische Rituale.

Soma, der Mond, ist eine der wichtigsten Gottheiten in der Rigveda. Ein alter Mythos erklärt, warum der Mond abnimmt. Gemäß den Brahmanas, den frühen Ritual- und Opfertexten des Hinduismus, gab der Schöpfergott Prajapati dem Mond seine Töchter, die Nakshatras, zur Heirat. Der Mond aber vereinigte sich nur mit seiner Lieblingsfrau Rohini und vernachlässigte all seine anderen Sternenfrauen. Diese kehrten wütend zu ihrem Vater zurück, der seinen Schwiegersohn schwer rügte. Der Mond versprach, all seine Frauen von nun an gleich zu behandeln, änderte aber nichts an seinem Verhalten. Zur Strafe wurde ihm eine Krankheit auferlegt, die ihn dahinschwinden lässt.

43 R. Kochbar: »Scriptures, Science and Mythology: Astronomy in Indian Cultures«. *Proceedings of the International Astronomical Union* 260, 2009

Neuere archäologische Entdeckungen haben die Wichtigkeit der Astronomie für die frühchinesischen Gesellschaften bestätigt. Im zentralchinesischen Daimadi wurden Schnitzereien von Sonne, Mond und Sternen aus der Zeit um 6000 v. Chr. entdeckt. 1988 wurde in Puyang in der Henan-Provinz ein Grab aus der Zeit um 4000 v. Chr. entdeckt. Der Begrabene war umgeben von einer aus Muscheln geformten Figurengruppe – ein Drache im Osten, ein Tiger im Westen, und eine Schöpfkelle im Norden. Archäologen glauben, dass diese Konfiguration den chinesischen Himmel repräsentiert: Die Schöpfkelle steht für Ursa Major, ein großes Sternbild in Polarnähe; der Drache ist der im Osten gelegene »Blaue Drache«, und der Tiger der im Westen gelegene »Weiße Tiger«.

Zu den ersten astronomischen Schriftstücken aus China gehören Inschriften auf Knochen, die auch »Orakel-Knochen« genannt werden, weil sie für die Wahrsagerei verwendet wurden. Die Praxis bestand darin, dass man eine Beobachtung oder eine Frage auf einen Knochen schrieb und diesen daraufhin ins Feuer legte. Die Risse im Knochen wurden dann interpretiert, um die Zukunft vorherzusagen. Die astronomischen Beobachtungen erwähnen auch »Gaststerne«, bei denen es sich aus heutiger Sicht um Supernovae handelte. Sternenbezeichnungen, die später in den 28 Wohnsitzen kategorisiert wurden, wurden auf Orakel-Knochen in den Ausgrabungen von Anyang gefunden und auf die mittlere Shang-Dynastie um 1200 v. Chr. datiert.

Die Handschriften der Yao stammen aus der Zeit um 2400 v. Chr. In ihnen wird erläutert, wie jeweils um sechs Uhr abends die Meridianüberquerungen von Sternengruppen notiert wurden, um die Zeiten von Sonnwenden und Tagundnachtgleichen aufzuzeichnen. Die Erwähnung einer exakten Zeit setzt den Einsatz relativ genauer Zeitmessinstrumente voraus – zum Beispiel einer Kerze oder einer Wasser-Uhr. Die Stelle ist zwar etwas schwierig zu interpretieren, aber es wird erwähnt, dass die Brüder His und Ho vom legendären Kaiser Yao berufen wurden, einen Kalender zu erstellen. Sie sollten »sich nach dem erhabenen Himmel richten, Sonne, Mond, Sterne und Himmelskörper berechnen und kartieren und respektvoll einen Kalender für die Menschheit vorlegen«.[44]

Wie in Babylon glaubte man auch in China, dass die Ereignisse am Himmel in direkter Beziehung zu den Ereignissen auf der Erde standen. Kometen waren besonders wichtige Omen. Der Halley'sche Komet erscheint etwa alle 70 bis 75 Jahre am Himmel, daher sehen ihn nur wenige Menschen mehr als einmal im Leben. Die chinesischen Astronomen zeichnen seit 3000 Jahren jede Sichtung dieses Kometen auf, und sind damit die einzige bekannte Zivilisation auf der Erde, die dies getan hat. Sie fertigten außerdem Zeichnungen des Kometen an, wann immer er in der Nähe der Sonne und der Erde war.

Mittels Eklipsen versuchte man auch, die zukünftige Gesundheit und den Wohlstand von Kaisern und Reichen zu bestimmen. Die kaiserlichen Astronomen waren zudem verantwortlich für die Erstellung des jährlichen Kalenders, eines Dokuments, das als Almanach bekannt ist. Niemandem sonst war es erlaubt, einen Kalender zu erstellen. Die kaiserlichen Astronomen hatten es nicht leicht. Wenn es ihnen nicht gelang, ein Ereignis wie zum Beispiel eine Eklipse korrekt vorherzusagen, könnte dies die Macht des Kaisers schwächen, und seine Gegner würden es als Gelegenheit sehen, eine Rebellion anzuzetteln. Wenn Dynastien untergingen, glaubte man, dies sei geschehen, weil der Himmel selbst eingeschritten war, um die Herrschaft an eine würdigere Linie zu übertragen. Eine Anstellung als kaiserlicher Astronom war also mit viel Verantwortung verbunden, und wenn man sich irrte, drohten hohe Strafen.

44 X. Sun: »Connecting Heaven and Man: The Role of Astronomy in Ancient Chinese Society and Culture«. *Proceedings of the International Astronomical Union* 260, 2009

Der Aberglaube, der Ereignisse auf der Erde mit jenen am Himmel verband, schürte Angst unter den Menschen. Sonnen-Eklipsen machten besonders viel Angst, und es war ein weitverbreiteter Glaube, dass sie sich ereigneten, weil ein großer Drache versuchte, die Sonne zu verschlucken. Es war daher wichtig, solche Ereignisse im Voraus anzukündigen, damit die Leute sich versammeln konnten, um den Drachen durch Schreie und Gongschläge zu vertreiben. Über Generationen von Beobachtungen entdeckten die Chinesen auch den Saroszyklus. Dies ermöglichte es ihnen, mit ziemlicher Genauigkeit Eklipsen von Sonne und Mond vorauszusagen. Wie wir aber im nächsten Kapitel sehen werden, war es keine unfehlbare Methode. 2136 v. Chr. ereignete sich eine unvorhergesehene Sonnenfinsternis. Ihre Dokumentation macht sie zur ersten schriftlich belegten Eklipse der Geschichte. Sie erzählt außerdem vom Schicksal der Hofastronomen Xi und He, die diese Sonnenfinsternis nicht korrekt vorhergesagt hatten. Da der Kaiser von einem solchen Ereignis hätte wissen müssen, konnte ihr Versagen selbstverständlich nur eines bedeuten: die Exekution.

Der Glaube, dass die himmlische Aktivität mit jener auf der Erde verbunden ist, wird durch diese Passage über den Mond deutlich, geschrieben im 4. Jahrhundert v. Chr. vom Hofastronomen Shishen: »Wenn ein weiser Prinz auf dem Thron sitzt, bewegt sich der Mond auf die richtige Art. Wenn der Prinz nicht weise ist und die Minister ihre Macht ausüben, verlässt der Mond seinen Pfad. Wenn die hohen Amtsträger ihre eigenen Interessen über jene des Volkes stellen, schert der Mond nach Norden oder Süden aus. Wenn der Mond schnell ist, kommt dies daher, dass der Prinz langsam bestraft; wenn der Mond langsam ist, kommt dies daher, dass der Prinz schnell bestraft.«[45]

45 H. Maspero: »L'astronomie chinoise avant les Han' [›Chinese Astronomy Before the Han Dynasty‹]«, *T'oung Pao* 26, 1929: 288

Sonne und Mond hatten immer eine besondere Bedeutung in der chinesischen Folklore, und viele Symbole und Mythen ranken sich um sie. Das Mondfest oder Mittherbstfest ist nach dem chinesischen neuen Jahr das vielleicht zweitwichtigste Fest in China. Es wird am fünfzehnten Tag des achten Mondmonats begangen, wenn der Mond angeblich am größten, rundesten und hellsten ist. Die Form des Mondes repräsentiert Vollständigkeit und Perfektion, und das Zelebrieren dieser Form ist ein wichtiges jährliches Familienfest. Spezielle runde Kuchen, sogenannte Mondkuchen, werden zur Feier gebacken.

In der chinesischen Mythologie werden die sichtbaren Merkmale auf der Mondoberfläche mit einem weißen Hasen (oder Kaninchen) in Verbindung gebracht, der manchmal mit einem Stößel in einen Mörser schlägt. Eine buddhistische Geschichte erzählt, dass der Buddha einst ein Hase war und sich dem Gott Indra opferte, weil dieser an Hunger litt. Zum Dank für dessen Selbstlosigkeit machte Indra den Hasen unsterblich, indem er sein Bild auf dem Mond anbrachte, damit alle ihn sehen konnten. Der erste chinesische Mondrover, der 2013 auf dem Mond landete, hieß Yutu, der Jadehase.

Es ist interessant, dass sich die chinesische Astronomie und deren Suche nach Omen offenbar unabhängig von den Babyloniern entwickelte. In den MULA.PIN teilten die Babylonier den Weg des Mondes in 17 oder 19 Abschnitte auf, aus denen sich bis ins 5. Jahrhundert v. Chr. die zwölf Tierkreiszeichen entwickelten, wie sie im Westen noch heute verwendet werden. Die Chinesen teilten den Weg des Mondes in 28 Wohnsitze auf, und den Rest der Sterne in über 100 Sterngruppen. Der Handel zwischen China und dem indischen Subkontinent könnte sich in der Ähnlichkeit der Sternbilder in beiden Kulturen widerspiegeln. In der *Vedanga Jyotisha* aus den letzten Jahrhunderten v. Chr. werden Sternengruppen entlang der Ekliptik in die 27 oder 28 lunaren Nakshastras aufgeteilt.

Die Ähnlichkeiten zwischen den babylonischen, chinesischen und indischen Sternbildern entlang der Eklipse könnte darauf hinweisen, dass zwischen diesen frühen Zivilisationen ein gewisser Austausch stattgefunden hat. Sicherlich fand im 3. Jahrtausend v. Chr. über weite Strecken Handel statt. Der Halbedelstein Lapislazuli wurde von seinem einzigen bekannten Abbaugebiet in der alten Welt im Nordosten Afghanistans bis nach Mesopotamien, Ägypten und ins Industal gebracht. Dagegen entwickelte sich die Astronomie der mesoamerikanischen Kulturen eindeutig unabhängig von Europa und Asien. Schauen wir also, ob auch dort Kalender, Omen und Astrologie das Bild bestimmten.

Asiatische Nomaden besiedelten vor mindestens 15 000 Jahren – vielleicht auch früher – die beiden Amerikas. Ab etwa 2000 v. Chr. bildeten sich in Südamerika komplexe Kulturen, unter anderem die Olmec, Maya, Zapotec und Azteken. Diese indigenen Zivilisationen errichteten Pyramidentempel, entwickelten Mathematik, Astronomie, Medizin und Schrift. Sie verwendeten auch äußerst genaue Kalender, schufen Kunstwerke, betrieben intensive Landwirtschaft, hatten ein Ingenieurwesen und rechneten mit Abakus-Kalkulationen.

Aber es war nicht alles rosig. Viele der südamerikanischen Kulturen hingen ziemlich extremen Glaubensrichtungen an. Anders als die Inkas verehrten die Chimu im nördlichen Peru den Mond, weil sie ihn für viel mächtiger als die Sonne hielten. Im Opfern von Tieren und Kindern an die Götter standen sie den Inkas aber in nichts nach. 2018 beendeten Archäologen ihre Ausgrabungen des Huanchaquito-Las-Llamas-Tempels und zählten dabei die Überreste von 200 jungen Lamas und 140 Kindern, die alle während eines einzigen

Ereignisses geopfert worden waren. Weshalb, oder welche Gottheit dadurch besänftigt werden sollte, ist nicht bekannt.

Über die Geschichte dieser Zivilisationen ist wenig bekannt, weil fast all ihre Aufzeichnungen durch die Conquistadores und katholischen Priester zerstört wurden, die im 16. Jahrhundert eintrafen und an der einheimischen Religion wenig Gefallen fanden. Ihr Ziel war es, die Einheimischen zum Katholizismus zu konvertieren, was zusammen mit der Expansion des spanischen Reichs zu einem der größten Genozide der Geschichte führte, bei dem Millionen Menschen ihr Leben ließen. Nur vier alte Texte, die sogenannten *Maya-Codices*, haben die missionarische Wut der Spanier überstanden. Bei diesen Maya-Büchern handelt es sich um Bilderhandschriften auf gefaltetem Papier aus Amatl-Baumrinde, die uns einen flüchtigen Blick auf die frühe Maya-Kultur erlauben. Es ist, als müsste man die Geschichte der alten Griechen mithilfe von vier zufällig gewählten Büchern rekonstruieren. Drei der vier Codices beschäftigen sich vorwiegend mit Astrologie, aber sie enthalten auch Informationen über Eklipsen, Venuszyklen, den Tierkreis der Maya und Prophezeiungen, die auf dem Kalender der Maya basieren.

Der Kalender der Maya ist sehr komplex und beruht auf einem Ritualkalender mit 260 Tagen und einem Jahreskalender aus 365 Tagen. Ihre Monate waren 20 Tage lang, vielleicht weil ihr Zahlensystem 20 als Basis hatte. Oder vielleicht lag es auch daran, dass die Maya den Himmel in 20 Sternbilder aufteilten. Es ist nicht bekannt, ob sie ihren 365-Tage-Jahreskalender mit Schalttagen korrigierten. Wenn nicht, wäre er nach ein paar Jahrhunderten überhaupt nicht mehr im Einklang mit den Jahreszeiten gewesen.

Diese beiden Kalender wurden zusammen mit einem »kurzen« 52-Jahr-Kalender verwendet – dies entspricht der Zeit, die nötig ist, bis beide Kalender wieder zusammenfallen. Ihre

Kalender begannen an einem Tag im Jahr 3114 v. Chr. An dem Tag, so glaubten die Maya, wurde die Welt erschaffen. Außerdem verwendeten sie einen weiteren, »langen« Kalender für große Zeitabstände. Es lag an einer Fehlinterpretation dieses Maya-Kalenders, dass einige Leute glaubten, die Welt würde am 21. Dezember 2012 untergehen. Tatsächlich handelte es sich dabei nur um das Ende einer weiteren Periode im »langen« Kalender.

Es ist interessant, dass sich an diesem isolierten Ort ein komplett anderes Zählsystem und ein ebenso anderer Kalender entwickelten. Der Kalender wurde auch von den Azteken und anderen präkolumbianischen Zivilisationen in Mesoamerika verwendet und stammt wahrscheinlich von den Olmec, aus einer Zeit um 500 v. Chr. Es ist nicht bekannt, warum für Rituale ein 260-Tage-Kalender verwendet wurde, oder wozu sie den »langen« Kalender verwendeten, aber es gibt natürlich viele verschiedene Theorien. Wenn nicht noch mehr Texte auftauchen, werden wir vielleicht nie mehr über die astronomischen Methoden dieser faszinierenden Kulturen erfahren.

Mit der Unterstützung von Wandinschriften und Töpfereien konnte zumindest ein Teil des Wissens der Maya rekonstruiert werden. Sie machten genaue Messungen der Sonnen- und Mondzyklen, der Eklipsen und der Bewegungen der Planeten. Ihre Messung des synodischen Mondmonats war noch genauer als jene der Babylonier. Sie maßen die synodische Umlaufzeit der Venus mit 583,92 Tagen – bis auf 14 Minuten genau. Das tropische Jahr wurde von den Maya als 365, 242 Tage lang gemessen – verglichen mit dem modernen Wert von 365, 24 198 Tagen ist das bis auf 18 Sekunden korrekt. Ähnlich wie bei den Babyloniern und den indischen und chinesischen Kulturen scheinen trotz dieses enormen Aufwands, der in die astronomischen Messungen floss, keinerlei Versuche gemacht worden zu sein, die Mechanismen des Kosmos zu verstehen. Stattdessen war der Himmel die Heimat der Götter und wurde behandelt wie ein gigantisches Uhrwerk, aus dem sich die Zukunft ablesen ließ.

Bevor wir uns mit den ersten Philosophen beschäftigen, die tatsächlich versuchten, dieses »Uhrwerk« zu verstehen, wollen wir uns nun seinen Mechanismen widmen und nachverfolgen, wie nah dran diese alten Zivilisationen tatsächlich waren, die Eklipsen von Sonne und Mond zuverlässig vorherzusagen.

7. ILLUSIONEN AUS LICHT UND SCHATTEN

Wenn es ein Himmelsphänomen gibt, das unsere Fantasie mehr als alle anderen anregt, dann sind dies die Eklipsen der Sonne und des Mondes. Ich kann mir gut vorstellen, dass unsere Vorfahren dachten, die Welt gehe unter, wenn auf einmal der Tag zur Nacht wurde, während der Mond vor der Sonne vorbeizog. Es muss auch mehr als nur ein wenig Furcht einflößend gewesen sein, wenn der Mond sich langsam verdunkelte und für eine Stunde oder länger blutrot wurde, während er sich durch den Erdschatten bewegte. Daher ist es ebenso wenig überraschend, dass diese Ereignisse mit Omen und bevorstehenden Katastrophen assoziiert wurden. Immerhin wurden in vielen Mythologien Sonne und Mond mit den Göttern und Schöpfern des Universums in Verbindung gebracht, also mussten diese Eklipsen eine Art Nachricht sein.

Weshalb der Mond während einer Eklipse rot wird, war bis ins 17. Jahrhundert nicht bekannt. Johannes Kepler erkannte, dass es die Refraktion (Brechung) des Sonnenlichts durch die Erdatmosphäre ist. Die blauen Wellenlängen werden in alle Richtungen zerstreut, während das rote Sonnenlicht durch die Erdatmosphäre dringt und in Richtung des Mondes gebrochen wird. Aus dem gleichen Grund leuchtet der Himmel rot, auch nachdem die Sonne bereits hinter dem Horizont verschwunden ist. Hätte die Erde keine Atmosphäre, würde der Mond während einer Eklipse komplett dunkel und wäre am Nachthimmel nicht mehr sichtbar.

WISSEN UND WAHRSAGEREI

Die Babylonier konnten vorhersagen, wann sich eine Mondfinsternis ereignen würde, und wann diese sichtbar sein würde. Sie konnten auch eine Sonnenfinsternis vorhersagen, aber nicht, wo sie stattfinden würde. Es dauerte noch weitere 2000 Jahre, bis Astronomen kalkulieren konnten, wo sich eine totale Sonnenfinsternis ereignen würde. Das mag langsam erscheinen, aber man musste dazu vorher ziemlich viel verstehen. Die Art der Eklipse und der Abstand zwischen Eklipsen sind an die Umlaufbahn des Mondes gekoppelt. Aber der Pfad unseres Mondes ist außergewöhnlich komplex. So sehr, dass seine Bewegungen die größten Wissenschaftler von Hipparchos bis Newton verwirrten.

Im 4. Jahrhundert v. Chr. erzählt der griechische Historiker Herodot die Geschichte einer historischen Schlacht zwischen zwei Völkern nach, die abrupt angehalten wurde, als eine Finsternis den Himmel verdunkelte. Daraufhin schlossen die beiden Völker Frieden, weil sie die Eklipse für ein Zeichen hielten, dass der Krieg ein Ende finden solle. Herodot erwähnt auch, dass die Finsternis im gleichen Jahr durch den griechischen Philosophen Thales vorhergesagt worden war.

Die Fähigkeit, sowohl den Zeitpunkt als auch den Ort einer Sonnenfinsternis vorherzusagen, wäre in jener Zeit wirklich bemerkenswert gewesen. Man müsste dazu die Bewegungen der Sonne und des Mondes genau verstehen. Sogar wenn Thales der Saros-Zyklus, den die Babylonier entdeckt hatten, bekannt war, hätte er damit allein nicht eine Sonnenfinsternis vorhersagen können. Herodot beschreibt ein Ereignis, das 100 Jahre zurücklag. Astronomen haben berechnet, dass sich im Jahr 585 v. Chr., in der Zeit von Thales, eine Sonnenfinsternis ereignete. Es könnte allerdings auch so gewesen sein, dass die Schlacht in einer Vollmondnacht stattfand, und dass es der Mond war, der sich verdunkelte. Eine Mondfinsternis konnte mithilfe des Wissens der Babylonier vorhergesagt werden. Für mich macht das viel mehr Sinn, vor allem weil Herodot auch andere Schlachten der beiden Völker beschreibt, die bei Vollmond stattfanden.

Es gibt eine bekannte Geschichte, wie Christoph Kolumbus sein Wissen über eine bevorstehende Mondfinsternis verwendet, um die Einheimischen auf Jamaica zu beeindrucken. Zu jener Zeit konnte man den Zeitpunkt der Mondeklipsen weit im Voraus berechnen, und Kolumbus war im Besitz eines Almanachs, der astronomische Tafeln für die Jahre 1475–1506 enthielt. Er war von Johannes Müller von Königsberg verfasst worden, einem hoch angesehenen deutschen Mathematiker und Astronomen. Der Almanach lieferte detaillierte Informationen über die Sonne, den Mond und die Planeten sowie über die wichtigsten Sterne und Sternbilder, nach denen man sich bei der Navigation richtete. Jeder anständige Seefahrer hatte in jener Zeit ein Exemplar von Müllers Almanach. Kolumbus bemerkte, dass sich am Abend des Donnerstags, 29. Februar 1504, eine totale Mondfinsternis ereignen sollte, die mit dem Mondaufgang einsetzen würde.

Er warnte die einheimischen Arawak, die sich bis dahin als wenig kooperativ erwiesen hatten, dass sein christlicher Gott böse würde, wenn sie sein Schiff nicht mit Proviant versorgten, und dass er aus Wut den Mond rot färben würde. Wie erwartet trat die Mondfinsternis ein, und der Mond nahm eine blutrote Farbe an. Gemäß der Aufzeichnungen von

Kolumbus' Sohn Ferdinand waren die Arawak entsetzt, kamen aus allen Richtungen mit Proviant angerannt und flehten den Admiral an, er möge doch seinen Gott besänftigen.[46] Sie versprachen, fortan mit Kolumbus und seinen Männern zu kooperieren, wenn er doch nur den Mond wieder zum Leuchten bringe.

1715 veröffentlichte der Astronom Edmund Halley eine Karte, die den Zeitpunkt und Verlauf einer anstehenden Sonnenfinsternis über Südengland beschrieb. Die Zeit war bis auf vier Minuten korrekt, und der Verlauf hatte eine Abweichung von nur 20 Kilometern. Halleys Karte war nicht die erste ihrer Art, aber es war die erste, die relativ genau war und an ein breites Publikum verkauft wurde. Die früheste Karte einer Sonnenfinsternis war jene von Erhard Weigel, einer wichtigen Figur der deutschen Aufklärungsbewegung. Sie zeigte den Verlauf einer totalen Sonnenfinsternis, die sich 1654 über Europa ereignete, und wurde am Tag vor der Eklipse veröffentlicht.

Auch in jener Zeit waren Eklipsen immer noch ziemlich schauerliche Ereignisse. Hans Heinrich Bluntschi beschreibt in *Memorabilia tigurina* eine Sonnerfinsternis über der Schweiz, die er von Zürich aus beobachtete: »Anno 1706, den 12 Mey, ware die noch in frischem Angedenken erschrockliche Sonnen-Finsternuß, welche um 8 Uhr 45 Min. ihren Anfang genommen, das Mittel, oder da sie am größten ware, um 10 Uhr, das Ende um 11 Uhr, in welcher Zeit die Sonn von dem Mond, gleich als mit einem Vorhang völlig bedeckt worden, und also ihren Schein gänzlich verlohren, so gar, dass auch die Sternen zum Vorschein kommen. Man sahe um 10 Uhren keine Arbeit mehr zu verrichten. Das Geflügel begab sich in die Ruhe und Nester, und sahe man auf dem Weinplatz die

46 *The Life of the Admiral Christopher Columbus by His Son Ferdinand*, translated by Benjamin Keen, Rutgers University Press 1959

Flädermäusse herum fliegen.« Er beendet seinen Bericht mit einem brandneuen Omen: »Auf diese Finsternuß ist ein sehr heißer Sommer gefolget, und ist alles an Wein, Früchten und Obs wohl gerathen.«[47]

DIE EKLIPSEN VORHERSAGEN

Lassen Sie mich das Phänomen der Eklipsen noch mal genauer erklären. Eklipsen können sich nur ereignen, wenn Mond, Erde und Sonne in einer exakten Linie stehen, sodass der Mond die Sonne verdunkelt oder der Mond sich durch den Erdschatten bewegt. Diese Ausrichtung hat die wunderbare Bezeichnung Syzygium und wird Ihnen bei der nächsten Runde Scrabble viele Punkte bescheren. Zu diesem Zeitpunkt durchquert der Mond die Ekliptik und ist entweder voll oder leer. Wenn der Mond die Erde genau auf der Ekliptikebene umrunden würde, gäbe es jeden Monat eine Sonnen- und eine Mondfinsternis. Aber der Mond umrundet die Erde in einem Winkel zur Ekliptikebene, und seine Umlaufbahn ist eine Ellipse, und diese Ellipse wiederum ändert dauernd ihre Ausrichtung.

Der Punkt, an dem der Mond der Erde am nächsten ist (363 000 km entfernt), heißt Perigäum, jener, an dem er am weitesten von ihr entfernt ist (406 000 km), Apogäum. Im Perigäum erscheint der Mond von der Erde aus gesehen zehn Prozent größer als im Apogäum und wird deshalb auch als »Supermond« bezeichnet. Das Perigäum und das Apogäum sind die beiden Endpunkte der Ellipse. Es ist reiner Zufall, dass die scheinbare Größe des Mondes von der Erde aus gesehen in etwa mit der scheinbaren Größe der Sonne übereinstimmt – und dass

47 J. H. Bluntschi: *Memorabilia Tigurina, oder Merkwürdigkeiten der Stadt und Landschaft Zürich.* Zürich 1742: 132

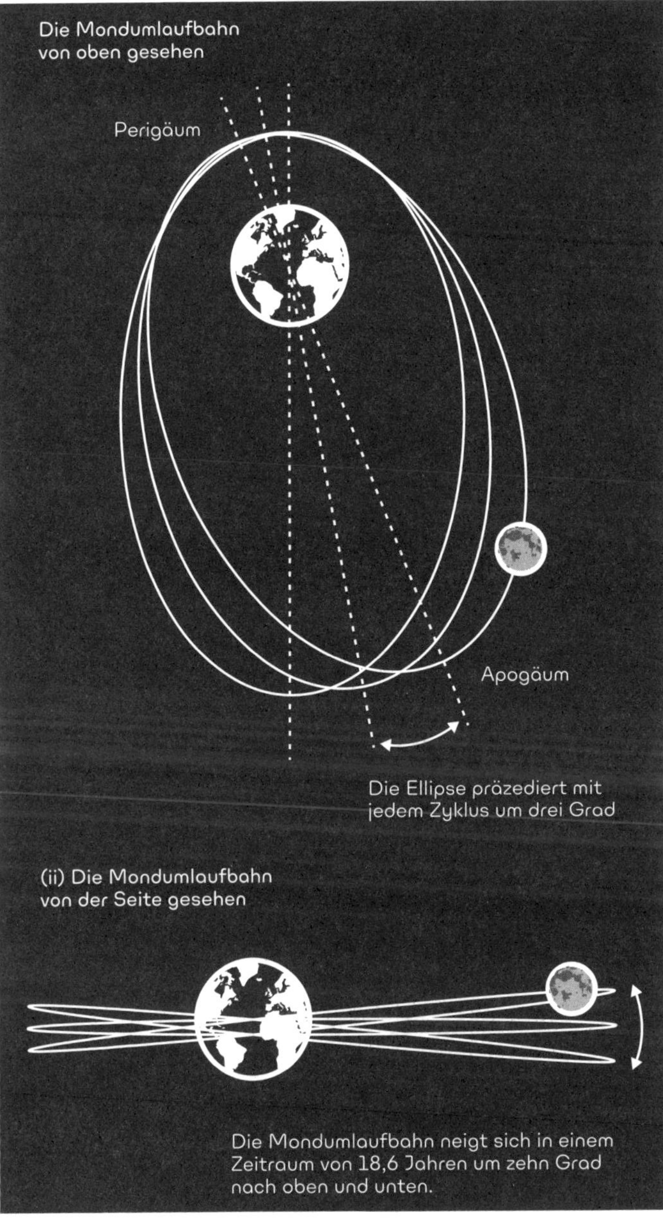

Die komplexe Umlaufbahn des Mondes

der Mond daher während einer Sonnenfinsternis ihr ganzes Licht blockiert. Aber die Art der Sonnenfinsternis, die wir beobachten – teilweise, vollständig oder ringförmig –, hängt vom Abstand der Erde vom Mond während der Eklipse ab, und dieser variiert wegen der elliptischen Umlaufbahn des Mondes.

Im Durchschnitt findet etwa alle 18 Monate irgendwo auf der Erde eine totale Sonnen- oder Mondfinsternis statt. Der Schatten, den die Erde auf den Mond wirft, beträgt ein Mehrfaches des Monddurchmessers. Deshalb dauert eine Mondfinsternis mehrere Stunden und kann in der Nacht von vielen Orten auf der Erde aus beobachtet werden. Während einer Sonnenfinsternis wirft der Mond dagegen nur einen Schatten mit einem Durchmesser von etwa 100 Kilometern auf die Erde, und der Mond bewegt sich mit etwa einem Kilometer pro Sekunde um unseren Planeten. Daher bewegt sich der Mondschatten mit etwa 2000 Stundenkilometern über die Erdoberfläche, und eine totale Sonnenfinsternis dauert gerade mal ein paar Minuten. Aufgrund der komplexen Bewegung des Mondes und des kleinen Schattens ereignet sich eine Sonnenfinsternis am gleichen Ort im Durchschnitt nur alle 360 Jahre.

Wenn sich an einem bestimmten Ort zu einem bestimmten Zeitpunkt eine Eklipse ereignet hat, müssen drei wichtige Zeiträume erneut übereinstimmen, damit sich dieses Ereignis wiederholt. Der erste dieser Zeiträume ist uns bereits begegnet. Der Zeitraum zwischen übereinstimmenden Mondphasen wird als synodischer Monat bezeichnet und dauert im Durchschnitt 29,53 Tage – aber das kann um mehrere Stunden variieren, weil seine Umlaufbahn nicht kreisförmig ist. Dieser Zeitraum wäre jedem aufmerksamen Beobachter der Jungsteinzeit bekannt gewesen.

Um das Ganze noch etwas komplizierter zu machen, präzediert der elliptische Orbit des Mondes alle 8,85 Jahre. Dies bedeutet, dass sich in diesem Zeitraum die Perigäum- und

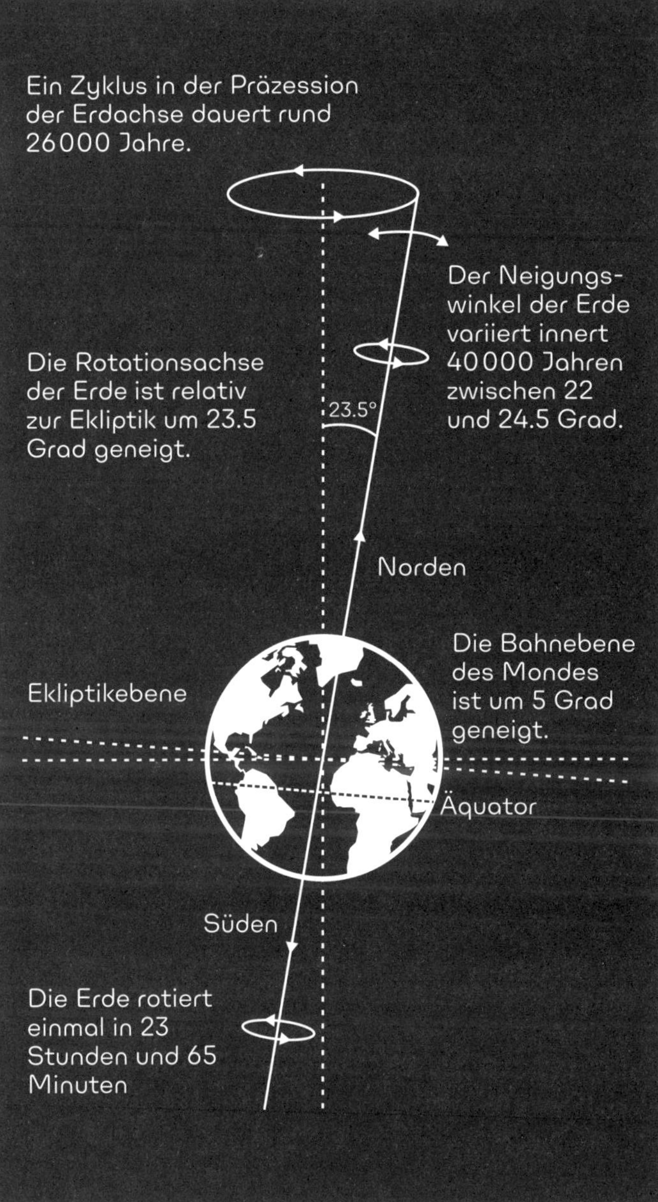

Präzession der Erdachse

Apogäum-Punkte der Umlaufbahn des Mondes langsam in einem vollständigen Kreis drehen. Dies wird als Apsidendrehung bezeichnet und wird durch gravitationale Perturbationen (Störungen) der Sonne ausgelöst. Weil sich die elliptische Umlaufbahn langsam dreht, braucht der Mond für zwei aufeinanderfolgende Durchgänge eines Perigäums etwas länger als dafür, die Erde zu umrunden. Diese Periode wird als anomalistischer Monat bezeichnet und dauert 27,55 Tage. Hipparchos bemerkte im 2. Jahrhundert v. Chr. die 8,85 Jahre dauernde Präzession des Mondes, und sie ist auch in den berühmten Antikythera-Mechanismus eingebaut.

Der letzte Zeitraum, den wir benötigen, um zu verstehen, wann sich Eklipsen ereignen, ist der drakonische Monat. Die Umlaufbahn des Mondes um die Erde ist im Vergleich zur Ekliptikebene (der Ebene, auf der sich die Erde um die Sonne bewegt) um durchschnittlich etwa fünf Grad geneigt. Eklipsen können sich nur ereignen, wenn der Mond die Ekliptikebene durchquert, weil er sich dann auf der Ebene der Erdumlaufbahn befindet und sich vor der Sonne vorbei oder durch den Erdschatten bewegen kann. Aber die Ebene der Mondumlaufbahn präzediert ebenfalls, das heißt, sie neigt sich in einem Zeitraum von 18,6 Jahren um etwa zehn Grad nach oben und unten. Dies bedeutet, dass der Mond für zwei Überquerungen der Ekliptikebene weniger als seine Orbitalperiode (den siderischen Monat) benötigt – nämlich genau einen drakonischen Monat von 27,21 Tagen. Dies wird Knotenpräzession genannt und hat damit zu tun, dass die Erde nicht ganz rund ist, was in einer zusätzlichen Variation der Anziehungskraft, die auf den Mond ausgeübt wird, resultiert. Wahrscheinlich begreifen Sie jetzt langsam, warum es den frühen Astronomen so schwerfiel, die Bewegungen des Mondes zu verstehen!

Die Babylonier vermaßen diese verschiedenen monatlichen Zeiträume genau, und darüber hinaus auch die mittlere Geschwindigkeit des Mondes im Verhältnis zu den Sternen sowie seine monatlichen Beschleunigungen und Verlangsamungen. Damit Sie eine ungefähre Ahnung der Genauigkeit dieser babylonischen Vermessungen bekommen, sei hier erwähnt, dass ihre Messung des synodischen Monats bei 29,530 594 Tagen lag – eine Abweichung um nur vier Sekunden vom modernen Wert! Und ihre Messung des synodischen Monats wird noch heute als Basis des jüdischen Kalenders verwendet. Die beiden Präzessionen der Mondumlaufbahn waren bereits im Altertum bekannt, wurden aber vor Kepler und Newton nie genauer beschrieben.

Eklipsen wiederholen sich, wenn die Zyklen des drakonischen, synodischen und anomalistischen Mondmonats zusammenfallen. Wir brauchen also ein Vielfaches dieser Zeiträume, das für alle drei identisch oder zumindest fast identisch ist. Der erste Eklipsenzyklus entsteht, weil 223 synodische Monate 6585,32 Tage sind, 242 drakonische Monate 6585,46 Tage und 239 anomalistische Monate 6585,45 Tage. Diese Periode beträgt 18 Jahre, 11 Tage und 8 Stunden und ist als der Saros-Zyklus bekannt. Wenn sich also einmal eine Eklipse ereignet hat, können Sie davon ausgehen, dass es nach Ablauf eines Saros-Zyklus eine weitere geben wird. Und weil der Zyklus um 11 Tage länger ist als ein Jahr, wird die Neigung der Erde wieder ähnlich sein wie beim letzten Mal, also wird die Eklipse sich fast auf dem gleichen Breitengrad ereignen.

Eine Mondfinsternis kann, wie wir wissen, von einem Großteil der Seite der Erde, von der aus der Mond sichtbar ist, beobachtet werden. Daher brauchte es nicht mehr als den Saros-Zyklus, um zuverlässig vorherzusagen, wann sich die nächste Mondfinsternis ereignen würde. Weil allerdings der Saros-Zyklus keine exakte Anzahl Tage dauert, sondern zusätzliche acht Stunden, finden aufeinanderfolgende Sonneneklipsen nicht am gleichen Ort auf unserem Planeten statt (nicht auf dem gleichen Längengrad). Das kommt daher, dass die Erde sich innerhalb eines Saros-Zyklus um zusätzliche 120 Grad ge-

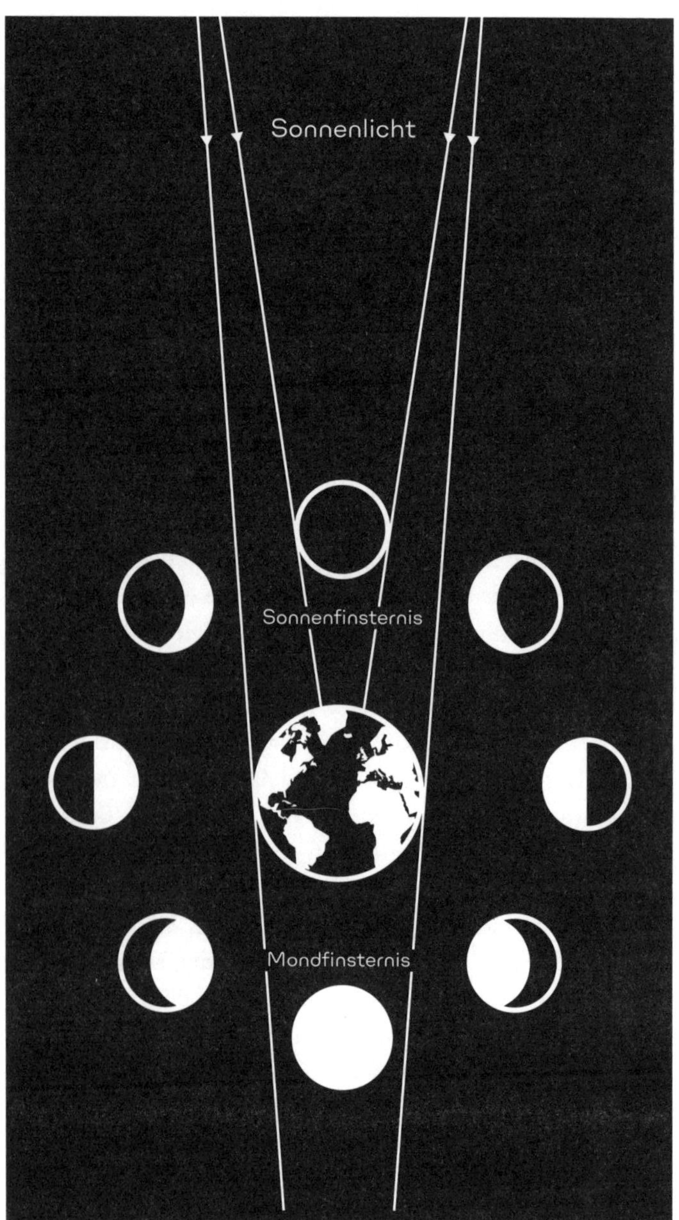

Eklipsen der Sonne und des Mondes

dreht hat. Dies wiederum ist der Grund für einen weiteren Zyklus, den dreifachen Saros-Zyklus. Dieser ist der Zeitraum, nach dem sich eine Eklipse wieder in der Nähe des gleichen Ortes auf der Erde ereignet (in Längen- und Breitengrad), und er ist 19 756 Tage lang. Weil keiner dieser Zeiträume exakt mit der Erdrotation übereinstimmt, variiert der exakte Schauplatz einer Sonnenfinsternis auf der Erde. Aber in einem Königreich wie Mesopotamien, das sich über mehr als 1000 Kilometer erstreckte, erreichten wohl jeden der babylonischen Könige zeitlebens Berichte von mehr als nur einer Sonnenfinsternis.

Durch eine sorgfältige Verfeinerung des Himmelssphären-Modells der Bewegungen von Mond und Planeten wurde es möglich, grobe Vorhersagen zu Ort und Zeitpunkt der nächsten Sonnenfinsternis zu machen. Die *Zij* waren islamische Astronomiebücher, die, auf dem ptolemäischen Weltbild basierend, zwischen dem 8. und 15. Jahrhundert entstanden und Vorhersagen über die Positionen der Himmelskörper machten. Sie konnten Mondeklipsen zuverlässig vorhersagen, aber Vorhersagen einer Sonnenfinsternis gelangen eher auf gut Glück. Die Ursachen und Folgen der komplexen Bewegung des Mondes waren bis ins frühe 20. Jahrhundert nicht bekannt. Die grundlegenden Ideen dafür stammen aber aus dem 16. Jahrhundert: die Beobachtungen der Mondbewegung von Tycho Brahe und die empirische Theorie der Umlaufbahnen von Johannes Kepler. Nur dank dieses Wissens begannen Astronomen damals, zuverlässige Vorhersagen zu Ort und Zeitpunkt der zukünftigen Sonneneklipsen zu machen.

GRAUE SCHATTIERUNGEN

Es muss ein wunderschöner Ausblick sein, wenn man auf dem Mond steht und zusieht, wie die Sonne von der Erde verdunkelt wird. Keine der Apollo-Missionen überschnitt sich mit einem solchen Ereignis, aber 1967 war eine Sonde zugegen. NASAs Surveyor III machte ein Foto von der Sonne, wie sie hinter der Erde verschwand, während das letzte Sonnenlicht durch die Kronen der Erdwolken blitzte.

Alle Apollo-Astronauten beschrieben die Aussicht auf die Erde vom Mond als spektakulär und Ehrfurcht erweckend. Alan Shepard erinnert sich, wie er während der Apollo-14-Mission auf dem Mond stand: »Als ich zum ersten Mal vom Mond aus auf die Erde zurückschaute, musste ich weinen.« Wegen der Größe der Erde und dem Reflexionsvermögen ihrer Ozeane, Wolken und Eiskappen ist die »Vollerde« vom Mond aus gesehen viermal größer und über vierzigmal heller als der Mond von der Erde aus gesehen. Die Erde sieht vom Mond aus wie ein strahlender, blau-weißer Globus, der von der Schwärze des Weltalls umrahmt wird.

Wir alle kennen den Anblick des Mondes von der Erde aus, aber welche Farbe hat der Mond? Für unsere Augen scheint der Mond hell und silberweiß. Wenn man sich aber die Fotos anschaut, die auf der Mondoberfläche aufgenommen wurden, erkennt man, dass die Oberfläche eher grau ist. Apollo-Astronaut Charles Duke sagte dazu: »Meine lebendigste Erinnerung an den Mond ist die Schönheit: der starke Kontrast zwischen dem leuchtenden Grau des Mondes und der Schwärze des Weltalls. Das Grau war so hell, dass es fast weiß erschien – ein harter Bruch zwischen der Oberfläche und dem Horizont. Die Sonne schien andauernd, daher sah man weder Sterne noch Planeten.«[48]

Die Art und Weise, wie unser Gehirn Signale von unseren Augen interpretiert, ist bemerkenswert und verantwortlich für eine ganze Reihe verwirrender Illusionen. Das Paradox der Mondfarbe ist eine von ihnen. Grau ist keine Farbe, sondern

48 J. Clash: »What's It Like To Stand On The Lunar Surface?«. *Forbes* 2017

eine Schattierung von Weiß. Wir nehmen grau wahr, wenn die Zapfen in unserer Retina gleiche Mengen rotes, grünes und blaues Licht aufnehmen. Die Schattierung von Grau, die wir wahrnehmen, hängt auch von der Helligkeit der Umgebung ab. Das zeigt sich sehr gut in der Kontrast-Illusion, bei der zwei identische graue Quadrate in unterschiedlichen Hintergründen platziert werden. Das graue Quadrat, das in der dunkel schattierten Hälfte des Bildes platziert ist, erscheint viel heller als das andere. Genauso ist es mit dem Mond, der nur deshalb silberweiß erscheint, weil wir ihn inmitten des schwarzen Nachthimmels sehen.

Das hat Sie nicht überzeugt? Mich auch nicht. Also habe ich mir eine Methode überlegt, dies zu überprüfen, und folgendes Experiment gemacht: Schneiden Sie in ein Stück Papier ein rundes Loch mit einem Durchmesser von etwa einem Zentimeter. Wenn Sie es etwa eine Armeslänge von sich entfernt in die Höhe halten, wird das Loch etwa gleich groß erscheinen wie der Mond. Nun machen Sie dasselbe im Dunkeln, wenn der Mond sichtbar ist, sodass der Mond durch das Loch zu sehen ist. Der Mond wird aussehen wie immer; silberweiß. Nun halten Sie eine helle Taschenlampe auf das Papier, so hell, dass das Papier erhellt ist wie vom Tageslicht. Sie werden sehen, dass der Mond im Vergleich zum weißen Papier grau erscheint. Schalten sie das Licht wieder aus, nimmt der Mond innerhalb einer Sekunde wieder seine gewohnte silberweiße Farbe an.

Was ist der Mechanismus hinter dieser merkwürdigen Illusion – ist es unser Gehirn oder unser Auge, das uns täuscht? Unsere enorm komplexen Augen erledigen tatsächlich einiges an Bildverarbeitung, bevor ein Signal überhaupt unser Gehirn erreicht. Die Rückmeldung jedes Punktes auf der Retina wird durch die ihn umgebenden Regionen beeinflusst. Das Signal, das ein Ganglion im Gehirn erreicht, enthält Informationen von einer bestimmten Region der Retina. Wenn Licht auf einen Fotorezeptor im Auge fällt, antwortet dieser, indem er vermehrt Signale an die Ganglien sendet, und er hindert außerdem benachbarte Zellen daran, Signale zu senden. Dies nennt sich laterale Inhibition, und es ist ein Mechanismus, der es uns erlaubt, Kontraste besser wahrzunehmen – wahrscheinlich ein evolutionärer Überlebensvorteil. Wenn ein Objekt gleichmäßig beleuchtet ist, werden die Signale allgemein abgeschwächt, damit das Weiß nicht so hell erscheint. Aber wenn es einen Übergang von dunkel zu hell gibt, werden die Rezeptoren an der Grenze unterdrückt. Deshalb erscheint Grau, das von Weiß umgeben ist, dunkler als Grau, das von Schwarz umgeben ist.

Unsere Augen empfangen dieselbe Information von einem schlecht beleuchteten Objekt, das Licht perfekt reflektiert, wie von einem hell beleuchteten Objekt, das nur einen Teil des Lichts reflektiert. Welche Farbe hat nun also der Mond? Der Mond »scheint«, weil er Sonnenlicht reflektiert, also müssen wir zuerst die Farbe der Sonne bestimmen. Das breite Spektrum an Wellenlängen, das die Sonne aussendet, gipfelt in den grünen Frequenzen. Aber weil das Sonnenlicht ein breites Farbenspektrum mit fast gleichen Anteilen von rotem, grünem und blauem Licht besitzt, nehmen wir die Sonne weiß wahr. Und deshalb erscheint auch der Mond weiß, oder in einer grauen Schattierung von Weiß.

Wie weiß aber ist der Mond? Wie weiß etwas ist, wird durch den Anteil des Lichts bestimmt, den das Objekt reflektiert. Dies wird als Albedo bezeichnet. Ein perfekter Spiegel hätte eine Albedo von 1, während schwarze Farbe üblicherweise nur etwa fünf Prozent des Lichts reflektiert und eine Albedo von 0,05 hat. Die Albedo eines Planeten sagt viel über seine Atmosphäre und seine Oberfläche aus. Wälder haben eine Albedo von 0,1-0,2, Sandstein 0,2, grünes Gras 0,25, Ozeaneis 0,6 und Neuschnee 0,8-0,9.

Der Erste, der die Albedo des Mondes genau zu bestimmen

versuchte, war der deutsche Astronom Karl Friedrich Zöllner Mitte des 19. Jahrhunderts. Sie ist jedoch nicht leicht zu bestimmen, weil der Mond eine gekrümmte Oberfläche mit vielen Unregelmäßigkeiten hat, die das Licht streuen oder Schatten werfen. Deshalb hat ein Sichelmond, bei dem zehn Prozent der Mondoberfläche beleuchtet sind, weit weniger als ein Zehntel der Helligkeit des Vollmondes.

Die ersten Versuche, die Helligkeit des Mondes zu bestimmen, projizierten sein Licht mithilfe eines Teleskops auf einen Punkt und verglichen die Intensität dieses Lichtpunkts mit dem Licht von Kerzen. Zöllner fand heraus, dass der Mond etwa 600 000 mal schwacher leuchtete als die Sonne. Nachdem er die Größe des Mondes und seinen Abstand zur Sonne nachgeschlagen hatte, schätzte er, dass wenn der Mond eine perfekte weiße Scheibe wäre, er etwa 100 000 mal schwacher leuchten würde als die Sonne. Er kalkulierte daher, dass der Mond nur ein Sechstel des Sonnenlichts reflektiere, und merkte an, dass die Farbe des Mondes wohl näher an Schwarz als an Weiß liegen müsse.[49]

Bereits vor Zöllners Schätzung der Albedo des Mondes hatte sich der britische Astronom John Herschel mit einer weit einfacheren Technik daran versucht. Herschel schaute zu, wie der Vollmond hinter dem Tafelberg (dem Standort seines Observatoriums, während er in der südlichen Hemisphäre Beobachtungen machte) unterging, und stellte fest, dass seine Farbe sich nicht von dem grauen Fels, hinter dem er versank, unterschied. Da die Felsen des Tafelbergs aus verwittertem Sandstein mit einer Albedo von weniger als 0,2 bestehen, war Herschels Einschätzung gar nicht so falsch.

Die Mondoberfläche ist tatsächlich ein schlechter Reflektor

49 R. A. Proctor: *The Moon: Her Motions, Aspect, Scenery and Physical Condition.* London 1873: 237

von Sonnenlicht – ihre Albedo liegt bei 0,12, was bedeutet, dass nur etwa 12 Prozent des einfallenden Lichts reflektiert werden. Der Mond hat also eine eher dunkelgraue Farbe. Die Albedo der Erde beträgt etwa 0,3, und sie wurde erstmals gemessen, indem man den Erdenschein – das Licht, das von der Erde auf den Mond und zurück reflektiert wird – beobachtete, lange bevor überhaupt eine Kamera in den Weltraum geschickt wurde.

Der Mond hat eine niedrigere Albedo als die Erde, weil es dort keine Ozeane oder große Eisfelder gibt. Aber das Reflexionsvermögen des Mondes variiert über die Oberfläche hinweg und hängt von der Geologie des Gesteins auf seiner Oberfläche ab. Die dunklen Stellen sind die Maria, Basaltgestein, das sich vor langer Zeit bildete, als Lava an die Oberfläche floss und abkühlte. Die helleren Stellen sind die Terrae, oder Hochländer, die hauptsächlich aus Anorthosit und Brekzie bestehen – Gesteinen, die mehr Licht reflektieren und deshalb heller erscheinen.

RIESENMOND AM HORIZONT

Es ist ein wunderbarer Anblick, wenn der Vollmond über dem Horizont aufgeht. Er erscheint viel größer als hoch am Nachthimmel. Dies erwähnten bereits der chinesische Gelehrte Lieh-Tseu im 5. Jahrhundert v. Chr. und Aristoteles im 4. Jahrhundert v. Chr. – der übrigens glaubte, der Effekt entstehe durch die Atmosphäre. Ptolemäus führte dies noch weiter aus, indem er argumentierte, dass, wenn der Mond tief am Himmel steht, das reflektierte Licht durch mehr Erdatmosphäre dringt, welche das Licht wie eine Linse bricht und den Mond größer erscheinen lässt.[50] Diese Erklärungen sind aber nicht

50 T. J. J. See: »Ptolemy's Theorem on the Apparent Enlargement of the Sun and Moon Near the Horizon«. *Popular Astronomy* 8, 1900 : 362

korrekt. Tatsächlich ist der Mond aufgrund der Geometrie scheinbar größer, wenn er hoch am Himmel steht. Das hat damit zu tun, dass er uns ein klein wenig näher ist, wenn er über uns steht – aber nur 1,5 Prozent, und die sind mit bloßem Auge nicht sichtbar.

Im 11. Jahrhundert sprach der arabische Mathematiker Ibn al-Haytham sich dafür aus, dass die Mondillusion ein Effekt der wahrgenommenen Distanz sei. Diese Erklärung hat einige Variationen. Die gebräuchlichste Ansicht ist, dass wenn der Mond nah am Horizont ist, er neben anderen Objekten wie Bäumen oder Häusern wahrgenommen wird, die unserem Gehirn etwas liefern, mit dem die Größe des Mondes verglichen werden kann. Diese Erklärung wurde von vielen frühen Wissenschaftlern und Philosophen unterstützt, zum Beispiel von Roger Bacon, René Descartes und Johannes Kepler. Im Jahr 1762 brachte der Schweizer Mathematiker Leonhard Euler allerdings an, dass die Illusion auch dann wahrgenommen wird, wenn der aufgehende Vollmond über einem Ozean oder einer Wüste zu sehen ist.

1678 schrieb der Theologe und Philosoph Nicolas Malebranche, dass die Mondillusion die Unzuverlässigkeit sensorischer Information im Allgemeinen belege. Er fuhr fort, dass der Mensch weder seinen Sinnen noch seiner Vernunft vertrauen dürfe und sich stattdessen zur Wahrheitsfindung auf die Autorität der Kirche verlassen sollte!

Die heute gebräuchlichste Erklärung ist, dass die Mondillusion – wie schon Ibn al-Haytham vermutete – damit zu tun hat, wie wir Distanzen wahrnehmen. Allerdings nicht im Vergleich zu nahe gelegenen Objekten, sondern aufgrund der Erfahrung unserer Gehirne, den Raum um uns selbst wahrzunehmen. Für nahe gelegene Objekte können wir die Parallaxe unserer Augen zu Hilfe nehmen und so Distanzen einschätzen. Unsere Augen sind etwa sechs Zentimeter voneinander entfernt, was uns zu zwei leicht verschiedenen Sichtweisen auf die Welt verhilft. Unsere Gehirne lernen, Distanzen zu messen, indem sie wahrnehmen, wie sich die Position dieser Objekte im Verhältnis zu weiter entfernten Objekten verändert. Dies ist die Parallaxe. Halten Sie einen Finger hoch und schauen Sie, wie sich der Hintergrund verändert, wenn Sie das eine oder das andere Auge schließen. Diese Technik hilft uns aber nur bei Objekten, die weniger als 30 Meter entfernt sind.

Die Distanzen zu weiter entfernten Objekten nehmen wir über unsere Erfahrung wahr – indem wir die Perspektiven vergleichen und ein Modell der Welt in unserem Gehirn konstruieren. Unsere lokale Umgebung auf der Erde ist flach, und wir bedienen uns der Perspektive, um Distanzen abzuschätzen. Wir glauben, dass der Mond am Horizont größer ist, weil wir glauben, dass Objekte am Horizont weiter entfernt sind. Das ist in den meisten Fällen tatsächlich so, aber eben nicht im Fall des Mondes.

Nehmen Sie die Wolken als Beispiel. Über unseren Köpfen sind Wolken normalerweise ein paar Kilometer entfernt, aber dieselben Wolken sind am Horizont über viel weitere Strecken sichtbar. Wir bauen uns daher eine Wahrnehmung des Himmels auf, die eher einer Ebene entspricht als einer runden Schale. Unser Gehirn sagt uns, dass Dinge am Horizont kleiner erscheinen sollten. Wenn wir am Horizont eine Wolke sehen würden, welche die gleiche scheinbare Größe hat wie eine Wolke über uns, würden wir richtigerweise folgern, dass die Wolke am Horizont riesig ist. Und dies ist, so glaubt man, die Lösung des Mondparadoxons – wenn der Mond am Horizont zu sehen ist, ist er gleich groß wie über uns, aber unser Gehirn sagt uns, dass er weit weg ist, also muss er größer sein.

Diese Erklärung wurde in wissenschaftlichen und philosophischen Zeitschriften eingehend diskutiert. Es wurden Experimente mit falschen Monden durchgeführt – vor verschiedenen Hintergründen, in verschiedenen Winkeln in einem

Planetarium, mit nur einem Auge, und man betrachtete auch den aufgehenden Vollmond durch ein Rohr, sodass die Landschaft um ihn herum nicht sichtbar war. Die physiologischen Details der Antwort auf die Frage, warum wir den Mond am Horizont größer wahrnehmen, sind immer noch ungeklärt, aber es gibt viele Vorschläge.[51] [52] Manche sind psychologischer Natur, andere schieben es auf die Mechanik und die Art, wie unser Auge auf Licht und Winkel reagiert. Trotz all der Experimente und Fortschritte in der Wissenschaft gibt es tatsächlich nach wie vor keinen Konsens darüber, wie sich die Mondillusion in unseren Gehirnen manifestiert!

51 J. T: Enright: »The Moon Illusion Examined From a New Point of View«. *Proceedings of the American Philosophical Society* 119(2), 1975: 87

52 K. Suzuki: »The Moon Illusion: Kaufman and Rock's (1962) Apparent Distance Theory Reconsidered«. *Japanese Psychological Research* 49(1), 2007: 57

8. MONDFORSCHER AM MITTELMEER

Vor dem 6. Jahrhundert v. Chr. war unser Mond ein mystisches, leuchtendes Objekt der Verehrung, ein Träger von Omen. Die Erde war eine flache Scheibe, und der Mond und die Sonne verfolgten einander über den Himmel, angetrieben von den Streitwagen der Götter. Doch ziemlich plötzlich, vor rund 2500 Jahren, änderte sich unser Verständnis der Welt und des Kosmos – dank einiger unglaublicher Philosophen an der Küste des Mittelmeers. Einige ihrer Errungenschaften wurden durch die genauen Beobachtungen und systematischen Aufzeichnungen der Babylonier ermöglicht. Andere entstanden allein durch Nachdenken.

Es begann das Zeitalter, in dem die Griechen versuchten, in den Himmelsphänomenen einen Sinn zu sehen. Manche versagten glorreich und versetzten die Wissenschaft um ein Jahrtausend zurück, andere machten spektakuläre Entdeckungen, die uns auf den richtigen Weg brachten. Die größte Errungenschaft der Griechen war allerdings, dass sie natürliche Phänomene nicht mehr als etwas zu erklären versuchten, das durch die Götter verursacht wurde. Geschehnisse am Himmel waren keine Omen, sondern konnten durch Logik und Wissenschaft erklärt werden, durch Ursache und Wirkung. Diese

Epoche beginnt mit Thales von Milet im 6. Jahrhundert v. Chr. und endet mit Hipparchos von Nicäa im 2. Jahrhundert v. Chr., zu Beginn der Ausbreitung des Römischen Reichs.[53]

In Mesopotamien spielte sich Krieg um Krieg zwischen benachbarten Völkern ab, bis im Jahr 539 v. Chr. Babylonien vom Persischen Reich absorbiert wurde. Während der 26. ägyptischen Dynastie (685–525 v. Chr.) wurden die Häfen am Nil erstmals für griechische Händler geöffnet, und die ersten griechischen Philosophen wie Thales und Pythagoras besuchten Ägypten. Sie brachten neue Ideen mit und trugen zugleich ägyptisches und babylonisches Wissen mit zurück in ihre Heimat. Die Macht verschob sich von Asien nach Athen, während zugleich das Persische Reich das assyrische eroberte und seine Kriege mit Ägypten begann. Dies war die sogenannte klassische griechische Antike, die bis zum Tod Alexanders des Großen 323 v. Chr. andauerte.

Über die vorsokratische griechische Philosophie ist nur wenig bekannt. Fast alle Originale sind verloren, und vom damaligen Wissen sind nur Fragmente erhalten – meist durch Erwähnungen bei späteren Autoren wie Aristoteles, Herodot und Ptolemäus. Die Philosophen des 6. Jahrhunderts v. Chr., wie zum Beispiel Thales, Pythagoras, Parmenides, Anaxagoras, Anaximander und Anaximenes, gehörten zu den Ersten, welche der Natur des Kosmos auf den Grund gehen wollten. Sie entdeckten den Grund für Eklipsen, dass der Mond einen Teil des Sonnenlichts reflektiert, und dass die Erde eine Kugel ist. Aber manche ihrer Ansichten machen aus Sicht der heutigen Wissenschaft kaum mehr Sinn als die babylonischen Geschichten, die ins Alte Testament übernommen wurden.

Aristoteles identifizierte Thales als den Begründer der griechischen Naturphilosophie und als den ersten Menschen, der

53 J. L. E. Dreyer: *A History of Astronomy from Thales to Kepler*. London 1953

die Natur der Welt ergründen wollte. Thales glaubte an eine materialistische Welt mit Kausalitäten. Im 6. Jahrhundert v. Chr. stellte er die Frage nach den Grundbausteinen des Kosmos, eine Frage, die meine Kollegen und ich noch heute zu beantworten versuchen, leider bisher nicht besonders erfolgreich. Platon lässt Sokrates eine Geschichte erzählen, wie Thales so sehr damit beschäftigt ist, in die Sterne zu schauen, dass er nicht mehr darauf achtet, wo er hinläuft, und in einen Brunnen fällt!

DIE NATUR DES MONDES

Im späten 19. Jahrhundert wurden auf einer antiken ägyptischen Müllkippe Tausende zerfallende Papyrusdokumente entdeckt. Die Oxyrhynchus Papyri stammen aus der Zeit zwischen dem 3. Jahrhundert v. Chr. und dem 6. Jahrhundert n. Chr. und sind mehrheitlich auf Griechisch verfasst. Wegen ihres schlechten Zustands ist bisher nur ein kleiner Teil von ihnen transkribiert worden. Sie befassen sich mit einer Vielzahl von Themen, von Steuerunterlagen bis zu privaten Briefen. Ein Fragment, das 1986 übersetzt und veröffentlicht wurde, enthüllt die erste Person, die das Wesen von Eklipsen verstand und Spekulationen über den Mond anstellte: Aëtius bezeugte, dass laut Thales »Sonneneklipsen entstehen, wenn der Mond an ihr in einer direkten Linie vorbeizieht, denn der Mond ist irdenen Charakters; und es erscheint dem Auge, als liege er auf der Scheibe der Sonne.«[54]

Thales gründete in Milet zusammen mit Anaximander und Anaximenes eine philosophische Schule, die ihre ganz eigenen Ideen über die Welt hatte. Anaximenes glaubte an die Luft als Urstoff aller Dinge, dass die Erde flach sei und die Fixsterne an

54 *The Oxyrhynchus Papyri*, P. Oxy. 3710

einer kristallenen Halbkugel über der Erde befestigt seien. Die Idee, dass der Himmel eine Art Kristallkugel sei, die um die Erde rotierte, blieb der Astronomie für die nächsten 2000 Jahre erhalten. Anaximander glaubte, dass der Mond ein Kreis sei, viel größer als die Erde, dass der Mond und die Sonne schlotähnliche Öffnungen zu einem gigantischen Feuerrad seien, und dass die Eklipsen etwas mit dem Blickwinkel auf das sich drehende Feuerrad zu tun hätten. Empedokles glaubte, dass die Planeten feurige Massen seien, die sich jenseits des Mondes frei im Raum bewegten. Heraklit sah die Sonne und den Mond als Schalen voll Feuer. Die Mondphasen entstünden, weil die Mondschale sich drehe, und Eklipsen entstünden, wenn sich die konvexe Seite der Schalen der Erde zuwende. Dies mag aus heutiger Sicht verrückt erscheinen, aber immerhin bemühten sie sich alle, den Kosmos zu verstehen – und mir wäre damals wohl auch nichts Besseres eingefallen.

Wie gerne hätte ich ein Gespräch mit Pythagoras geführt! Bertrand Russell nannte ihn den wichtigsten Philosophen aller Zeiten, und auch Newton und Einstein sprachen ihm großen Einfluss zu. Dagegen sah Walter Burkert, Professor für Altphilologie an der Universität Zürich, in Pythagoras einen charismatischen Politiker und religiösen Führer ohne jedes Interesse an der Wissenschaft. Er habe sich nie mit Zahlen beschäftigt und bestimmt keinerlei Beiträge zur Mathematik geleistet. Erst sein Schüler Philolaos habe im 5. Jahrhundert v. Chr. die wissenschaftliche pythagoreische Philosophie begründet. Es ist daher vielleicht eher angebracht, diese Errungenschaften den Pythagoreern zuzuschreiben, die vom 6.–4. Jahrhundert v. Chr. aktiv waren.

Von Pythagoras sind keine Originale erhalten, aber die Beiträge der Pythagoreer werden von vielen späteren griechischen Autoren erwähnt. Ihre zentrale Aussage war, dass die Welt sich durch Zahlen und Harmonie verstehen lässt. Die Regelmäßigkeit in den Bewegungen der Planeten und die Tatsache, dass musikalische Harmonien von regelmäßigen Intervallen abhängen, brachten sie zur Ansicht, dass die Bewegungen der Sonne, des Mondes und der Planeten Töne erzeugen, die wir nicht hören können, weil wir ihnen von Geburt an ausgesetzt sind.

Die meisten antiken Astronomen jener Zeit sahen im Mond einen Planeten. Alle Planeten und die Sonne umrundeten ihrer Ansicht nach die Erde. So schien es zumindest, denn sie alle bewegten sich auf dem gleichen Weg über den Himmel. Es ist Zufall, dass unser Mond sich scheinbar der Ekliptik entlangbewegt. Die meisten Monde anderer Planeten drehen sich um den Äquator ihres Planeten, aber unser Mond nicht. Sein Orbit um die Erde ist gegenüber dem Erdäquator um 28 Grad geneigt. Weil die Erde selbst gegenüber der Ekliptik um 23,5 Grad geneigt ist, liegt der Pfad des Mondes nur um knapp fünf Grad neben der Ekliptikebene. Wenn der Mond dem Erdäquator folgen würde, würde sein Weg über den Himmel ganz anders verlaufen als jener der Planeten, und man hätte ihn vielleicht viel früher von den anderen Himmelskörpern in unserem Sonnensystem unterschieden. Von allen Planeten wurde der Mond für der am nächsten gelegene gehalten, weil seine Oberfläche als Scheibe und nicht als ferner Punkt erscheint.

Die pythagoreische Philosophie basierte auf einer Welt aus den vier Elementen Erde, Wasser, Luft und Feuer. Die Erde war eine Kugel und rundum bewohnt – ein unglaublicher Erkenntnisgewinn –, aber die Sonne und der Mond waren immer noch flache Objekte. Die täglich wahrgenommene Rotation des Sternenhimmels und der Sonne entstanden dadurch, dass die Erde jeweils innerhalb von 24 Stunden auf einem kreisförmigen Pfad um ein Feuer getragen wird – den Wohnsitz des Zeus. Obwohl dies eigentlich ein Bild einer rotierenden Erde ergeben sollte, glaubten die Pythagoreer nicht, dass die Erde sich um sich selbst drehte. Sie begründeten ihre Annahme damit, dass sich auch kein anderer Himmelskörper zu drehen schien – der Mond ist immer der Erde zugewandt. Die Tatsache, dass das Feuer in der Mitte, um das sich alles drehte, noch nie von jemandem beobachtet worden war, beunruhigte die Pythagoreer keineswegs – sie dachten, es müsse versteckt oder von der anderen Seite unserer Welt aus sichtbar sein.

Die Pythagoreer glaubten, dass Zehn die perfekte Zahl sei, und da es neun Himmelskörper gab (in ihrer Reihenfolge nach der Erde; Mond, Sonne, Venus, Merkur, Mars, Jupiter, Saturn und die langsam rotierende Sphäre mit den Fixsternen), glaubten sie, dass es einen zehnten Planeten geben müsste, eine Gegenerde, die so positioniert sei, dass sie von Griechenland aus die Sicht auf das zentrale Feuer verdecke. Es war ein mutiger Schritt, die Erde von ihrer Position im Zentrum des Universums zu entfernen. Manche Pythagoreer glaubten, dass der Mond ein Körper sei wie die Erde, auf dem es Pflanzen und Tiere gäbe. Andere glaubten, dass die Zeichnungen auf dem Mond eine Reflexion der Landmassen und Ozeane auf der Erde wären, und dass der Mond eine perfekte gläserne Oberfläche hätte – eine Idee, die Aristoteles aufrechterhielt.

Parmenides von Elea war im 5. Jahrhundert v. Chr. einer der Begründer der eleatischen Schule. Zu deren Vertretern gehörten auch Zeno und Melissos, die das Wesen von Realität, Raum und Zeit infrage stellten. Manche ihrer paradoxen Gedankenexperimente sind bis heute ungelöst. Theophrastos von Eresos, ein Schüler des Aristoteles, behauptete, nicht Pythagoras, sondern Parmenides habe als Erster die Erde als eine Kugel gesehen. Er behauptete korrekterweise, der Mond scheine durch Licht von der Sonne. Parmenides glaubte, die Sonne und der Mond seien aus Material entstanden, das einst Teil der Milchstraße war, dass die Sonne aus einer heißen, feinstofflichen Substanz bestehe und der Mond aus einer dunklen, kalten. Er nahm – wie Anaximander – fälschlicherweise an, dass die Sterne näher seien als der Mond. Eine merkwürdige Schlussfolgerung angesichts der Tatsache, dass helle Sterne durch den dunklen Teil des Sichelmondes verdeckt werden und so doch klar sein sollte, was weiter entfernt liegt.

Anaxagoras lebte im 5. Jahrhundert v. Chr. in der Nähe von Smyrna in der heutigen Türkei. Wie viele der antiken Philosophen (und viele Wissenschaftler vor dem 20. Jahrhundert) kam er aus einer reichen Familie und gab seinen Wohlstand auf, um sich der Wissenschaft zu widmen. Er behauptete, der Mond sei bewohnt und werde beleuchtet von »dem roten heißen Stein, der die Sonne ist«, und lieferte eine korrekte Erklärung für die Eklipsen und Mondphasen. Er muss daher wohl angenommen haben, dass der Mond eine Kugel ist.

Wo immer es Lücken im Wissensstand gibt, herrscht oft viel Verwirrung. Wenn der Mond leuchtet, weil er Sonnenlicht reflektiert – wie kann es dann sein, dass man auf der unbeschienenen Fläche einen leichten Lichtschimmer wahrnimmt. Die Erklärung für den Erdenschein (das Licht, das von der Erde zum Mond und zurück reflektiert wird) ließ noch bis Leonardo da Vinci im 16. Jahrhundert auf sich warten. Und warum leuchtete der Mond während einer Eklipse blutrot? Weil der Mond komplett im Erdschatten liegt, muss es so ausgesehen haben, als absorbiere der Mond das Sonnenlicht und glühe wie ein Stück Kohle.

Es ist schwierig, die Gedankengänge dieser Philosophen zu rekonstruieren, weil ihre Originaltexte nicht erhalten sind, aber wir können dennoch anerkennen, wie kühn ihre Versuche waren, den Kosmos zu verstehen. Manche ihrer Ideen mögen aus heutiger Sicht lächerlich erscheinen, andere waren brillant und erwiesen sich als richtig. Die Theorie der Atome von Leukipp und Demokrit aus dem 5. Jahrhundert v. Chr. ist dafür ein weiteres großartiges Beispiel.

Gemäß Aristoteles verglich Demokrit die Erde mit einem

Diskus, er platzierte den Mond näher an der Erde als die Sonne und glaubte, dass beide große, feste Objekte seien, aber kleiner als die Erde. Er glaubte, dass die Zeichnungen auf der Mondoberfläche die Schatten von Bergen und Tälern seien, und dass die Milchstraße das Licht einer Vielzahl weit entfernter Sterne sei – eine erstaunliche Spekulation, die 2000 Jahre später durch die Erfindung des Teleskops bestätigt wurde.

Unter den griechischen Philosophen herrschte wenig Einigkeit über das Wesen des Mondes. Thales, Anaxagoras, Demokrit und Plato waren alle der Ansicht, der Mond ähnle der Erde, andere behaupteten, der Mond brenne mit einem sanften Feuer, ähnlich wie die Sonne. Pythagoras und Aristoteles hielten ihn für einen kugelförmigen Kristallspiegel. Plutarch erläutert in seinem Dialog *Über das Mondgesicht* aus dem 2. Jahrhundert v. Chr., dass der Mond nicht aus einer kristallenen Substanz bestehen könne, weil die eine Sonnenfinsternis unmöglich mache. Stattdessen müsse der Mond eher der Erde ähnlich sein.

Manche der Interpretationen der alten Griechen hätten mit ein wenig Weitsicht schnell widerlegt werden können. Ein einfaches Gedankenexperiment hätte zum Beispiel Aristoteles davon überzeugen können, dass der Mond kein Spiegel ist und seine Oberflächenmerkmale keine Reflexion der Erde sein können. Während der Mond sich um die Erde bewegt, müssten sich diese Merkmale nämlich verändern, aber sie bleiben immer gleich. Zu jener Zeit gab es in Griechenland noch keine lange Geschichte astronomischer Observationen. Bedeutet dies vielleicht, dass das enorme Wissen der Babylonier sie noch nicht erreicht hatte? Es scheint auf jeden Fall so, wenn wir uns die ersten griechischen Kalendersysteme anschauen.

Meton von Athen war im 5. Jahrhundert v. Chr. einer der ersten Griechen, die sorgfältige astronomische Beobachtungen machten. Er entwickelte einen Mond-Sonnenkalender, basierend auf der Tatsache, dass 19 Sonnenjahre etwa 235 synodischen Mondmonaten entsprechen – ein Verhältnis, das auch den Babyloniern und alten Chinesen bekannt war. Dies bedeutet, dass innerhalb dieser 19 Jahre siebenmal ein dreizehnter Mondmonat eingeschoben werden muss. Vor dieser Zeit waren die Griechen einem Mondkalender gefolgt, der mittels Sonnwenden und Tagundnachtgleichen an das Sonnenjahr angepasst wurde, bei dem es aber keine klaren Regeln für das Einschieben von zusätzlichen Tagen oder Monaten gab – dies wurde ad hoc und von Stadt zu Stadt unterschiedlich gehandhabt. Um das Ganze noch komplizierter zu machen, waren oft gleichzeitig mehrere Kalendersysteme in Gebrauch. Die Athener führten den metonischen Kalender ein, um ihre Sonnen- und Mondkalender anzugleichen. Er begann mit Metons Beobachtung der Sommersonnenwende im Jahr 432 v. Chr. Ein metonischer Zyklus dauert 6940 Tage und hat eine Abweichung von einem Tag in 219 Jahren, weil der Mondmonat und das Sonnenjahr nicht exakt gleich lang sind.

Ein Jahrhundert später machte der Astronom Kallippos von Kyzikos eine genauere Berechnung des Sonnenjahres von 365,25 Tagen. Der neue, verbesserte Mond-Sonnenkalender bestand einfach darin, den metonischen Zyklus mal vier zu nehmen und aus dem letzten der vier Zyklen einen Tag zu streichen. Dies führte zu einem weiteren Sonnenzyklus mit 76 Jahren, der 940 Mondzyklen oder 27 759 Tagen entsprach. Der älteste bekannte astronomische Computer, der unglaubliche Antikythera-Mechanismus aus dem 2. Jahrhundert v. Chr., konnte Berechnungen, basierend auf beiden Zyklen – dem metonischen und dem kallippischen –, ausführen, weil er über separate mechanische Drehscheiben verfügte.

In jener Zeit, um das 3. Jahrhundert v. Chr., gab es in Athen fünf verschiedene Kalender, die man konsultieren konnte: einen Kalender nach Olympiaden, einen nach Jahreszeiten, den bürgerlichen Kalender, den konziliaren Kalender und den metonischen Kalender. Ein saisonaler Kalender – Parapegma genannt – war nötig, weil die alten Griechen den jeweiligen Beginn der Wetterveränderungen markieren mussten, um Aktivitäten wie Landwirtschaft, Seefahrt und Kriegsführung zu regulieren. Über Jahrhunderte hinweg hielten verschiedene Astronomen die Parapagmata fest, eine Liste sich wiederholender Wetterveränderungen im Verhältnis zur ersten und letzten Sichtung von Sternen und Sternbildern, den Mondphasen und den Tagundnachtgleichen und Sonnwenden. Die bekannten Prosawerke *Phenomena* und *Diosemeia* des griechischen Dichters Aratos enthalten eine poetische Version des Parapegma. Eine typische Passage liest sich so:

»Wann nun aber den Sternen die lautere Helle getrübt wird,
Und doch nirgendwoher aufwölkt ein verdichteter Nebel,
Auch kein anderes Dunkel davortrit[t], oder der Mondglanz,
Sondern von selbst urplö[t]zlich so ganz ohnmächtig sie schweben;
Nicht mehr halte du das für sonniger Ruhe Bezeichnung,
Sondern des Sturmes geharrt!«[55]

Die nächste Reform des Kalendersystems fand Jahrhunderte später unter Julius Cäsar statt und machte das Einschieben von Schaltmonaten überflüssig. Der römische Kalender hatte zuvor 12 Monate unterschiedlicher Länge und ein Jahr, das 355 Tage lang war. Weil aber keine Schaltmonate eingeschoben wurden,

55 *Des Aratos Sternerscheinungen und Wetterzeichen.* Übersetzt und erklärt von Johann Heinrich Voss. Christian Friedrich Winter, Heidelberg 1824: 181

hinkte der römische Kalender im 1. Jahrhundert v. Chr. um drei Monate den Jahreszeiten hinterher. Auf Anraten des Astronomen Sosigenes aus Alexandria führte Cäsar ein neues System ein. Er setzte den Kalender zurück, indem er das Jahr 46 v. Chr. um 90 Tage verlängerte (es war das sogenannte »Jahr der Verwirrung«), und begann danach einen neuen Kalender. Das Jahr wurde definiert als 365 Tage lang, und alle vier Jahre (in einem sogenannten Schaltjahr) wurde ein zusätzlicher Tag hinzugefügt, um den Kalender mit dem 365,25 Tage langen Sonnenjahr abzustimmen.

PLATONS SCHÜLER

Platon fügte der Astronomie wenig Nützliches hinzu – er schadete ihr sogar, weil er darauf bestand, dass die Planeten und der Mond sich in perfekt kreisförmigen Bahnen bewegten.

Platon riet einem seiner Schüler, Eudoxos von Knidos, der im 4. Jahrhundert v. Chr. lebte, sich näher mit den Bewegungen der Himmelskörper auseinanderzusetzen. Eudoxos reiste nach Ägypten und verbrachte ein Jahr damit, die ägyptischen Forschungen zu den Bewegungen der Planeten und des Mondes zu studieren. Daraufhin entwickelte er ein ziemlich ausgeklügeltes Modell, in dem die Himmelskörper alle um die Erde kreisten, gehalten von harten, konzentrischen Glaskugeln. In diesem Modell bewegte sich der Mond in einer kreisförmigen Umlaufbahn um die Erde. Aber die Hauptkugel, die ihn hielt, hatte drei zusätzliche Glaskugeln, welche die Umlaufbahn des Mondes so kippten, dass seine Bewegung mit den Beobachtungen übereinstimmte. Die Planeten hatten ebenfalls zusätzliche Kugeln, damit sich ihre von Zeit zu Zeit retrograde Bewegung erklären ließ. Das war alles ziemlich komplex, machte aber in jener Zeit offenbar Sinn. Eudoxos' Sphärenmodell war eine Weiterführung von Anaximenes'

Ideen. Eudoxos' Modell hatte je drei Sphären, welche die Bewegungen von Sonne und Mond steuerten, und je vier für die fünf bekannten Planeten – im Ganzen also 26 Sphären.

Aristoteles war ebenfalls ein Schüler von Platon. Seine Schriften sind eine unglaublich wertvolle Quelle für die Arbeiten aller, die vor ihm lebten, und von denen nichts erhalten ist. Viele seiner eigenen Arbeiten zur Physik und Astronomie sind falsch, aber manche waren kühne Schritte in die richtige Richtung.

Aristoteles postulierte, dass der natürliche Gleichgewichtszustand eines Himmelskörpers die Kugelform sein müsse – wegen der Kraft, die Dinge immer zur Mitte hin zieht. Er schrieb, dass der Mond kugelförmig sein müsse, denn nur so ergäben die beobachteten Mondphasen und die sichelförmigen Eklipsen der Sonne einen Sinn. Und wenn mit dem Mond schon einer der Himmelskörper eindeutig eine Kugel sei, müssten es folgerichtig auch die anderen sein. Vielleicht kam diese korrekte Einschätzung der Mondphasen von Aristoteles selbst, vielleicht hatte er sie aber auch von Anaxagoras entlehnt.

Wissend, dass der Mond eine Kugel ist, fragte sich Aristoteles, warum wir nur eine Seite des Mondes sehen. Er nahm an, dass der Mond sich nicht bewegen könne, weil er von einer stabilen Sphäre gehalten und bewegt werde.

Aristoteles bezog sich in seinen Schriften auch auf den Einfluss der Ägypter und Babylonier. Er führte aus, Beobachtungen hätten gezeigt, dass die Planeten weiter von der Erde entfernt seien als der Mond. Denn der halb volle Mond sei über den Mars hinweggezogen und habe ihn mit seiner dunklen Seite verdeckt. Ähnliche Beobachtungen, so schrieb Aristoteles, hätten vor ihm bereits die Ägypter und Babylonier gemacht, von deren Aufzeichnungen man sehr profitiert habe.

Für Aristoteles war die Erde zweifelsohne kugelförmig, und er führte in seinen Schriften die bekannten Beweise dafür an. Außerdem schrieb er, Mathematiker hätten berechnet, dass die Erde einen Umfang von 400 000 Stadien habe.

Aristoteles bezog sich zwar auf jene, welche die Größe der Erde vermessen hatten, er verriet aber nicht, wie dies vonstattenging, und wer genau es gemacht hatte. Wahrscheinlich verwendeten sie den sich verändernden Winkel zu den Sternen von verschiedenen Orten aus. Die Länge einer griechischen Stadie ist nicht genau definiert und kann irgendwo zwischen 150 und 210 Metern liegen. Dies würde bedeuten, dass der Erdumfang nach Aristoteles zwischen 60 000 und 84 000 Kilometer betrug – das Doppelte des tatsächlichen Erdumfangs.

Ein genauerer Wert wurde von Eratosthenes von Kyrene errechnet, der gegen Ende des 3. Jahrhunderts v. Chr. einen Text über die Größe der Erde schrieb. Eratosthenes machte seine Berechnung, ohne dafür sein Zuhause verlassen zu müssen. Er hatte gehört, dass sich am Tag der Sommersonnenwende die Sonne in einem tiefen Brunnen in der Stadt Syene spiegelte. Dies würde bedeuten, dass ein vertikaler Stock in Syene keinen Schatten werfen würde, weil die Sonne an diesem Tag genau über der Stadt stünde, also im Zenit. Am gleichen Tag aber warf an seinem Wohnort in Alexandria ein senkrechter Stock einen Schatten mit einem Winkel von knapp über sieben Grad. Der Schatten zeigt den unterschiedlichen Längengrad der beiden Städte auf einer kugelförmigen Erde. Die Distanzen zwischen Städten waren bekannt, weil Händler diese Strecken regelmäßig zurücklegten. Die Strecke zwischen Syene und Alexandria betrug 5000 Stadien, also musste die Erde einen Umfang von 250 000 Stadien haben. Der Wert, den Eratosthenes für eine Stadie verwendete, betrug 157,5 Meter, sodass Eratosthenes auf einen Erdumfang von 39 690 Kilometern kam, was um weniger als ein Prozent vom tatsächlichen Erdumfang abweicht!

Ab diesem Zeitpunkt gab es praktisch keine Wissenschaftler mehr, welche die Kugelform der Erde oder des Mondes anzweifelten. Aristoteles war natürlich von früheren Philosophen beeinflusst worden. Manche seiner Beobachtungen stammten von ihm selbst, andere von Quellen, die er nicht nannte. Ich frage mich, wer die Mathematiker waren, die er erwähnte – vielleicht Eudoxos, der die Sterne von Ägypten und von Griechenland aus beobachtet hatte? Dass die Erde rotierte, wurde erst viel später akzeptiert, aber es war auch schon zur Zeit von Aristoteles vorgeschlagen worden.

Hiketas von Syrakus war im 4. Jahrhundert v. Chr. einer der letzten Pythagoreer. Er war der Erste, der vorschlug, dass die Erde sich auf ihrer eigenen Achse drehte und sich einmal in 24 Stunden um sich selbst drehte – und distanzierte sich somit von der Idee der Umlaufbahn um ein zentrales Feuer.

UNSER PLATZ IM SONNENSYSTEM

Die Pythagoreer waren unter den ersten Philosophen, die versuchten, den Platz der Erde im Sonnensystem zu bestimmen. Sie schätzten die Distanzen zu den Himmelskörpern, basierend auf der Zeit, die sie anscheinend brauchten, um die Erde zu umkreisen. Ihre Theorien zur Harmonie von Mathematik, Geometrie und Musik führten zur »Sphärenharmonie«. Eine romantische Idee, welche bis ins Mittelalter die Vorstellungskraft vieler – von Platon bis Shakespeare – anregte. So schreibt Shakespeare im *Kaufmann von Venedig:*

> »Auch nicht der kleinste Kreis, den du da siehst,
> Der nicht im Schwunge wie ein Engel singt,
> Zum Chor der hellgeaugten Cherubim.
> So voller Harmonie sind ewge Geister:
> Nur wir, weil dies hinfällge Kleid von Staub
> Und grob umhüllt, wir können sie nicht hören.«[56]

56 Übers. August Wilhelm von Schlegel

Bis zu den ersten korrekten Schätzwerten der Distanzen zur Sonne und zum Mond von Aristarchos von Samos würde es noch zwei Jahrhunderte dauern. Über das Leben von Aristarchos ist wenig bekannt, außer dass er wohl mehrere Jahre in den Museen und Bibliotheken von Alexandria verbrachte. Aristarchos leistete gegen Ende des 3. Jahrhunderts v. Chr. einige der wichtigsten griechischen Beiträge zur Astronomie[57]. Der einzige überlieferte Text von ihm ist *Über die Größen und Abstände von Sonne und Mond*.

Aristarchos errechnete zuerst die relativen Distanzen und Größen von Sonne und Mond. Er stellte fest, dass, wenn der Mond genau halb voll war, die Erde, der Mond und die Sonne ein rechtwinkliges Dreieck bildeten – mit dem Mond am Eckpunkt des rechten Winkels. Aristarchos musste nun nur noch den von der Erde gesehenen Winkel zwischen Mond und Sonne bestimmen. Dann konnte er die von Euklid entwickelte Dreiecksgeometrie nutzen, um die relative Länge von zwei Seiten des Dreiecks zu bestimmen – das Verhältnis der Distanz von Sonne und Mond. Aristarchos kam auf 87 Grad, woraus er schloss, dass die Sonne etwa neunzehnmal weiter entfernt war als der Mond. Hätte er den korrekten Winkel von 89,8 Grad gemessen, wäre ihm bewusst geworden, dass die Sonne eigentlich vierhundertmal weiter weg ist als der Mond. Aristarchos stellte auch (während einer Sonnenfinsternis) fest, dass Mond und Sonne die gleiche scheinbare Größe haben. Daraus lässt sich mittels einfacher Geometrie schließen, dass wenn die Sonne bei gleicher scheinbarer Größe vierhundertmal weiter weg ist als der Mond, sie auch vierhundertmal größer sein muss.

Mit einer zweiten Methode bestimmte Aristarchos die tatsächlichen Größen und Distanzen von Sonne und Mond. Er

57 J. L. Berggren, N. Sidoli: »Aristarchus On the Sizes and Distances of the Sun and the Moon: Greek and Arabic Texts«. *Archive for History of the Exact Sciences* 61 (3), 2007: 213

nutzte eine Mondfinsternis dazu, die Radien von Sonne und Mond in Erdradien zu messen. Diese zweite Kalkulation erforderte einiges mehr an Dreiecken und Geometrie, aber im Grunde genommen ging es in etwa so: Er schätzte die Größe des Erdschattens in der Distanz des Mondes, und die Größe des Mondes im Verhältnis zum Erdschatten. Er machte dies, indem er die Zeit maß, die der Mond während der Mondfinsternis benötigte, um den Erdschatten zu durchqueren. Die Zeit, die der Mond benötigte, um die Erde zu umrunden, war ihm bereits bekannt.

Hipparchos und Ptolemäus verfeinerten die Berechnungen von Aristarchos, und die Distanz zum Mond wurde auf etwa 60 Erdradien geschätzt. Sie berechneten außerdem, dass der Mond etwa 3,3 mal kleiner als die Erde sein müsse. Dies waren ziemlich gute Einschätzungen, und sie wurden erst nach der Erfindung des Teleskops verbessert. Hipparchos und Ptolemäus wussten, dass die Sonne über 100 Erddurchmesser maß – weshalb ich nicht verstehe, wie sie glauben konnten, dass ein so riesiges Objekt sich um die Erde bewegt statt umgekehrt.

Eine andere visionäre Idee von Aristarchos steht im Text *Psammites* (*Die Sandrechnung*), geschrieben von seinem jüngeren Zeitgenossen Archimedes. Letzterer erklärt, dass Aristarchos von Samos die Hypothese aufgestellt habe, dass die Sonne und die Fixsterne unbeweglich sind, und die Erde und die Planeten sich um die Sonne bewegen. Aristarchos wusste auch, dass die Fixsterne sehr weit weg sein müssen, weil keine Parallaxe (Veränderung der Position, wenn man sie von einem anderen Ort aus betrachtete) erkennbar war. Aristarchos identifizierte unseren korrekten Platz im Sonnensystem und schlug ein heliozentrisches Modell vor, lange bevor Kopernikus dies im 16. Jahrhundert tat.

Archimedes war sicherlich von Aristarchos inspiriert. Sein kurzer Text war eines der ersten populärwissenschaftlichen

Werke, und er verwendete darin die Resultate von Aristarchos, um zu berechnen, wie viele Sandkörner man brauchen würde, um das bekannte Universum zu füllen. Aber abgesehen von einigen weiteren Erwähnungen bei anderen griechischen Philosophen, scheint es nicht so, als habe Aristarchos' heliozentrische Idee viel Akzeptanz gefunden. Eine Ausnahme ist der Astronom Seleukos von Seleukia, der das heliozentrische Modell unterstützte und sogar lehrte, ebenso wie die 24-Stunden-Rotation der Erde.

Seleukos ist aus den Schriften von Plutarch, Aetius, Strabo und Mohammed ibn Zakariya al-Razi bekannt. Der griechische Geograf Strabo nennt Seleukos als einen der vier einflussreichsten Astronomen der hellenistischen Zeit (um 150 v. Chr.). Plutarch zufolge bewies Seleukos das heliozentrische Modell mittels Argumentation, es ist aber nicht bekannt, welche Argumente er dazu anführte.

Ich finde es erstaunlich, dass die Ideen von Aristarchos so wenig Anklang fanden. Ich kann es mir nur so erklären, dass es entweder etwas mit Aristoteles' Vorstellungen über das Wesen von Bewegungen zu tun hatte (die völlig falsch waren) oder damit, dass man glaubte, wir müssten es doch spüren, wenn sich die Erde bewegt.

Sogar der letzte große Astronom der alten Griechen, Hipparchos von Nicäa, fiel auf das geozentrische Modell zurück – mit einer statischen Erde in der Mitte, die sich nicht drehte. Hipparchos war in der hellenistischen Zeit der angesehenste griechische Astronom und machte detaillierte Beobachtungen der Bewegungen von Sonne, Mond, Sternen und Planeten. Er entwickelte astronomische Werkzeuge wie das Astrolabium, das es ihm erlaubte, die genaue Position von Sternen zu bestimmen.

Auf der Insel Rhodos fertigte Hipparchos den ersten umfangreichen Sternenkatalog mit fast 1000 Sternen an, deren

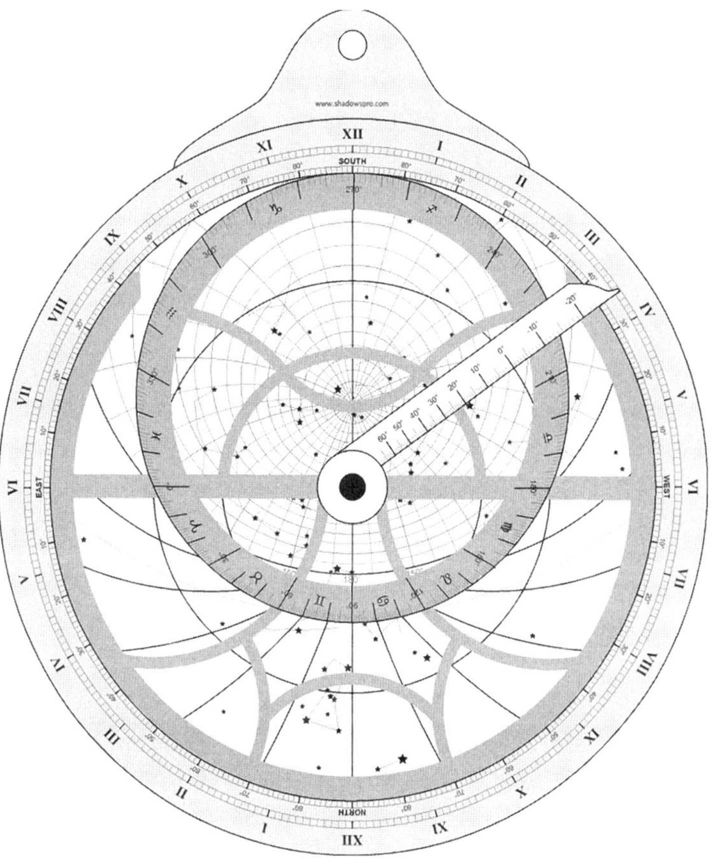

Ein Astrolabium ist ein zweidimensionales Modell der Himmelssphäre, mit dem sich die Positionen der Sterne und Planeten bestimmen lassen

Koordinaten er bis auf ein Drittel eines Grades genau bestimmt hatte. Als er seine Messungen mit denen verglich, die der Astronom Timocharis 150 Jahre zuvor in Alexandria gemacht hatte, fiel ihm eine systematische Differenz in den Zeiten auf, zu denen die Sterne jeweils den gleichen ekliptischen Längengrad erreichten.

Hipparchos interpretierte seine Entdeckung korrekterweise so, dass die Tagundnachtgleichen sich kontinuierlich entlang der Ekliptik bewegen. Oder, in der Begrifflichkeit seines geozentrischen Modells: Die Himmelssphäre taumelte, während sie um die Erde rotierte. Die korrekte Erklärung ist natürlich, dass die Erde taumelt, ähnlich wie ein taumelnder Kreisel, der kurz vor dem Umfallen ist. Die Achse, um welche die Erde sich dreht, präzediert – der Himmelspol zieht langsam einen Kreis um den Ekliptikpol – einmal innerhalb von etwa 26 000 Jahren. Isaac Newton zeigte später auf, dass diese Präzessionsbewegung hauptsächlich durch unseren Mond verursacht wird.

9. VON ASTROLOGEN UND ASTRONOMEN

Die westliche Astronomie begann mit den Sumerern, wurde von den Babyloniern verfeinert und von den alten Griechen dazu verwendet, ein erstes wissenschaftliches Verständnis vom Kosmos zu erlangen. Der Fortschritt war bemerkenswert, und wäre es in diesem Tempo weitergegangen, dann würden wir heute viel mehr wissen, als wir es tun. Leider aber folgte nach den alten Griechen eine lange Zeit der wissenschaftlichen Stagnation. Die Aufmerksamkeit verschob sich auf die Kunst der Astrologie, für die es eine akkurate Vorhersage der Position der Planeten gegenüber den Sternbildern brauchte.

250 Jahre nach Hipparchos hinterließ der letzte große Vertreter der griechischen Astronomie, Claudius Ptolemäus von Alexandria, ein zwiespältiges Erbe. Seine bekanntesten Werke waren der *Almagest* und das *Tetrabiblos* – beide versetzten die Wissenschaft um über ein Jahrtausend zurück.

Ptolemäus hatte Zugang zu den Schriftrollen der Bibliothek von Alexandria und schrieb mit dem *Almagest* die einzige erhaltene Zusammenfassung der frühen westlichen Astronomiegeschichte. Sein altgriechischer Titel lautete ursprünglich *Mathēmatikē Syntaxis*, aber die erhaltenen Kopien sind allesamt arabische Übersetzungen. Er wurde zu einem der einflussreichsten wissenschaftlichen Texte aller Zeiten, und ihm ist zu verdanken, dass wir die Erkenntnisse vieler griechischer Philosophen kennen, deren Originaltexte verloren sind. Der Text wurde vielfach übersetzt, verbreitete sich in der arabischen Welt und gelangte bis nach Indien.

Doch mit seiner Forschung schuf Ptolemäus gleichzeitig die Grundlagen für den Aufstieg der pseudowissenschaftlichen Astrologie. Er verfeinerte außerdem das Modell der Kristallsphären, indem er noch mehr imaginäre Kreisbewegungen hinzufügte, die sich um noch mehr imaginäre Punkte im Raum drehten – im Ganzen über 70 Sphären!

SCHRITTE RÜCKWÄRTS

Der primäre Grund, aus dem Ptolemäus ein so kompliziertes Modell für die Bewegungen der Himmelskörper entworfen hatte, war seine »astronomische Prognose« – ein Vorläufer der westlichen Astrologie. Ptolemäus glaubte, dass Sonne, Mond, Sterne und Planeten einen Einfluss auf das Leben hatten. Und weil seiner Auffassung nach ihre Positionen die Stärke dieses Einflusses bestimmten, brauchte er eine Methode, um ihre früheren und zukünftigen Bewegungen zu verfolgen. Die bereits existierenden Modelle von Aristoteles und Hipparchos waren für seine Zwecke nicht detailliert genug. Seine Entwicklung eines komplexen Systems aus versetzten, rotierenden Sphären war in keinerlei Hinsicht ein Versuch, den Grund für die Bewegungen der Himmelskörper zu finden. Im *Almagest* geht es weder um Kräfte noch um Physik, sondern er diente als Vorbereitung auf seinen nächsten großen Text, das *Tetrabiblos*.

Das *Tetrabiblos*, das vierteilige Buch des Ptolemäus, sollte über die nächsten tausend Jahre der bestimmende Text zur Astrologie bleiben. Auch wenn Ptolemäus nicht alle Ehre (oder Schuld) für die Erfindung der Astrologie, wie wir sie heute kennen, gebührt – er war derjenige, der die alten Ideen von Parapegmata, Omen und Mythen in eine Wissenschaft umzuwandeln versuchte. Viele der griechischen Philosophen aus der hellenistischen Zeit versuchten sich in Astrologie. Platon ist dafür verantwortlich, dass die Planeten und Sterne nicht mehr als rein materielle Körper wahrgenommen wurden. Er sprach sich dafür aus, dass die Himmelskörper einen göttlichen Status hatten und eine Seele (nous) enthielten. Leider brachte Ptolemäus die Ideen von Platon auf eine ganz neue Ebene.

Das *Tetrabiblos* ist ein Mischmasch aus Omen, Mythen, Folklore und Astronomie der Sumerer, Babylonier, Ägypter und Griechen. Ptolemäus macht sein Ansinnen deutlich, wenn er bereits im ersten Satz davon spricht, es gebe eine himmlische Kraft, die sich über die gesamte Erdatmosphäre ausbreite und sie durchdringe. Er schreibt, dass die Sonne Macht über die Jahreszeiten und alle Lebewesen habe. Der Mond – und solche Vorstellungen halten sich bis heute hartnäckig – habe besonders viel Einfluss, weil er der Erde am nächsten sei. Er übe eine Kraft auf Beseeltes und Unbeseeltes aus, lasse Flüsse an- und abschwellen, Ebbe und Flut entstehen, und habe die gleiche Macht über Pflanzen und Tiere, die sich ausdehnten oder zusammenzögen, wenn der Mond zu- oder abnehme.

Die Kraft und Wirkung der einzelnen Planeten wurden in Verbindung gebracht mit ihrem Abstand von der Erde. Ptolemäus verließ sich dabei auf Aristoteles' Reihenfolge der Planeten, die er von den Orbitalzeiten hergeleitet hatte: Mond, Merkur, Venus, Sonne, Mars, Jupiter, Saturn und die achte Sphäre, welche die Fixsterne enthält. Obwohl die Grundidee des Zusammenhangs zwischen Orbitalzeiten und Distanz nicht falsch ist, funktioniert diese Herleitung natürlich nur, wenn die Planeten die Sonne umlaufen. Ptolemäus' Reihenfolge war falsch, weil seine Planeten die Erde umkreisten. Die moderne Astrologie beruht auf diesem falschen Weltbild, in welchem die Venus weiter von der Erde entfernt ist als der Merkur, und näher an der Sonne – ist das nicht ziemlich witzig?

Zur Zeit der Babylonier wurden astronomische Ereignisse wie Eklipsen als Omen der Götter wahrgenommen. Ptolemäus und andere verfolgten diese Astrologie der Eklipsen weiter, obwohl man bereits im 3. Jahrhundert v. Chr. verstanden hatte, dass diese sich regelmäßig wiederholen, und welcher Mechanismus dahintersteckte. Ptolemäus schreibt, wie wichtig es sei, Zeitpunkt, Dauer und Art einer Eklipse festzuhalten, und außerdem den Winkel zum Ereignis, die Position der Sterne im Hintergrund und sogar die Farbe des Himmels und allfällige Halos um Sonne oder Mond. Mehrere Hundert Seiten absoluter Humbug, und dieses Buch wurde fast genauso verehrt wie die Bibel!

Im Laufe der Jahrhunderte wuchs der Glaube an die Astrologie und damit ihr Einfluss auf die Menschheit. Sie schürte Angst und Hoffnung und endete doch nur in Enttäuschung. Die Astronomie entwickelte sich nach Hipparchos nicht entscheidend weiter. Während des Römischen Reichs diente sie nur dazu, die Bewegungen der Sternbilder und Planeten zu verfolgen, um nach Omen in der Form von Eklipsen oder Kometen Ausschau zu halten. Im Mittelalter wurde das Anfertigen von Horoskopen zum großen Geschäft, und der Almanach-Verkauf boomte. Astrologen hatten wichtige Stellungen inne und wurden konsultiert, bevor man eine wichtige Entscheidung fällte. An den Universitäten gab es Lehrstühle für Astrologie, Ärzte wendeten sie in der Praxis an, Könige und Königinnen regierten mit ihr über Länder.

Daran änderte sich bis ins 17. Jahrhundert nicht viel, wie dieser Auszug aus einem in jener Zeit sehr beliebten Bauernkalender und Ratgeber zeigt: »Reinige mit Latwerge, wenn der Mond im Krebs steht; mit Pillen, wenn der Mond in den Fischen steht; mit Arzneitrank, wenn der Mond in der Jungfrau steht. Reinige durch Erbrechen, wenn der Mond im Stier, in der Jungfrau oder in der zweiten Hälfte der Schützen steht;

reinige den Kopf durch Niesen, wenn der Mond im Krebs, im Löwen oder in der Jungfrau steht; behandle Ruhr und Schleim, wenn der Mond im Stier, in der Jungfrau oder im Steinbock steht; bade, wenn der Mond in der Waage, im Wassermann oder in den Fischen steht; schneide das Kopf- oder Barthaar, wenn der Mond in der Waage, im Schützen, im Wassermann oder in den Fischen steht.«[58]

Sogar bedeutende Wissenschaftler des 16. und 17. Jahrhunderts wie Tycho Brahe, Galileo Galilei und Johannes Kepler glaubten an die Astrologie. Als aber gegen Ende des 17. Jahrhunderts die zweite wissenschaftliche Revolution Fahrt aufnahm, schwand ihr Einfluss. Bei Christiaan Huygens und Isaac Newton findet sich kein einziges Wort mehr zur Astrologie – weder dafür noch dagegen.

Die wissenschaftliche Entwicklung im Westen pausierte, bis Verbesserungen in der Glasherstellung die Erfindung des Teleskops ermöglichten. Nötig wäre dies nicht gewesen, denn der menschliche Geist hätte auch mit den bereits bestehenden Aufzeichnungen und ein wenig Mathematik den Pfad der Entdeckungen weiter verfolgen können.

Es gab dennoch Menschen, die das Wissen der Griechen zu erhalten versuchten. Alte Manuskripte wurden in Klöstern versteckt; deren Mönche hatten viel Zeit, sie zu studieren. Ein Lichtblick in diesen dunklen Zeiten waren zum Beispiel die Schriften von Beda Venerabilis, der um 700 in Northumberland lebte, wo ich geboren wurde. In den friedlichen Klöstern Nordenglands studierte er Texte der alten Griechen und bekräftigte deren Ansichten von einer runden Erde und den

58 Godfridus: *The Knowledge of Things Unknown: The Husband-Mans Practice. Or, Prognostication for ever. As teacheth Albert, Alkind, Haly and Ptolomey. With the Sheperds Perpertual Prognostication for the Weather.* London 1676: 108–109

Bewegungen der Planeten. Im 12. und 13. Jahrhundert kamen arabische Übersetzungen von Aristoteles nach Europa. 1267 schrieb Roger Bacon sein *Opus Majus* und begann damit, die Naturphilosophie zu reformieren. Er schrieb in eloquenter Weise darüber, wie durch die wissenschaftliche Methode Fortschritte erzielt werden können.

Das Wissen der Griechen überlebte zuvorderst im Osten: im arabischen Raum, in Indien und in China. Es wurde kopiert, und man wagte sogar ein paar vorsichtige Schritte nach vorn. Da es dort weniger religiöse Verfolgung gab, hätte die Wissenschaft ungehindert voranschreiten können. Aber trotz großer Fortschritte in der Mathematik und der Naturwissenschaft konnten sogar die besten Astronomen in Indien und Arabien kaum etwas Neues über unseren Mond und den Kosmos herausfinden. Chinesische Philosophen glaubten gar bis ins 17. Jahrhundert, dass die Welt flach und viereckig sei – eine Idee, die sich in der frühen chinesischen Architektur widerspiegelt.

Die alten Texte waren bekannt, und viele der griechischen und babylonischen Beobachtungen wurden verfeinert. Es gab Fortschritte in den astronomischen Instrumenten und bei den mechanischen Zeitmessinstrumenten. Observatorien wurden errichtet, der Nachthimmel wurde immer genauer studiert, und die Präzision der Messungen verbesserte sich.

DIE WIEDERGEBURT DER ASTRONOMIE

Im 13. Jahrhundert kam in Europa ein neues Interesse an der griechischen Sprache auf. Alte Manuskripte waren begehrt, sie wurden studiert und übersetzt. Ein besonders einflussreiches Buch war Johannes de Sacroboscos *De sphaera mundi* aus dem Jahr 1230, welches die Arbeiten von Ptolemäus und islamischen Astronomen zusammenfasste. Bis zur Erfindung des Buchdrucks im 15. Jahrhundert wurde es von Hand kopiert und verbreitet. Auch die Schriften von Aristoteles hatten viel Einfluss und wurden von den Gelehrten der Frührenaissance heftig diskutiert. Die philosophischen Gedanken über den Mond und die Planeten aus jener Zeit ähneln stark jenen, welche die Griechen sich schon über ein Jahrtausend zuvor gemacht hatten.

Albertus Magnus sprach sich gegen die Vorstellung eines Spiegelmonds aus, welcher die Erdoberfläche reflektiert, und mutmaßte, die Zeichnungen des Mondes rührten daher, dass der Mond das Sonnenlicht in seine Tiefen aufsauge.[59] Robertus Angelicus sagte, die helleren und dunkleren Bereiche des Mondes könnten auf verschiedene Materialien auf seiner Oberfläche hinweisen, und fügte hinzu, dass parallel dazu die Erdozeane ebenfalls heller erscheinen würden als die Landmassen. Andere, wie die französischen Gelehrten Johannes Buridan und Nikolaus von Oresme, behaupteten, es sei genau umgekehrt. Manche glaubten auch, die dunklen Flecken auf dem Mond seien Wolken. Albert von Rickmersdorf machte sich Gedanken zum Mondlicht. Der leichte Schimmer der unbeleuchteten Mondscheibe ließ ihn behaupten, der Mond absorbiere einerseits das Sonnenlicht, habe aber andererseits auch ein ihm innewohnendes Licht.

Unter allen Philosophen der Frührenaissance sticht einer besonders hervor: Leonardo da Vinci. Er wurde 1452 im toskanischen Anchiano, in der Nähe von Vinci, geboren. 2019 jährt sich sein Tod zum 500. Mal. Da Vinci war ein echter Universalgelehrter – Erfinder, Paläontologe, Mathematiker, Musiker, bildender Künstler und vieles mehr. Aber, und das ist für uns relevant, er war auch von der Astronomie fasziniert.

Er äußerte sich zu den Ideen der anderen Philosophen der Frührenaissance: »Manche haben gesagt, dass vom Mond

59 M. Piccolino, N. Wade: *Galileo's Visions: Piercing the Spheres of the Heavens by Eye and Mind*. Oxford University Press 2014: 198

Dämpfe in der Art von Wolken abgegeben werden, und sich zwischen den Mond und unsere Augen stellen. Wäre dies der Fall, wären diese Flecken nie fixiert in ihrer Position oder Form; und wenn der Mond von verschiedenen Punkten aus gesehen würde, auch wenn diese Flecken ihre Position nicht ändern würden, würden sie doch ihre Form ändern.«[60]

Viele von Leonardos Ansichten wurden nie veröffentlicht, aber er hinterließ die Aufzeichnungen seiner Gedanken in umfangreichen Notizbüchern. Er hatte korrekte Vorstellungen von der Natur der Sonne: »Die Sonne hat Substanz, Form, Bewegung, Strahlung, Hitze und zeugende Kraft; und all diese Qualitäten gehen von ihr aus, ohne dass sie schrumpft.«[61] Das ptolemäische Weltbild lehnte er ab: »Die Erde ist nicht das Zentrum der Sonnenbahn, und auch nicht im Zentrum des Universums, aber im Zentrum ihrer begleitenden Elemente, und verbunden mit ihnen.«[62] Er schrieb auch: »Die Sonne bewegt sich nicht.«[63]

Er verstand die Gravitation als eine Kraft, welche die Ozeane an unsere sich drehende Welt bindet, und erkannte ihre allumfassende Natur: »Die Gravitation beschränkt sich auf die Elemente von Wasser und Erde; aber ihre Kraft ist grenzenlos, und durch sie könnten unendlich viele Welten bewegt werden, wenn Instrumente gemacht werden könnten, mit welchen diese Kraft erschaffen werden könnte.«[64] Er hatte sicherlich das Wissen, ein Teleskop zu bauen, aber es ist nicht bekannt, ob er es auch tat. Leonardo schrieb: »Es ist möglich, Mittel zu finden, mit denen das Auge weit entfernte Objekte

60 E. MacCurdy: *The Notebooks of Leonardo da Vinci.* George Braziller, New York 1955: 285

61 Ebenda: 274

62 Ebenda: 281

63 Ebenda: 293

64 *The Notebooks of Leonardo da Vinci*, translated by Jean Paul Richter, 1888. Project Gutenberg eBook: 859

nicht so vermindert wahrnimmt wie in der natürlichen Perspektive [...] und so wird der Mond größer gesehen werden und seine Flecken in definierterer Form.«[65]

Da Vinci ist heute besonders für seine außergewöhnlichen Kunstwerke bekannt. Weniger bekannt ist, dass er der Erste war, der originalgetreue Skizzen der Merkmale der Mondoberfläche anfertigte. In einem seiner gesammelten Notizbücher, dem *Codex Atlanticus*[66], finden sich zwei Tuschezeichnungen vom Mond, die zwischen 1505 und 1508 in Italien entstanden. Sie sind etwa zwei Zentimeter im Durchmesser, und man erkennt jene Merkmale, die den »Mann im Mond« ausmachen. An anderer Stelle[67] skizziert er den Mond mit schwarzer und weißer Kreide und zeigt die westliche Hälfte des Mondes. Die Zeichnung hat einen Durchmesser von etwa 17 Zentimetern und stammt wahrscheinlich aus dem Jahr 1513. Es scheint, als hätte er die östliche Hälfte des Mondes auf einem anderen Blatt gezeichnet, welches verlorenging. Man erkennt deutlich die großen lunaren Maria. Unten rechts findet sich eine runde Markierung, bei der es sich um den Tycho-Krater handeln könnte. Dieser ist für das bloße Auge nicht sichtbar, könnte aber mit einem kleinen Teleskop gefunden werden.

In vielen seiner Notizbücher äußert sich da Vinci ausführlich zum Mond und der Astronomie: »Wenn man die Details der Mondflecken über längere Zeit beobachtet, findet man oft große Variationen in ihnen, dies habe ich bewiesen, indem ich sie gezeichnet habe.«[68] Er sagt, die Flecken seien auf der Oberfläche selbst: »Andere sagen, dass die Oberfläche des Mondes glatt und poliert ist und dass sie wie ein Spiegel die Oberfläche

65 Ebenda: 869

66 CA, 319 recto

67 CA, 674 verso

68 E. MacCurdy: *The Notebooks of Leonardo da Vinci.* George Braziller, New York 1955: 290

unserer Erde reflektiert. Diese Sichtweise ist ebenfalls falsch, denn das Land, wo es nicht von Wasser bedeckt ist, präsentiert sich in verschiedenen Aspekten und Formen. Wenn der Mond also im Osten steht, würde er andere Flecken reflektieren als jene, welche er zeigt, wenn er über uns oder im Westen ist. […] Ein zweiter Grund ist, dass ein Objekt, welches in einem konvexen Körper reflektiert wird, nur einen kleinen Teil dieses Körpers einnimmt, so wie es durch die Perspektive bewiesen ist.«[69] In einer bekannten Skizze des *Codex Hammer*[70] zeichnete Leonardo den Sichelmond und das aschgraue, schwache Licht, welches er korrekt als Erdschein identifizierte – das Licht der Erde, das auf den Mond und zurück in unsere Augen reflektiert wird. Und er schreibt dazu: »Wenn Sie auf dem Mond oder auf einem Stern stehen würden, würde es so aussehen, als reflektiere unsere Erde die Sonne, so wie es der Mond tut.«[71]

Die Wissenschaft schreitet in kleinen Schritten voran und baut immer auf den Erkenntnissen vorheriger Generationen auf. Natürlich sind manche Schritte bedeutsamer als andere, und hin und wieder gibt es gar einen Sprung nach vorn. Die ersten wagemutigen Schritte in der Astronomie machte Thales, und viele andere griechische Philosophen hatten inspirierende Ideen. Leonardo da Vinci war seinen Zeitgenossen um Längen voraus. Nun bahnte sich eine zweite wissenschaftliche Revolution an, und die Zeit war reif für Nikolaus Kopernikus, der mathematisch bewies, wie alles viel einfacher wird, wenn unser Mond um eine sich drehende Erde kreist, und beide sich in einer Umlaufbahn um die Sonne befinden.

69 Ebenda: 286

70 2 recto

71 *The Notebooks of Leonardo da Vinci*, translated by Jean Paul Richter, 1888. Project Gutenberg eBook: 893

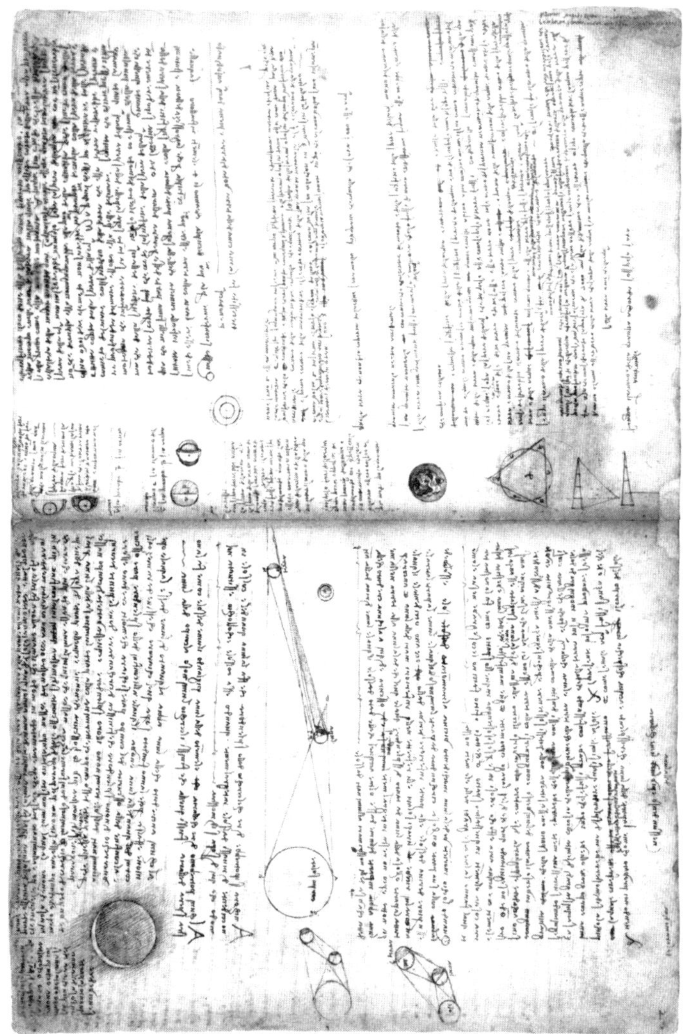

Leonardo da Vincis Skizze des Erdscheins im »Codex Hammer« (1506–1510)

DIE ZERSCHLAGUNG DER KRISTALLSPHÄREN

Es war der Astronom Tycho Brahe, welcher die Theorie der Kristallsphären, die angeblich die Planeten bewegten, widerlegte. Jede Nacht verfolgte er akribisch die Position von Mond und Planeten und zeichnete sie mithilfe eines Astrolabiums auf. Er beobachtete 1577 auch einen auffälligen Kometen und notierte, dass dieser keine Parallaxe zu den weit entfernten Sternen aufwies. Daraus leitete er richtigerweise ab, dass der Komet sich jenseits der Mondumlaufbahn befinden müsse, was sich von der im Mittelalter vorherrschenden Vorstellung unterschied, dass Kometen ein atmosphärisches Phänomen seien. Brahe rekonstruierte den Orbit des Kometen und zeigte auf, wie sich dieser durch die angeblich undurchdringbaren ptolemäischen Kristallsphären hindurchbewegte. So zerstörte er das Bild von den festen Sphären, welche den Mond und die Planeten bewegten. Kometen stammen aus dem äußeren Sonnensystem und bewegen sich auf extrem exzentrischen elliptischen Umlaufbahnen nach innen. Brahe fiel auf, dass die Bewegung des Kometen stark von der Kreisform abwich und einem Oval glich – eine erste Abkehr von Platons perfekten Kreisen.

Der deutsche Astronom Johannes Kepler nutzte Brahes Beobachtungen, um Muster und Verbindungen in den Bewegungen der Planeten und des Mondes zu finden. Er hoffte außerdem auf ein neues Modell, welches die kleinen Beobachtungsabweichungen zunichtemachen würde, die ihn an den Modellen von Ptolemäus und Kopernikus mit ihren kreisförmigen Bewegungen so störten. Zu Beginn des 17. Jahrhunderts formulierte Kepler seine berühmten drei Gesetze der Planetenbewegung. Er zeigte, dass sich die Planeten in elliptischen Bahnen um die Sonne bewegten. Endlich war die Lossagung von den Kreisbewegungen geschafft! Kepler enthüllte die Einfachheit des Sonnensystems und reduzierte die Parameter auf die elliptischen Umlaufbahnen und die Distanz zur Sonne. Aber er tat sich schwer damit, die komplexen Details der Mondumlaufbahn zu erklären.

Obwohl sich Kepler intensiv mit Schwerkraft und Bewegung auseinandersetzte und seine Ideen viel weiter fortgeschritten waren als die aller Denker vor ihm, verband er die Gravitation nicht mit der Kraft, welche die Planeten im Orbit hielt. Inspiriert von William Gilberts Arbeiten zum Magnetismus, versuchte Kepler, die Bewegungen der Planeten damit zu erklären, dass sie von einer magnetischen Kraft in ihren Umlaufbahnen um die Sonne gehalten würden. Gleichermaßen verband er die Gezeiten der Ozeane mit einer magnetischen Anziehungskraft von Sonne und Mond.

Als sich die Gedanken dieser Astronomen immer weiter verbreiteten, wurde die Kirche auf diese neuen Lehren aufmerksam, welche sich nicht mit der Idee einer unverrückbaren Erde im Zentrum des Universums deckte. 1616 erklärte die Inquisitionsbehörde in Rom die Lehre von einer sich bewegenden Erde für ketzerisch. Die Schriften von Kopernikus und alle damit verbundenen Kommentare wurden verboten.

Die Fortschritte im Denken, die von Kopernikus, Brahe und Kepler gemacht wurden, hätten auch schon kurz nach den alten Griechen erfolgen können. Sogar die Entwicklung der wichtigsten Sätze und Gesetze zur Bewegung, angefangen von René Descartes und Robert Hooke und vollendet von Isaac Newton, hätte 1000 Jahre früher stattfinden können. Die Gelehrten des 16. und 17. Jahrhunderts brauchten kaum neue Beobachtungsdaten, um zu ihren Schlussfolgerungen zu gelangen. Allein mithilfe der Aufzeichnungen der Babylonier hätte man mit ein wenig Nachdenken und Mathematik auf ein heliozentrisches Modell mit elliptischen Umlaufbahnen, sowie auf Newtons Gesetze der Bewegung und Gravitation kommen können.

SEHEN, WAS NIE ZUVOR EIN MENSCH GESEHEN HATTE

Der wohl wichtigste Durchbruch war die Entwicklung des Teleskops, welches die Astronomie, Biologie, Physik und Chemie revolutionierte. Meiner Meinung nach ist es die wichtigste Erfindung, die je gemacht wurde. Das Grundprinzip ist, dass man eine Linse verwendet, um damit mehr Licht einzufangen, als dies das Auge kann, und eine zweite Linse, um das Bild zu fokussieren und zu vergrößern. Dies erlaubte Astronomen, ein Universum von Galaxien weit über unsere eigene hinaus zu entdecken und unseren Ursprung – den Urknall – zu enthüllen. Indem man die Distanz zwischen den Linsen verändert, wird aus dem Teleskop ein Mikroskop, mit dem sich Dinge erkennen lassen, die kleiner sind, als unser Auge wahrnehmen kann.

Wie das Teleskop erfunden wurde, ist nicht ganz klar. Die alten Griechen kannten bereits einzelne Vergrößerungslinsen, und über Leonardo da Vinci gibt es, wie bereits erwähnt, Spekulationen. Doch das erste Patent für ein Teleskop mit zwei Linsen wurde 1608 vom niederländischen Optiker Hans Lippershey eingereicht. Kaum hatte sich die Nachricht von der Erfindung verbreitet, wurden bereits allerorts Teleskope gebaut und auf den Mond gerichtet. Galileo wird dabei oft als der Erste erwähnt (1609), aber das lag vor allem daran, dass er seine Beobachtungen schnell veröffentlichte. Noch heute gerät man in Vergessenheit, wenn man der Öffentlichkeit eine gute Idee erst als Zweiter präsentiert. Tatsächlich hatte der englische Wissenschaftler Thomas Harriot bereits einige Monate vor Galileo den Mond beobachtet und gezeichnet, aber seine Aufzeichnungen wurden erst 1784 öffentlich bekannt – seine Zeichnung vom Mond wurde sogar erst 1965 veröffentlicht.

Im März 1610 schrieb Galileo sein berühmtes *Siderius Nuncius*, welches die ersten Beobachtungen der Mondoberfläche, die riesige Zahl von Galaxien im Universum, welche mit bloßem Auge nicht zu erkennen sind, und vier Monde des Jupiter beschreibt. Dies entfernte eine der Schwachstellen im heliozentrischen Modell – dass, während alle Planeten die Sonne umrundeten, der Mond der einzige Himmelskörper sei, der um die Erde und nicht um die Sonne kreise.

Dank Galileo wurde der Mond zu einem von nun fünf bekannten Satelliten in unserem Sonnensystem. Doch wer weiß, vielleicht wird er (gemeinsam mit über 100 anderen Himmelskörpern in unserem Sonnensystem) schon bald wieder zu den Planeten gehören, zumindest wenn ein Antrag an die International Astronomical Union aus dem Jahr 2017 genehmigt wird. Die komplizierte Definition eines Planeten, die seit 2011 gilt, sieht unter anderem vor, dass ein Planet das dominierende Objekt seiner Umlaufbahn ist und diese von weiteren Objekten »geräumt« hat. Aus diesem Grund ist Pluto heute kein Planet mehr, denn es gibt in seiner Nähe weitere, ähnlich große Objekte. Ich dagegen bin der Ansicht, dass alles, was rund und kein Stern ist, als Planet gelten sollte. Ein solches Objekt ist so massereich, dass die Gravitation es in eine Kugelform zusammengezogen hat, aber nicht so massereich, dass eine Kernfusion einsetzt. Ich werde deshalb mit »Ja« stimmen für Planet Mond.

Der deutsche Astronom Simon Marius behauptete, vier der Jupitermonde noch vor Galileo entdeckt zu haben. Tatsächlich machte Marius seine Beobachtungen unabhängig von Galileo, und das Datum auf seinen Notizblättern liegt acht Tage vor dem Galileos. Allerdings verwendete Marius ein anderes Kalendersystem als Galileo; er datierte nach dem alten julianischen Kalender, während Galileo den neueren gregorianischen Kalender verwendete, der dem julianischen um zehn

Tage voraus war.[72] So war Galileo doch ganz knapp früher dran!

Galileos erste Beobachtungen enthüllten, dass die Mondoberfläche von unregelmäßigen Strukturen bedeckt ist. Nachdem er ein noch stärkeres Teleskop gebaut hatte, das um einen Faktor 30 vergrößern konnte, befand er, diese Strukturen seien meist kreisförmig und bildeten Ringe um tiefer gelegene Regionen – heute wissen wir, dass es Einschlagskrater von Asteroiden sind. Galileo verglich sie mit den »Augen« in einem Pfauenschwanz. Der Dichter John Milton hatte Galileo 1638 besucht und schreibt 1667, im ersten Gesang von *Paradise Lost* (*Das verlorene Paradies*), über den Schild Satans, dieser sei

»wie des Mondes Scheibe,
Wann sie durchs Glas Toscaniens Künstler sieht
Des Abends von Fiesole's Gebirg
Und von Valdarno, neues Land entdeckend
Sammt Fluß und Bergen auf dem fleckigen Kreise.«[73]

72 Im 16. Jahrhundert hatte man erkannt, dass der julianische Kalender ein Sonnenjahr verwendete, das um 11 Minuten und 14 Sekunden zu kurz war. Das klingt nicht nach viel, aber nach einigen Jahrhunderten hatte sich eine Verschiebung von 10 Tagen eingeschlichen – z. B. bei den Tagundnachtgleichen. Papst Gregorius XIII beauftragte den deutschen Astronomen Christophorus Clavius damit, eine Lösung zu finden. Weil sich der Fehler auf 3 Tage in 400 Jahren beläuft, schlug Clavius vor, dass Jahre, die auf 00 enden, nur dann Schaltjahre sein sollten, wenn sie durch 400 teilbar sind, was in vier Jahrhunderten drei Schaltjahre eliminiert. So waren 1600 und 2000 normale Schaltjahre mit dem zusätzlichen Tag im Februar, aber 1700, 1800 und 1900 hatten keinen Schalttag. Der gregorianische Kalender begann 1582 und wird inzwischen von einem Großteil der Welt übernommen. Irgendwann wird er sich aber auch im Verhältnis zu den Jahreszeiten verschieben, denn wegen des Einflusses des Mondes auf die Drehung der Erde wird der Tag länger. Über diesen faszinierenden Effekt werden wir in Kapitel 12 mehr erfahren.

73 übers. Adolf Böttger, Reclam, Leipzig

Galileo bemerkte die hellen Lichtpunkte an der Grenze zwischen dem beleuchteten und dem unbeleuchteten Bereich des Sichelmonds und erkannte, dass diese Punkte Bergspitzen waren, die vom Sonnenlicht beschienen wurden, während die Täler um sie herum im Dunkeln lagen. Die Tatsache, dass der Mond entweder weiß oder schwarz war, erschien ganz anders als der Sonnenaufgang, der auf der Erde die Berggipfel beleuchtet. Dies hat damit zu tun, dass der Mond keine Atmosphäre hat, während die Erdatmosphäre einen Teil des Lichts in die Täler streut, sodass es zu Schattierungen kommt.

Aus der Länge der Schatten, die diese Berge warfen, während das Sonnenlicht sich weiter über den Mond ausbreitete, schloss Galileo, dass einige der Mondgipfel acht Kilometer hoch sein mussten. Dabei verschätzte er sich ein wenig, denn die höchsten Mondgipfel am Kraterrand des Mare Imbrium sind nur 5,5 Kilometer hoch. Galileos Beobachtungen standen in krassem Gegensatz zu der vorherrschenden, von Pythagoras und Aristoteles überlieferten Philosophie, dass der Mond eine perfekte Sphäre sei. Manche behaupteten noch immer, die Mondoberfläche sei von einer glatten, durchsichtigen Sphäre bedeckt. Galileo entgegnete: »Ich stimme dem zu, unter der Bedingung, dass mir gestattet sei zu sagen, dass der Kristall auf seiner äußeren Oberfläche eine große Zahl riesiger Berge hat, die dreißig Mal so hoch sind wie die Berge auf der Erde, und die unsichtbar sind, weil sie transparent sind.«[74]

Doch Galileo war noch lange nicht fertig mit seiner Dekonstruktion der aristotelischen Kosmologie. Die Venus ist etwa so groß wie die Erde, aber von der Erde aus gesehen ist sie mit bloßem Auge nur knapp erkennbar. Galileo richtete sein Teleskop auch auf die Venus und sah im Sommer 1610, dass sie zur Hälfte beleuchtet war – offenbar durchlief sie Pha-

74 W. R. Shea/M. Artigas: *Galileo in Rome: The Rise and Fall of a Troublesome Genius*. Oxford University Press 2003

sen wie der Mond! In den folgenden Monaten, während die Venus sich der Sonne näherte, wuchs der beleuchtete Teil weiter an, bis die Venus schließlich eine voll beleuchtete Scheibe war. Galileo entdeckte, dass die Venus ebenfalls ein kugelförmiges Objekt ist, das vom Sonnenlicht beschienen wird.

Wenn der Mond nahe an der Sonne ist, befindet er sich zwischen der Erde und der Sonne und ist von uns aus gesehen nur teilweise beleuchtet – als Mondsichel. Aber weil die Venus die Sonne umläuft, ist sie voll beleuchtet, wenn sie der Sonne am nächsten scheint. Das liegt daran, dass sie sich dann auf der anderen Seite der Sonne befindet und all ihr Licht zur Erde reflektiert. All das beobachtete Galileo mit seinem Teleskop. Er zeigte, wie die Venus die Sonne umläuft, und verifizierte so das heliozentrische Modell. Wäre die Venus größer oder näher an der Erde, hätten vielleicht bereits die alten Griechen vor 2000 Jahren das heliozentrische Modell bewiesen, weil ihre Phasen ohne Teleskop erkennbar gewesen wären.

1633 wurde Galileo bestraft, weil er gegen die Auflagen von 1616 verstoßen hatte, die ihm verboten, das heliozentrische Modell zu lehren. Er wurde in seiner Villa in Arcetri nahe Florenz unter Hausarrest gestellt und verstarb dort schließlich 1642. Doch die Nachricht von Galileos Beobachtungen verbreitete sich schnell, und das Interesse daran, diese neuen Welten im Detail zu sehen, war riesig. Galileos Entdeckungen waren noch aufregender als die »Entdeckung« Amerikas ein Jahrhundert zuvor. Nun wurden noch größere Teleskope gebaut und auf den Mond gerichtet, um seine Oberfläche zu kartografieren und nach Anzeichen von Leben zu suchen.

10. BEOBACHTUNGEN EINER NEUEN WELT

Die Philosophen im alten Griechenland taten, was Philosophen eben tun. Sie stellten interessante Fragen und erörterten mögliche Antworten. In jener Zeit war die Astronomie keine Wissenschaft, sondern ein Zweig der Philosophie. Erst wenn sich ein naturwissenschaftliches Fach so weit entwickelt hat, dass es quantitativ wird und Vorhersagen treffen kann, bricht es aus dem Reich der Philosophie aus und wird zu einer eigenen Wissenschaft. Meiner Ansicht nach wurde die Astronomie erst mit der Erfindung des Teleskops und den Philosophen des 17. Jahrhunderts – Descartes, Galileo und Newton – zu einer wissenschaftlichen Disziplin. Und wie so viele wissenschaftliche Disziplinen hatte und hat die Astronomie zwei Teilbereiche.

Es gab theoretische Astronomen wie Isaac Newton und Pierre-Simon Laplace, die das Sonnensystem durch Mathematik und Physik zu verstehen suchten. Heute würde man sie Astrophysiker oder »Theoretiker« nennen. Sie befassten sich immer detaillierter mit dem komplexen Gravitations-Zusammenspiel zwischen Erde, Mond und Sonne, entwickelten die Theorie zur Entstehung der Gezeiten und begannen damit, sich Gedanken über die Entstehung des Mondes zu machen.

Daneben gab es aber auch jene Astronomen, welche astronomische Instrumente entwickelten und sich der Beobachtung des Kosmos widmeten – daraus entwickelte sich die beobachtende Astronomie. Galileo Galilei und Thomas Harriot waren wohl die Ersten dieser Zunft. Zwischen den Beobachtern und den Theoretikern gab es von Beginn an eine enge Zusammenarbeit. Neue Beobachtungen lieferten den Theoretikern Stoff zum Nachdenken, und neue Theorien lieferten den Beobachtern Gründe dafür, neue Instrumente zu entwickeln, mit denen sich noch tiefer in den Kosmos schauen ließ.

Manchmal hat ein beobachtender Astronom ein gutes Verständnis von Physik und kann wichtige Beiträge zur Astrophysik leisten. Gleichermaßen verantwortet ein Theoretiker manchmal große Beobachtungsprogramme. Und manchmal läuft eben alles schief, so wie bei mir, als man mich ein großes Teleskop steuern ließ. Oder wie bei einem Ereignis im Jahr 2018, als ein angesehener Theoretiker-Kollege, der gerne in seiner Freizeit durch sein eigenes kleines Teleskop schaute, eine dringende Nachricht an die weltweite Astronomen-Community schickte, um zu verkünden, dass er auf der Ekliptikebene ein neues, helles Objekt entdeckt hatte. Nur einen Tag später schickte er eine zweite Nachricht, in der er seinen Irrtum zugab – das spektakuläre neue Objekt war nichts weiter als der Mars!

Mit der Erfindung des Teleskops also spaltete sich die Astronomie in diese beiden miteinander verschränkten Pfade. Die Beobachter studierten den Mond mit ihren Teleskopen und fertigten immer genauere Karten von ihm an. Es war, als hätte man eine neue Welt entdeckt. Sie suchten nach Hinweisen darauf, wie die Oberfläche des Mondes wohl sein könnte. Gab es dort Flüsse, Ozeane oder gar Leben? Gab es eine Atmosphäre, oder war auf der Oberfläche nur ein kaltes Vakuum? Erst gegen Ende des 19. Jahrhunderts waren die Teleskope so weit fortgeschritten, dass die Beobachter sich auch anderen Welten in unserem Sonnensystem widmen konnten. Die Geschichte, wie in jener Zeit Percival Lowell ein Leben lang nach Beweisen für Leben auf dem Mars suchte, habe ich bereits anderswo erzählt.[75]

KARTEN VOM MOND

Immer wenn ich jemandem zum ersten Mal den Mond durch mein Teleskop zeige, sorgt das für großes Staunen. Das Staunen muss im 17. Jahrhundert noch viel größer gewesen sein, als sich die Nachricht von den ersten Beobachtungen des Mondes durch ein Teleskop verbreitete. Es entwickelte sich eine ganze Industrie, die immer stärkere Teleskope konstruierte und die Oberfläche des Mondes erforschte wie einst die Seefahrer neue Kontinente. Die nächsten zwei Jahrhunderte der Mondforschung konzentrierten sich darauf, die Oberfläche des Mondes zu studieren und immer detailliertere Karten anzufertigen – ein Fachgebiet, das heute Selenografie heißt.

Die früheste bekannte Abbildung des Mondes, die erkennbare Züge trägt, ist Jan van Eycks *Kreuzigung*, die um 1440/41 entstand. Wenn man sie sich neben einer aktuellen Fotografie des Mondes anschaut, erkennt man auf beiden dieselben typischen Merkmale. Der Dritte und Letzte, der sich nach van Eyck und Leonardo da Vinci daran versuchte, ohne Vergrößerungsinstrumente eine Abbildung des Mondes zu zeichnen, war der englische Astronom William Gilbert Ende des 16. Jahrhunderts. Seine Darstellung zeigt die Umrisse von dunklen und hellen Flächen auf dem Mond. Sie wurde 1651 – fast 50 Jahre nach seinem Tod – im unvollendeten *De Mundo Nostro Sublunari Philosophia Nova* veröffentlicht.[76]

75 In meinem Buch *Da draußen*, Kein & Aber 2014
76 Z. Kopal: »The Earliest Maps of the Moon«. *The Moon* 1(1), 1969: 59

Gilbert skizzierte den Mond aus einem faszinierenden Grund, den er in seinem Buch anführte: Er bedauerte, dass nicht bereits vor 2000 Jahren jemand eine solche Skizze gemacht hatte, denn dann hätte er seine Zeichnung mit dieser vergleichen und herausfinden können, ob sich das Angesicht des Mondes mit der Zeit verändere. Anders als die meisten seiner Zeitgenossen glaubte Gilbert, dass die hellen Flecken auf dem Mond Meere seien, und die dunklen Landmassen. Gilbert machte auch den Vorschlag, dass im Weltraum, zwischen der Erde und dem Mond, ein Vakuum herrsche. Zu seiner Zeit wurde allgemein davon ausgegangen, dass sich die Erde und der Mond eine Atmosphäre teilten und dass die Bewegung des Mondes durch diese gemeinsame Atmosphäre die Gezeiten auslöste. Wenn unsere Atmosphäre allerdings tatsächlich bis zum Mond reichen würde, hätte der Luftwiderstand in der Bewegung des Mondes schon vor langer Zeit dazu geführt, dass dieser auf die Erde gekracht wäre.

Ohne Hilfsmittel sieht man auf dem Mond Flecken unterschiedlicher Helligkeit. Aber unser Auge kann auf diese Distanz nur Dinge auflösen, die größer als 200 Kilometer sind. Galileos erstes Teleskop lieferte gegenüber dem menschlichen Auge eine zwanzigfach höhere Auflösung. Aus den Schatten, die das Sonnenlicht in den Tiefen der Mondkrater warf, schloss Galileo, dass es sich um Vertiefungen handelte statt um Berge. Er beobachtete, dass viele der Kraterböden mit dunklerem Material bedeckt waren, und dass einige von ihnen Gipfel in der Mitte hatten. In seinem berühmten *Siderius Nuncius* zeichnete er die ersten detaillierten Karten der Mondoberfläche. Eine Erstausgabe des Werks wurde 2010 für 662 500 US-Dollar versteigert, und es gab auch schon Versuche, hervorragende Fälschungen für deutlich höhere Preise zu verkaufen.

Um diese Zeit gab man den dunklen Flecken auf dem Mond die Bezeichnung »Maria« (Plural für »mare«, lateinisch für Seen), weil viele Astronomen glaubten, bei den riesigen Flecken handle es sich um Ozeane. Es sind die gleichen Flecken, die von früheren Kulturen als »Mann im Mond« oder »Hase im Mond« wahrgenommen wurden. Galileo selbst wollte sich nicht festlegen und bemerkte, die dunklen Flecken könnten sowohl von Wäldern als auch von Meeren herrühren – oder vielleicht von etwas ganz anderem.

Galileos Skizzen des Mondes sind nicht besonders detailliert, und seine prominentesten Merkmale sind auf ihnen kaum zu erkennen (vielleicht, weil Galileo es immer so eilig damit hatte, seine Arbeiten zu publizieren). Auf Gilberts Skizze (die, wie bereits erwähnt, ohne Teleskop angefertigt wurde) ist dagegen das Mare Imbrium klar zu erkennen, ebenso wie ein verschwommener Zusammenschluss verschiedener anderer Maria. Im Jahr nach der Veröffentlichung von Galileos Karten entwickelte Kepler das Teleskop weiter und verwendete eine konvexe Linse als Okular, was ihm erlaubte, den ganzen Mond auf einmal zu sehen.

Je stärker eine Linse gekrümmt ist, umso näher an der Linse wird das Licht weit entfernter Objekte fokussiert. Zu jener Zeit war es schwierig, große gekrümmte Linsen sauber zu polieren, und die ersten Linsen waren nur leicht gekrümmt, sodass der Fokuspunkt weit von der primären Linse entfernt war. Der Danziger Astronom Johannes Hevelius verwendete ein Teleskop, dessen vordere Linse fast fünfzig Meter vom Okular entfernt war! Die Teleskopröhre aus Holz und Draht hing an einem langen Holzpfahl. Weil der Mond etwa eine Stunde braucht, um seinen eigenen Durchmesser zurückzulegen, konnte das Teleskop von Hand bewegt werden, um der Bewegung des Mondes zu folgen.

Hevelius fertigte 1647 eine der ersten detaillierten Karten der Mondoberfläche an. Er glaubte an die Existenz von Mondregionen analog zu denen der Erde und benannte Berge, Wüs-

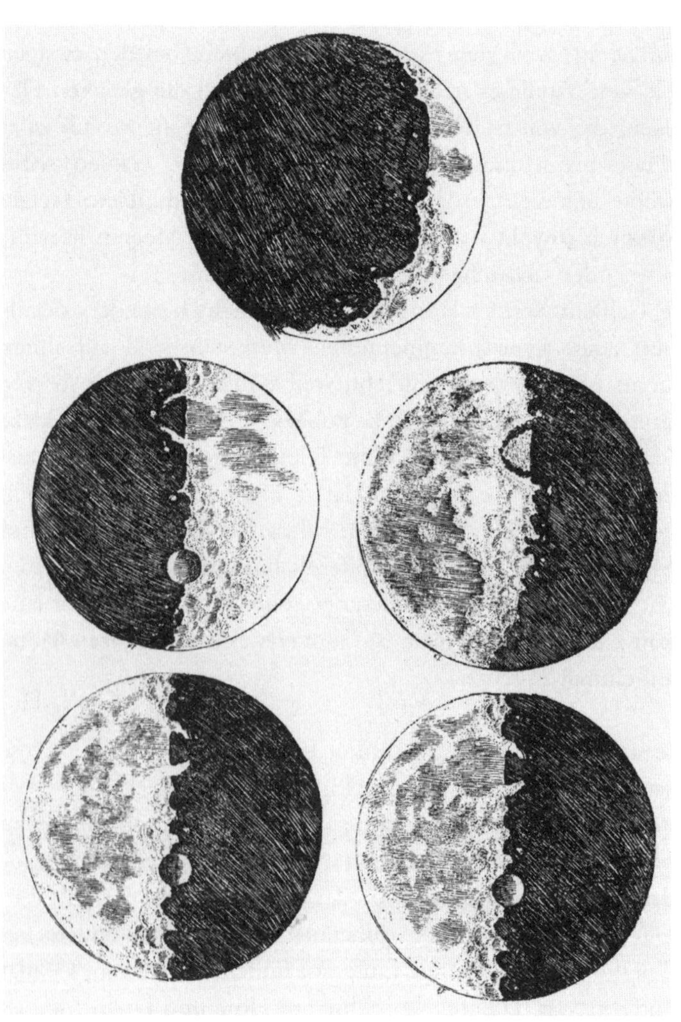

Mondskizzen von Galileo Galilei (1609)

ten, Moore, Meere, Seen, Inseln, Buchten und Meerengen. Manche der Namen wählte er, weil er Ähnlichkeiten zu erkennen glaubte – der große Krater, den wir heute Kopernikus nennen, hieß bei Hevelius Ätna. Er gravierte seine Karte selbst in Metall und nannte sie *Selenographia*. Er bemerkte auch, dass gewisse Flecken an den westlichen und östlichen Enden der Mondscheibe sich leicht bewegten und es schien, als verschwänden sie und tauchten dann wieder auf – er hatte die Libration des Mondes (in Länge) entdeckt, einen Effekt, der es uns erlaubt, mehr als nur exakt eine Seite des Mondes zu sehen.

Wir sehen immer nur eine Seite des Mondes, weil der Mond sich in einer synchronen Rotation mit seinem Orbit befindet – er dreht sich in einer Umrundung der Erde genau einmal um sich selbst. Das ist kein Zufall, sondern das Resultat eines der bemerkenswertesten gravitationalen Phänomene: der gebundenen Rotation.[77] Dennoch sehen wir etwas mehr als die Hälfte der Mondoberfläche, weil der Mond jeden Monat ein wenig »taumelt« und so einen Teil seiner abgewandten Seite zeigt.

Der Mond bewegt sich nicht mit gleichbleibender Geschwindigkeit um die Erde – er beschleunigt, wenn er sich in seiner elliptischen Umlaufbahn der Erde nähert. Aber weil der Mond sich mit konstanter Geschwindigkeit um sich selbst dreht, erhaschen wir dadurch einen Blick auf zusätzliche acht Längengrade seiner Ostseite. Und wenn der Mond sich wieder von der Erde wegbewegt, ist seine Rotation schneller als seine Orbitalgeschwindigkeit, und wir sehen acht zusätzliche Längengrade seiner Westseite. Dies ist die Libration des Mondes in den Längengraden.

Aber auch in der Breite »taumelt« der Mond. Weil sich der Mond nicht um den Erdäquator bewegt, scheint es, als rotiere

77 Siehe auch Kapitel 12

die Rotationsachse des Mondes zur Erde hin und wieder von ihr weg, während der Mond die Erde einmal umläuft. Dies ist die Libration des Mondes in Breite, und sie erlaubt uns, um fast sieben Grad über die Pole des Mondes hinwegzusehen. Außerdem können wir, wenn wir den Mond von verschiedenen Orten auf der Erde aus betrachten, ein zusätzliches Grad an Länge und Breite sehen.

Durch seine Libration und durch das Beobachten des Mondes von verschiedenen Standorten auf der Erde gelang es den Mondkartografen, fast 60 Prozent seiner Oberfläche zu kartografieren. Aus diesem Grund haben Mondgloben, die vor der ersten Umrundung des Mondes durch die sowjetische Sonde Lunik 3 hergestellt wurden, auf ihrer Rückseite einen leeren Fleck von etwa 40 Prozent des Globus.

Auf die Mondkarte von Hevelius folgte 1651 jene des italienischen Astronomen und Priesters Giovanni Riccioli. Riccioli benannte die Krater nach bekannten Wissenschaftlern und Philosophen, und gab einem besonders großen Krater gar seinen eigenen Namen! Seine Karte war nicht so gut wie jene von Hevelius, aber die Namensgebung war besser, und so kam er zu seinem Platz in der Geschichte. Von den 200 Namen auf Ricciolis Karte sind die meisten noch heute in Gebrauch.

BOLLWERKE AUF DEM MOND

John Wilkins war ein englischer Naturphilosoph und einer der Gründer der Royal Society – der nationalen Akademie der Naturwissenschaften des Vereinigten Königreichs. Im Jahr 1640 veröffentlichte er sein zweibändiges Werk *A Discourse Concerning a New World and Another Planet*. Im ersten Buch behauptet Wilkins, dass der Mond von Wesen, den »Seleniten«, bewohnt werde, und beschreibt, wie es sich seinen Vorstellun-

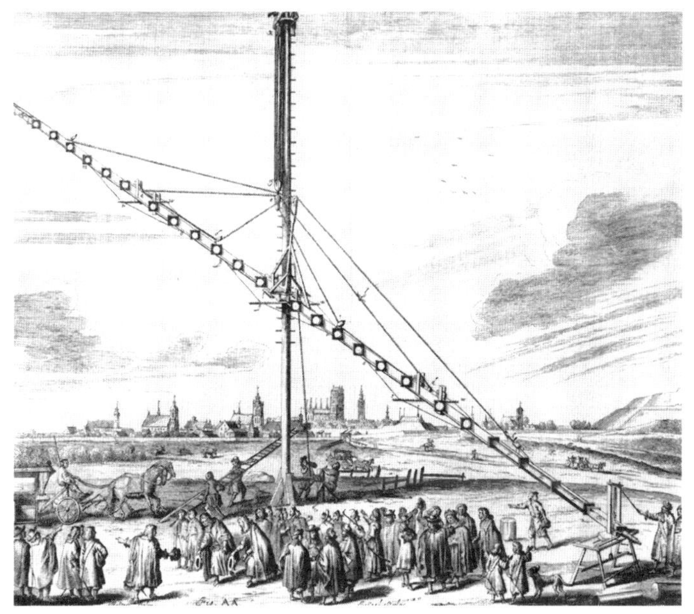

Das Teleskop von Johannes Hevelius, dargestellt in seinem Buch »Machina coelestis« (1673)

Mondkarte von Johannes Hevelius (1647)

gen zufolge auf dem Mond lebt. Außerdem sagt er voraus, dass eines Tages Menschen zum Mond fliegen und auf ihm leben werden.

Wilkins' Bücher sind eine faszinierende Lektüre, weil sie das Ringen zwischen Religion und Astronomie aufzeigen – und den Versuch, den Kosmos im Rahmen der damals gegebenen Möglichkeiten zu verstehen. Das zweite Buch zeigt dies noch deutlicher. Wilkins versucht, seine Arbeit mit der Lehre der Kirche unter einen Hut zu bringen, und die ist immer noch der Ansicht, dass die Erde flach ist und das Zentrum des Universums. Dieser Abschnitt liest sich besonders amüsant: »[Die Astronomie] ist eine der herausragendsten Naturwissenschaften, und sie verdient den Fleiß des Menschen am meisten, denn dieser ist eines der besten Werke der Natur. Andere Kreaturen wurden mit Köpfen und Augen erschaffen, die nach unten zeigen: würden Sie wissen, warum der Mensch nicht ebenso erschaffen wurde? Es war, weil er so zum Astronomen werden konnte.«[78]

Der niederländische Wissenschaftler Christiaan Huygens schliff seine eigenen Teleskoplinsen und entwickelte das erste Mikrometer, mit dem sich Distanzen zwischen Objekten, die durch ein Teleskop beobachtet wurden, messen ließen. Er entdeckte mehrere neue Merkmale auf dem Mond, außerdem die Ringe des Saturn und dessen größten Mond Titan. 1695 schrieb Huygens mit dem *Cosmotheoros* den ersten Text, der aus einer wissenschaftlichen Perspektive zu beschreiben versucht, wie das Leben auf anderen Planeten aussehen könnte. Es war sein letztes Werk und wurde erst 1698, nach Huygens' Tod, veröffentlicht. Huygens beschreibt im Detail mögliches Leben auf den Planeten, ist aber skeptisch, wenn es um Leben auf dem

78 J. Wilkins: *A Discourse Concerning a New World and Another Planet*. London 1640: 256

Mond geht. Er schreibt, dass Kepler dachte, die runden Krater auf dem Mond seien von dessen Bewohnern angefertigt worden, und spricht sich selbst dafür aus, dass sie aufgrund ihrer Größe natürlichen Ursprungs sein müssten.

Huygens beschreibt seine eigenen Beobachtungen des Mondes: »Dass aber etwas daselbsten seye /welches die Gleichheit des Meeres hätte (wie wohl [Kepler] und meist die andere alle solcher Meynung sind) finde ich nicht. Dann in denen sehr grossen flachen Gegenden/welche viel dunckeler als die bergichten sind /und wie ich finde/für Meere gehalten werden / in selbigen /wann ich sie mit langen Ferngläsern beschaue / finde ich einige kleine Höhlungen/in welche der Schatten einwarts fället; welches mit der Fläche des Meeres nicht übereinkommen kan.«[79]

Er schreibt, dass es auf dem Mond keine Flüsse gebe, und dass er keine Atmosphäre haben könne, weil seine Kanten so scharf seien und die Sterne plötzlich verschwänden, wenn sie vom Mond verdeckt würden. Auf dem Mond könne es keine Wolken geben, weil er keine Veränderungen in der Helligkeit seiner Oberflächenmerkmale feststellen könne. Huygens hatte mit seinen Behauptungen absolut recht. Zum Schluss fasst er zusammen: »Nun will es aber das Ansehen haben/daß auf einem dürren und wasser-losen Boden weder Gewächse noch Thiere seyn können/weilen diese alle aus der Feuchtigkeit ihr Wesen und Nahrung herholen müssen.«[80]

79 *Cosmotheoros oder Eine phantastisch-realistische Betrachtung der Schönheit der Welt, der Sterne und Planeten.* Geschrieben von Christiaan Huygens für seinen Bruder Constantijn. Geheimrat der Königlichen Majestät von Großbritannien. Aus dem Lateinischen ins Deutsche übersetzt von Johann Philipp von Wurzelbau. Verlegt von Friedrich Lanckinschens Erben 1703: 81

80 Ebenda: 82

Mitte des 18. Jahrhunderts gab es neue Fortschritte im Teleskopdesign. Achromatische Refraktorteleskope wurden erfunden – mit einer zusätzlichen konvexen Linse, welche das Licht verschiedener Farben korrekt bündelte. Isaac Newton hatte ein System perfektioniert, das mit Spiegeln statt Linsen arbeitete. Die sogenannten »newtonschen« Teleskope bedienten sich eines großen gekrümmten Spiegels, um das Licht zu sammeln und zu reflektieren. Sie waren einfacher in der Anfertigung und leichter als Teleskope mit Glaslinsen, lieferten aber etwas weniger scharfe Bilder.

Mithilfe dieser Entwicklungen gelang des dem deutschen Astronomen Tobias Mayer (1723–1762), eine erstaunliche Mondkarte anzufertigen, die 1775 postum veröffentlicht wurde. Einige Jahre später wollte sein Landsmann Johann Schroeter es noch besser machen und baute sein eigenes Observatorium, um den Mond zu studieren. Ebenso wie Percival Lovell ein Jahrhundert später war Schroeter besessen von der Idee, Leben auf einer fremden Welt zu entdecken. Nacht um Nacht schaute er durch sein Teleskop und schuf dabei eine weitere detaillierte Karte des Mondes.

In jener Zeit glaubten sowohl die angesehensten Astronomen als auch ihr Publikum daran, dass es auf dem Mond und den Planeten Leben gebe. Der Deutsch-Brite Friedrich Wilhelm (William) Herschel (1738–1822) war wohl der bekannteste Astronom des 18. Jahrhunderts und entdeckte 1781 den Uranus. Herschel war ein leidenschaftlicher Fan von Schroeters Arbeit. Er hielt es für »absolut sicher«, dass der Mond bewohnt sei, und behauptete, dass einige der Oberflächenmerkmale des Mondes künstlichen Ursprungs seien. Herschel glaubte sogar, dass es unter der heißen Oberfläche der Sonne kühlere Regionen geben könnte, wo Lebewesen existierten.

Aus Herschels unveröffentlichten Notizen geht hervor, dass er mit den größten Teleskopen seiner Zeit – ausgestattet mit Spiegeln von fast einem Meter Duchmesser – nach Anzeichen von Leben auf dem Mond suchte. 1776 behauptete er, große Regionen mit Pflanzenwuchs entdeckt zu haben, und suchte nach Mondstädten, die sich zwischen den angeblichen Wäldern versteckten. Er behauptete außerdem, dass die Kreaturen auf dem Mond, die »Lunarier«, sechsmal so groß sein könnten wie die Kreaturen auf der Erde, weil die Schwerkraft auf dem Mond nur ein Sechstel der Schwerkraft auf der Erde beträgt. Ihre Gebäude müssten deshalb ebenfalls sechsmal so hoch sein – und von der Erde aus sichtbar. Die Mondkrater waren seiner Ansicht nach Städte der Lunarier. Er sprach sich dafür aus, eine genaue Bestandsaufnahme aller Oberflächenmerkmale zu machen, damit man feststellen könne, wenn neue Gebäude hinzukämen.

Dass es auf dem Mond Leben geben müsse, war nun allgemein akzeptiert, und es gab neue Vorschläge, wie man den Mondbewohnern unsere Anwesenheit signalisieren und mit ihnen kommunizieren könnte. Ein Vorschlag bestand darin, ein riesiges Dreieck und die dazugehörigen Vierecke zu konstruieren, um den Satz des Pythagoras darzustellen. Dazu würde man in der sibirischen Tundra Tannen pflanzen, deren geometrische Anordnung vom Mond aus sichtbar wäre und unsere Intelligenz offenbaren würde. Auch große Spiegel oder Feuer wurden vorgeschlagen, um mit den Lunariern in Verbindung zu treten.

1822 verkündete der deutsche Astronom Franz von Gruithuisen, dass er am Rande des *Sinus Medii*, nicht weit vom Zentrum der Mondscheibe, eine Mondstadt entdeckt habe. Er beschrieb eine Ansammlung gigantischer Bollwerke, die sich über 37 Kilometer ausbreiteten und wie ein Kunstwerk arrangiert seien. Später sollte sich herausstellen, dass es sich bei seinen »Bollwerken« um willkürlich angeordnete lunare Eintiefungen, sogenannte Rilles, handelte.

Wilhelm Beer und Johann Heinrich von Maedler begannen 1829 mit ihrer selenografischen Arbeit und schufen in

600 Nächten über sechs Jahre verteilt eine einen Quadratmeter große Mondkarte. Es war eine eindrückliche Leistung, erreicht mithilfe eines kleinen, aber hochwertigen Teleskops von zehn Zentimetern, das Oberflächenmerkmale von zehn Kilometern Durchmesser und mehr darstellen konnte. Auch wenn viele der früheren Selenografen anderer Ansicht gewesen waren, gingen Beer und von Maedler davon aus, dass der Mond unbewohnt sei. Es hätte das letzte Wort zu diesem Thema und die letzte Karte sein können, aber dreißig Jahre später verkündete der Astronom Julius Schmidt, dass ein Krater, den er selbst beobachtet hatte, und der auch auf der Karte von Beer und von Maedler verzeichnet war, plötzlich verschwunden sei. Das Rennen um die besten Beobachtungen ging erneut los, noch größere Teleskope wurden auf den Mond gerichtet, noch mehr Karten entstanden.

John Herschel, der Sohn von Wilhelm Herschel, brachte 1833 ein leistungsstarkes Teleskop nach Kapstadt. Sein Ziel war es, den südlichen Himmel zu observieren, denn bisher waren fast alle Beobachtungen mit hochwertigen Teleskopen von der Nordhalbkugel aus gemacht worden. Wenig später dachte sich Richard Locke, ein Reporter der *New York Sun*, eine Reihe von Schwindelgeschichten aus, denn Herschel war ja weit weg und würde nicht umgehend auf die falschen Behauptungen reagieren können. In seinem ersten Artikel schrieb er auf überzeugende Weise, wie Herschel sein Teleskop so modifiziert habe, dass es die Mondoberfläche um ein Vielfaches mehr vergrößere, und es ihm so gelungen sei, erstaunliche Lebewesen auf dem Mond zu beobachten. Und Locke versprach weitere Entdeckungen. In seiner nächsten Geschichte schrieb er darüber, wie Herschel Berge aus Amethyst beobachtet habe, Hügel aus Saphiren mit fliegenden Einhörnern, Affenmenschen mit Fledermausflügeln und merkwürdige, herumrollende Amphibienmonster. Erstaunlicherweise fiel nicht nur die

Öffentlichkeit darauf herein, sondern auch die Medien und viele Wissenschaftler. Die *New York Times* schrieb, dass die Observationen »eine neue Ära in der Astronomie und Wissenschaft« eingeläutet hätten.

Als Herschel von der Geschichte Wind bekam, hatte sie sich bereits über den ganzen Globus verbreitet, und die *New York Sun* hatte ihre Leserzahlen verdreifacht. Herschel dementierte alles, aber der »Große Mondschwindel«, wie die Episode heute genannt wird, zeigt deutlich, wie sehr die Leute darauf warteten, dass auf dem Mond Leben entdeckt würde.

Mitte des 19. Jahrhunderts vermuteten bereits viele, der Mond sei trocken und luftlos. Der amerikanische Arzt und Schriftsteller Oliver Wendell Holmes schreibt 1872 in seiner Erzählung *The Poet at the Breakfast Table:* »Wenn es dort lebende Kreaturen gäbe, welch merkwürdige Wesen müssten es sein. Sie könnten weder Lungen noch Herzen haben. So ein Pech! Würden sie je sterben? Wie könnten sie vergehen, wenn sie nicht atmen? Verbrennen? Keine Luft, in der sie verbrennen könnten. Vielleicht würden sie in eine dieser schrecklichen Gruben fallen und in Stücke zerbrechen.«[81]

Die Teleskope jener Zeit erreichten etwa eine 6000-fache Vergrößerung. Ganz grob gerechnet bringt das unseren Mond auf eine Distanz von etwa 60 Kilometern. Nimmt man die Unschärfe hinzu, die durch die Atmosphäre entsteht, konnte man so auf dem Mond Objekte von einem Kilometer Durchmesser oder mehr erkennen. Wie Richard A. Proctor in seinem Lehrbuch *The Moon: Her Motions, Aspect, Scenery and Physical Condition* von 1873 erklärt, ist das etwa so, als sehe man den Mont Blanc von Genf aus. Er schreibt: »In dieser Distanz werden die

81 O. W. Holmes: *The Poet at the Breakfast Table.* The Works of Oliver Wendell Holmes in Thirteen Volumes. Houghton, Mifflin & Company, New York 1892: 139

Proportionen riesiger schneebedeckter Berge und Felsen fast zunichtegemacht, großflächige Gletscher sind fast nicht wahrnehmbar, und jeder Versuch, die Anwesenheit lebender Kreaturen oder deren Behausungen festzustellen, ist völlig nutzlos.«[82]

Proctor fasst die Versuche der Mondkartografen, Leben auf dem Mond zu finden, so zusammen: »Während zweier Jahrhunderte wurde sein Gesicht der detailliertest möglichen Prüfung unterzogen; seine Merkmale wurden in ausführlichen Karten festgehalten; viele Astronomen haben einen Großteil ihres Lebens damit verbracht, Krater, Ebenen, Berge und Täler nach Zeichen von Veränderungen abzusuchen; aber bisher gab es noch keine verlässlichen Beweise – oder besser gesagt, keine Beweise abgesehen von solchen außerordentlich zweifelhafter Natur – dafür, dass der Mond etwas anderes ist als eine tote und nutzlose Wüstenei aus erloschenen Vulkanen.«[83]

EINE UNWIRTLICHE WELT

Weitere Beobachtungen Ende des 19. und Anfang des 20. Jahrhunderts bestätigten, dass der Mond tatsächlich ein rauer Ort ist. Astronomen entdeckten, dass er unbelebt ist und keine Atmosphäre hat, dass auf ihm kein flüssiges Wasser existieren kann und seine Temperaturen ein deutlich extremeres Spektrum aufweisen als jene auf der Erde.[84]

Der erste Versuch, die Temperatur auf dem Mond zu messen, wurde im 17. Jahrhundert gemacht. Sein Licht wurde auf ein Thermometer gebündelt, aber dies führte zu keiner Veränderung in der angezeigten Temperatur. 1869, ein paar Jahre

82 Ebenda: 242

83 Ebenda: 259

84 A. Crotts: »Water on the Moon, I. Historical Overview«. *Astronomical Review* 6, 2001: 4

bevor Proctor sein Lehrbuch schrieb, gelang es dem Astronomen William Parsons (Lord Rosse), die Temperatur des Vollmonds zu eruieren, indem er das Licht des Mondes mithilfe eines Ein-Meter-Teleskops auf eine Thermosäule – ein elektrisches Gerät, das temperaturempfindlich ist – lenkte. Die Oberflächentemperatur des Mondes bei Tageslicht schätzte er grob auf rund 100 Grad Celsius, den Siedepunkt von Wasser. Bis zum Beginn des 20. Jahrhunderts hatte man die Temperatur der beleuchteten und unbeleuchteten Mondoberfläche ziemlich genau bestimmt.

In den dunklen Mondkratern an den Polen sinkt die Temperatur auf bis zu minus 247 Grad Celsius – es sind die kältesten gemessenen Temperaturen im Sonnensystem. Im Vergleich dazu ist die durchschnittliche Temperatur auf dem Mond bei Nacht geradezu mild – minus 183 Grad Celsius. Die durchschnittliche Tagestemperatur auf dem Mond liegt bei 106 Grad Celsius. Diese ziemlich unwirtlichen Extreme rühren daher, dass der Mond fast keine Atmosphäre hat und seine Hitze schnell in den Weltraum abstrahlt. Hier auf der Erde müssen wir dank unserer schützenden Atmosphäre keine solchen Extreme aushalten.

Sobald die Sonne untergegangen ist, fällt die Temperatur auf dem Mond rapide. Dies wurde während einer Mondfinsternis gemessen, als die Oberfläche innerhalb von nur einer Stunde fast all ihre Wärme verlor. 1949 wurden vom Mond kommende Radiowellen aufgezeichnet – keine außerirdischen Nachrichten, sondern ganz normale Wellen im Radio- und Infrarotbereich, wie sie von jedem heißen Objekt abgestrahlt werden. Im Bereich der Radio-Wellenlängen war die Temperaturdifferenz zwischen Tag und Nacht deutlich kleiner, und es dauerte nach Sonnenuntergang mehrere Tage, bis die kältesten Temperaturen erreicht wurden.

Die Radiowellen maßen gespeicherte Wärme tief unter der Oberfläche des Mondes – was implizierte, dass die oberste

Schicht des Mondes als Dämmung fungierte und die Hitze unter der Oberfläche einschloss. Diese Beobachtung lässt zwei interessante Rückschlüsse zu: Während eine Mondsiedlung auf der Oberfläche hohen Temperaturschwankungen ausgesetzt wäre, könnte eine Siedlung unter der Oberfläche von relativ konstanten Temperaturen knapp unter dem Gefrierpunkt profitieren. Der zweite Rückschluss ist, dass die oberste Dämmschicht der Mondoberfläche eher staubförmig sein muss, denn sie ist durchlässig für Radiowellen. Zu jener Zeit ging man davon aus, dass der Mond von einer dicken Schicht aus Vulkanasche bedeckt sei, da man dachte, die Krater auf dem Mond seien durch Vulkane entstanden. Dies waren schlechte Nachrichten für eine mögliche Mondlandung, und es war auch der Grund für die größte Sorge des Apollo-Programms: dass ein Landemodul tief in der Oberfläche versinken könnte.

DAS VAKUUM DES WELTRAUMS

1648 trug der französische Physiker Blaise Pascal ein Barometer bis auf die Spitze des Puy de Dome in Frankreich. Das war eine ziemliche Leistung, denn die Barometer jener Zeit waren groß und schwer. Er stellte fest, dass der Luftdruck auf dem Gipfel – 1460 Meter über Meereshöhe – niedriger war. Aus diesem Versuch folgerte Pascal, dass jenseits der Erdatmosphäre ein Vakuum existieren könnte. 1787 wurden Messinstrumente bis auf den Gipfel des Mont Blanc getragen, und unterwegs wurden regelmäßig die Unterschiede im Luftdruck und der Temperatur gemessen. Dies lieferte weitere Beweise dafür, dass unsere Atmosphäre mit zunehmender Höhe dünner wird. Der überzeugendste Beweis dafür, dass unsere Atmosphäre nur ein paar Dutzend Kilometer dick ist, gelang erst 1902. Wissenschaftler in Deutschland und Frankreich entwickelten Wetterballone, die in die Stratosphäre aufsteigen konnten, wo der Luftdruck tausendmal tiefer ist als auf Meereshöhe.

In den frühen Beobachtungen von Galileo und Huygens konnte keine Mondatmosphäre festgestellt werden. Sie beobachteten Sterne, die in ihrer Bewegung vom unbeleuchteten Rand des Mondes verdeckt wurden. Diese Sterne verschwanden augenblicklich. Hätte der Mond eine das Licht brechende Atmosphäre, würden sie langsam verblassen.

1864 beobachtete der Astronom William Huggins das Sternenspektrum, das vom Mond verdeckt wurde. Mithilfe eines Prismas, das die Farben aufbrach, hoffte er zu sehen, wie sich das Spektrum veränderte, während ein Stern sich durch die Atmosphäre des Mondes bewegte – ähnlich wie wenn die Sonne auf der Erde untergeht, und die Sonne und der Himmel rot werden. Aber er konnte keine Veränderung in den Farben der Sterne feststellen, während sie hinter dem Mondhorizont verschwanden. Ebenso wenig konnte eine Absorption durch die Mondatmosphäre noch irgendwelche Wetterphänomene auf seiner Oberfläche festgestellt werden. 1892 machte der angesehene amerikanische Astronom William Pickering eine Reihe von Okkultationsmessungen, aus denen er schloss, dass eine mögliche Mondatmosphäre mehrere Tausend Mal dünner sein müsse als die der Erde.

Dass der Mond eine Atmosphäre hat, wurde eigentlich auch nicht erwartet – zumindest wenn man den Aussagen der Theoretiker folgte. Seine Anziehungskraft ist sechsmal schwächer als jene der Erde, und damit nicht stark genug, um eine Atmosphäre daran zu hindern, in den Weltraum zu entweichen. Die Moleküle in der Luft um uns herum bewegen sich mit Schallgeschwindigkeit, also mit etwa 340 Metern pro Sekunde. Um sich der Anziehungskraft der Erde zu entziehen, müssten sich Moleküle mit 11 Kilometern pro Sekunde bewegen, während die Fluchtgeschwindigkeit auf dem Mond gerade einmal 2,4 Kilometer pro Sekunde beträgt – eine Geschwindigkeit, die erreicht wird, wenn Moleküle durch das Sonnenlicht aufgewärmt werden.

Angesichts der extremen Temperaturen und der offenbar fehlenden Atmosphäre hatten die meisten Astronomen zu Anfang des 20. Jahrhunderts den Glauben an Leben auf der Mondoberfläche aufgegeben. Der letzte bedeutende Verfechter von tierischem Leben auf dem Mond war nicht etwa ein Science-Fiction-Autor, sondern besagter William Pickering. Er ist der Autor eines umfangreichen Mondatlas aus dem Jahr 1904. Als er in den 20er-Jahren von Jamaica aus den Mond beobachtete, war Pickering überzeugt, dass er regelmäßige Variationen auf der Mondoberfläche beobachten könne. 1924 veröffentlichte er eine Arbeit, in der er behauptete, die sich bewegenden Flecken könnten durch Insektenschwärme erklärt werden. Er bediente sich der Analogie, dass ein Astronom auf dem Mond, der die Ebenen Nordamerikas beobachte, Büffelherden sehen würde, die sich langsam bewegten. Er hielt aber Insektenschwärme auf dem Mond für wahrscheinlicher. Seine Ideen wurden auch im Stummfilm *Frau im Mond* (1929) aufgegriffen.

Sogar kurz vor der ersten Mondlandung gab es noch Leute, die an Leben auf dem Mond glaubten. 1959 schrieb der Hobbyastronom Axel Firsoff in seinem Buch *The Strange World of the Moon* (*Die merkwürdige Welt des Mondes*): »Um es zusammenzufassen, scheint es keinen genügenden Grund zu geben, weshalb Pflanzen, sogar solche hoch organisierter Art, auf dem Mond nicht existieren könnten, wenn auch wahrscheinlich nur in isolierten Oasen des Lebens. Die Hochebenen erscheinen fast völlig öd, so wie auch auf dem Mars.« Ich habe keine Ahnung, wie Firsoff auf die Idee kam, dass Pflanzen in einem Vakuum überleben könnten, in dem sie bei über 100 Grad Celsius von der Sonne gebraten werden.

Es gibt extremophile Mikroben, die oberhalb des Siedepunkts überleben können. Manche Arten haben bei solchen

Temperaturen sogar optimale Wachstumsraten. Obwohl es wegen des fehlenden Wassers auf dem Mond fast unmöglich war, dass dort erdähnliche Mikroben hausten, traf die NASA weise Vorkehrungen, als sie die ersten Apollo-Astronauten nach ihrer Rückkehr in Quarantäne steckte. Wir haben schließlich keine Ahnung, was außerirdische Mikroben alles anrichten könnten!

Obwohl es weder Hinweise auf Flüsse und Meere noch auf eine Atmosphäre gab, berichteten doch viele Beobachter von »Nebeln« im Mare Imbrium. Es wurde behauptet, dass Oberflächenmerkmale verschwänden. Berichte über solche niedrigen Wolken auf dem Mond gab es zwischen 1870 und den 50er-Jahren immer wieder. In seinem Buch *A Guide to the Moon* schreibt Patrick Moore, dass man auf dem Mond zwar nicht viel Aktivität sehe, es aber dennoch hin und wieder zu Erdrutschen, Schimmern und Nebeln komme. Es gab auch Berichte von hellen Blitzen auf dem Mond, die mehrere Sekunden andauerten. Man spekulierte, dass diese Mondlichter von Meteoren herrühren könnten, die in einer sehr dünnen Mondatmosphäre verglühen. Es könnte sich dabei um zufällige Beobachtungen von Meteoriteneinschlägen gehandelt haben. Allerdings glaubte man ja in jener Zeit, die Mondkrater hätten sich durch Vulkane oder Gaseruptionen gebildet, und suchte nach Beweisen dafür.

DIE MONDKRATER

In den ersten Aufzeichnungen seiner Mondbeobachtungen sprach Galileo sich klar gegen die Auffassung der alten Griechen wie Aristoteles aus, dass der Mond ein perfekt kugelförmiges gläsernes Objekt sei. Gemäß seinen Beobachtungen sei der Mond »uneben, holprig und voller Löcher und Prominenzen«. Seine Oberfläche sei jener der Erde ähnlich, mit Bergketten und tiefen Tälern.

Die kreisförmigen Merkmale auf der Mondoberfläche wurden 1791 von Johann Schroeter »Krater« getauft – ein Wort, das man im Zusammenhang mit Vulkanismus verwendete. Über den Mechanismus, durch den die Krater entstanden, wurde dreihundert Jahre lang debattiert.[85] Robert Hooke führte 1665 Experimente durch, um ihre Natur zu ergründen. Er ließ harte Gegenstände in eine Mischung aus Ton und Wasser fallen und reproduzierte so kraterähnliche Gebilde. Dennoch war er gegen die Idee, dass die Krater durch Einschläge entstanden sein könnten, denn er hatte keine Ahnung, wo die Einschlagsobjekte hätten herkommen sollen. In jener Zeit dachte man, der interplanetare Raum sei leer. Er machte noch weitere Experimente, in denen er Alabaster zum Kochen brachte, und schloss daraus, dass die Krater durch Gaseruptionen aus dem Inneren des Mondes entstanden sein müssten.

Während der nächsten 200 Jahre hielt sich die vorherrschende Meinung, die Mondkrater seien durch vulkanische Eruptionen entstanden. William Herschel behauptete 1787 gar, er habe auf der unbeleuchteten Seite des Sichelmondes mehrere aktive Vulkane beobachtet. Zwar sprach sich Gruithuisen 1829 für die Einschlagstheorie aus, doch seine Berichte von bewohnten Städten auf dem Mond und Kühen, die auf lunaren Weiden grasten, weckten bei anderen Astronomen nicht besonders viel Vertrauen in seine Theorien.

Die erste ausführliche Studie zur Einschlagshypothese wurde 1893 vom amerikanischen Geologen Grove Karl Gilbert durchgeführt. Nach vielen Experimenten folgerte er, dass nur Einschläge die Bildung der Mondkrater erklären könnten. Allerdings publizierte er seine Ergebnisse in einer Zeitschrift, die nicht von vielen Astronomen oder Geologen gelesen wurde. Er bemerkte auch, dass die Kreisform aller Mondkrater

85 C. Koeberl: »Craters on the Moon from Galileo to Wegener«. *Earth, Moon and Planets* 85, 1999: 209

ein Problem darstelle, weil manche Einschläge eigentlich in einem Winkel stattfinden sollten und es daher auch elliptische Krater geben müsse. Außerdem sprach er sich dagegen aus, dass die wenigen bekannten Krater auf der Erde – zum Beispiel der Meteor Crater in Arizona – durch Einschläge entstanden seien. Er war der Meinung, sie stammten von Dampfexplosionen.

Dampfexplosionen blieben bis weit in die erste Hälfte des 20. Jahrhunderts eine beliebte Theorie, um die Mond- und Erdkrater zu erklären. William Pickering beschreibt seine Observationen von Eis, Schneestürmen und Vegetation in seinem Buch *The Moon: A Summary of the Existing Knowledge of our Satellite* (1903). Er erklärt, die Krater seien durch Dampfexplosionen entstanden, die unterhalb einer einen Kilometer dicken Schneedecke stattfanden. Als renommierter Astronom wurde Pickering ernst genommen. Gilbert dagegen war in den Augen vieler nur ein Geologe, der sich hobbymäßig mit Astronomie beschäftigte. Es gibt dazu eine bekannte Aussage eines amerikanischen Lokalpolitikers, der meinte, die heimischen Geologen hätten so wenig Arbeit, dass einer von ihnen nichts Besseres zu tun habe, als die ganze Nacht auf den Mond zu starren. Worauf Gilbert entgegnete, dass »Wolken und Politiker gleichermaßen hinderlich für meine seriöse Arbeit« seien.

Eine interessante Aussage kam 1903 von Nathaniel Shaler, einem Professor für Paläontologie und Geologie in Harvard: »Der Fall eines Geschosses von zehn Meilen Durchmesser hätte ausgereicht, um alles organische Leben auf der Erde zu zerstören.« Dennoch sprach Shaler sich gegen die Einschlagstheorie der Mondkrater aus, denn er fuhr fort: »… doch das Leben ist erwiesenermaßen seit der Zeit vor der kambrischen Explosion ohne Unterbruch vorangeschritten.«[86] Zu jener

86 P. H. Schultz: »Shooting the Moon: Understanding the History of Lunar Impact Theories«. *History of Earth Sciences Society* 17, 1998: 92

Zeit war noch nichts über die Massensterben auf unserem Planeten bekannt, weil die Radiokarbonmethode zur Datierung von Fossilien erst in den 40er-Jahren entwickelt wurde.

Der estnische Astronom Ernst Öpik brachte 1916 einen Grund vor, aus dem alle Mondkrater kreisrund seien. Weil Einschlagsobjekte den Mond mit hoher Geschwindigkeit träfen, hätten die Einschläge eine so starke Energie, dass sie eher Explosionen ähnelten – und diese produzieren immer kreisrunde Krater. Leider veröffentliche er dies in Russisch und in einer eher unbekannten estnischen Zeitschrift. Alfred Wegener erläuterte 1921 seine Experimente zu Einschlagskratern und entdeckte die Bildung der zentralen Gipfel und der großflächigen Spritzer – der Kraterstrahlen, die sich durch herausgeschleudertes Material bilden, das sich über die Mondoberfläche verteilt. Aber Wegeners Ideen wurden, ebenso wie seine Theorie der Kontinentalverschiebung, über Jahrzehnte ignoriert – wegen des fehlenden Kausalzusammenhangs. Ebenso wie kein Phänomen bekannt war, welches die Kontinente verschieben könnte, existierten im Weltraum keine bekannten Objekte, die auf dem Mond hätten einschlagen können.

Es wurden auch alternative Lösungsansätze präsentiert, wie zum Beispiel jener des Astronomen Donald Beard aus dem Jahr 1925: »Die fünf Wälle des Kopernikus können keine andere Ursache haben als das langsame Wachstum von Korallen und deren späteres Absinken unter das uralte Mare Imbrium.«[87]

Es ereignete sich etwa um dieselbe Zeit, dass ein Mineningenieur in der Nähe des Meteor Crater in Arizona Fragmente eines Eisenmeteoriten fand. Nachdem man im Anschluss lange nach potenziell wertvollen Metallablagerungen unter dem Kraterboden suchte, fand man – nichts. Geologen sahen

87 D. Beard: »Coral Origin of the Lunar Craters«. *Popular Astronomy* 33, 1925: 74

dies als Beweis dafür, dass ein Einschlag aus dem All nichts mit der Bildung des Kraters zu tun haben könne. Doch Astronomen, die mit den Arbeiten Öpiks vertraut waren, wussten, dass ein kleines Objekt von etwa 50 Metern Durchmessern ausreichte, um einen Einschlagskrater mit einem Durchmesser von einem Kilometer zu bilden – die Größe des Kraters in Arizona –, und dabei in kleine Fragmente zerspringen würde.

Der amerikanische Planetenwissenschaftler Ralph Baldwin fügte dem Ganzen mit seinem Buch *The Face of the Moon* (1949) ein weiteres Puzzleteil hinzu. Auf den ersten Blick haben Mondkrater und der Zweite Weltkrieg vielleicht nichts miteinander zu tun, aber Baldwin hatte die Größe und Tiefe von Bombenkratern vermessen und festgestellt, dass ihr Verhältnis mit den Messungen übereinstimmte, die man mithilfe des Schattenwurfs an den Mondkratern vorgenommen hatte.

Bis zur ersten Mondlandung war die astronomische Gemeinschaft geteilter Meinung, und Geologen unterstützten die Vulkan- und Dampfhypothesen. Erst die geschmolzenen Einschlagsgesteine, die von den Apollo-Missionen zur Erde zurückgebracht wurden, machten den Fall klar. 1980 veröffentlichte der Physiker Luis Alvarez seine Theorie, dass die Auslöschung der Dinosaurier und zahlreicher weiterer Spezies durch den Einschlag eines großen Asteroiden oder Kometen vor 65 Millionen Jahren verursacht worden sei. Er erntete dafür vonseiten der Geologen viel Spott und Hohn. Doch Alvarez' Gedanken und die anschließende Debatte führten während der folgenden Jahrzehnte zu der Erkenntnis, dass Einschlagskrater auch in der Geschichte der Erde eine wichtige Rolle spielen – und nicht nur auf anderen Himmelskörpern in unserem Sonnensystem.

11. HERR DER GEZEITEN

Isaac Newton war einer jener ersten »echten« Theoretiker, die aus der Astronomie eine vorhersagende Wissenschaft machten. Oft wird gesagt, dass die moderne Wissenschaft überhaupt erst mit Newton begann, auch wenn ich eine Lanze für den niederländischen Physiker und Astronomen Christiaan Huygens brechen möchte. Newton stützte sich auf das Werk anderer, und der Weg zu seinen größten Leistungen begann mit dem Versuch, die Bewegung des Mondes zu verstehen.

VON ÄPFELN UND KANONENKUGELN

In seinem Lehrbuch zum Mond von 1873 beschreibt Richard Proctor die Schritte, mit denen Newton die Gesetze der Schwerkraft aufgrund der Mondbewegung entdeckte: »In der gesamten Geschichte der Nachforschungen, die Menschen angestellt haben, um die Geheimnisse der Natur aufzudecken, gibt es kein Kapitel, das anspornender wäre als jenes, das sich mit der Interpretation der Mondbewegung beschäftigt.«[88]

88 R. Proctor: *The Moon: Her Motions, Aspect, Scenery and Physical Condition*. Longmans, Green & Co. London 1873: 137

Isaac Newton war Student in Cambridge, aber im Jahr 1665, als er 23 war, wurde die Universität wegen der Beulenpest geschlossen. Er verbrachte das nächste Jahr im Haus seiner Eltern mit Nachdenken.

Während dieser Zeit stellte Newton seine drei Gesetze der Bewegung auf und formulierte seine Gedanken zur grundlegenden Funktionsweise der Schwerkraft. Seine Gesetze waren eine Weiterführung ähnlicher Ideen von Galileo und Descartes. Seine Theorie der Schwerkraft wurde davon beeinflusst, wie er einen Apfel hatte fallen sehen – eine wahre Geschichte, wie seine Zeitgenossen bezeugten. Er fragte sich, ob dieselbe Kraft, die den Apfel zur Erde zog, bis zum Mond reiche. Der Apfel fällt auf die Erde, weil er vorher nicht in Bewegung war. Newtons geniale Einsicht lag jedoch darin, dass er sich fragte, ob die gleiche Kraft wohl dazu führe, dass der Mond dauernd in Richtung Erde falle, seine Bewegung um die und weg von der Erde jedoch diesen Falleffekt exakt ausgleiche.

Sein Gedankenexperiment ist heute als »Newtons Kanone« bekannt. Es zeigt eine Kanonenkugel, die von einem Berggipfel mit immer höherer Geschwindigkeit horizontal zur Erdoberfläche abgefeuert wird. Je höher die Geschwindigkeit, desto weiter vom Berg entfernt landet die Kugel; zuerst landet sie direkt vor dem Berg, dann schafft sie es ein kleines Stück weit um den Planeten, dann ein Stück weiter, bis sie schließlich den Planeten umrundet. Dies würde geschehen, wenn es keinen Luftwiderstand gäbe und man die Kugel horizontal mit acht Kilometern pro Sekunde abfeuern würde.

Die Theorie der Kanonenkugel wendete Newton auf die Bewegung des Mondes an: Bei seiner Umlaufgeschwindigkeit von einem Kilometer pro Sekunde würde sich der Mond in einer geraden Linie fortbewegen, wenn da nicht die Gravitationskraft wäre. Mittels simpler Geometrie konnte Newton ausrechnen, dass der Mond sich so innerhalb einer Sekunde um etwa 1,4 Millimeter von der Erde wegbewegen würde. Damit er aber in einer Umlaufbahn um die Erde bleibt, muss die Anziehungskraft der Erde dazu führen, dass der Mond in jeder Sekunde um genau die gleiche Distanz, also 1,4 Millimeter, auf die Erde zurückfällt.

Newton erkannte, dass der Apfel und der Mond aufgrund der Anziehungskraft der Erde fallen, und dass diese Kraft genau wie ein Lichtstrahl in ihrer Intensität abnimmt. Obwohl auch Kepler wusste, dass die Lichtintensität im umgekehrten Quadrat der Entfernung abnimmt, dachte er, die Kraft, welche die Mondbewegung aufrechterhält, lasse in Proportion zur Distanz nach. Noch vor Newton hatte der französische Astronom Ismaël Bullialdus in seinem Buch *Astronomia Philolaica* (1645) richtig argumentiert, dass die Kraft, mit der die Sonne die Planeten an sich bindet, im Quadrat zur Distanz abnehme. Der englische Philosoph Robert Hooke hatte Newton ebenfalls einen Brief geschrieben, in welchem er seine Ideen zu einem allgemeinen Gesetz der Schwerkraft erläuterte, bei dem die Anziehungskraft auf die gleiche Weise abnahm.

Es scheint also, als hätten in jener Zeit viele Theoretiker an den gleichen Ideen gearbeitet. Dennoch war es Newton, der diese Ideen in Gleichungen formulierte und zeigte, dass das Abstandsgesetz (auch inverses Quadratgesetz genannt) das einzige physikalische Gesetz sein könne, das die elliptischen Umlaufbahnen des Mondes und der Planeten erkläre. Tatsächlich ist das einzige andere Kraftgesetz, welches in elliptischen Bewegungen resultiert, eine Kraft, die mit der Distanz zunimmt, und das würde keinen Sinn machen. Alle anderen möglichen Kraftgesetze resultieren nicht in perfekten elliptischen Bahnen.

Weil die Zahlen aber nicht so recht stimmen wollten, legte Newton seine Ideen zur Schwerkraft 20 Jahre zur Seite. Er wusste, wie weit der Mond in einer Sekunde auf die Erde fallen müsste, und konnte ausrechnen, wie weit der Apfel in einer Sekunde auf die Erdoberfläche fallen müsste. Newton kam in seiner Berechnung auf 4,3 Meter, welche der Apfel in einer Sekunde beim Fallen auf die Erde zurücklegen müsste[89] – maß aber 4,9 Meter. Das scheint kein besonders großer Unterschied zu sein (es sind etwa 13 %), aber Newton konnte nicht herausfinden, was er falsch berechnet hatte. Und der Fehler war so irritierend, dass Newton seine Arbeit deswegen für eine Weile auf Eis legte.

Newtons Wert, dass der Mond 60 Erdradien entfernt sei, war nahe am korrekten Wert. Das Problem lag in der Messung der Größe der Erde. Mitte des 16. Jahrhunderts war der Erdumfang mit 34 762 Kilometern bestimmt worden – dies war, und das wusste Newton natürlich nicht, 13 % weniger als der tatsächliche Erdumfang.

Interessanterweise sieht es so aus, als habe Eratosthenes im 3. Jahrhundert v. Chr. die Größe der Erde genauer bestimmt – bis auf ein Prozent genau –, nur mithilfe des Schattens eines Gnomons. Newton muss Eratosthenes' Wert bekannt gewesen sein, aber er vertraute ihm wohl nicht., Noch bemerkenswerter ist die Leistung des indischen Astronomen Aryabhata. Im 7. Jahrhundert gibt er den Umfang bis auf den Bruchteil eines Prozents genau an. Leider gibt es keine Details dazu, wie er diese Messung vorgenommen hatte.

1684 hörte Newton, dass der französische Astronom Jean Picard den Erdumfang neu bestimmt hatte – um 13 Prozent länger! Picard hatte dazu den Abstand zwischen zwei Punkten gemessen, die auf dem gleichen Längengrad lagen, sich aber um einen Breitengrad unterschieden, und multiplizierte dann diese Distanz um 360, um so den Erdumfang zu bestimmen. Als Newton nun diesen Wert in seine Kalkulation einsetzte,

89 Der Mond war 60 Erdradien entfernt, also müsste der Apfel 60 x 60 Mal weiter fallen in einer Sekunde.

um die Fallbewegung des Apfels mit der des Mondes zu vergleichen, stimmten die Zahlen plötzlich! Nun, da der Apfel und der Mond beide mit der zu erwartenden Geschwindigkeit auf die Erde fielen, hatte Newton bewiesen, dass die Erdanziehungskraft die Bewegung von beiden verursachte.

1687 publizierte Newton seine erste Fassung der *Philosophiae Naturalis Principia Mathematica*, kurz *Principia,* und veröffentlichte 1713 und 1726 jeweils neue, überarbeitete und erweiterte Fassungen. Er war offenbar ein ziemlich unangenehmer Mensch, aber seine wissenschaftlichen Leistungen sind bemerkenswert. Nicht nur zeigte er, wie fallende Objekte auf der Erde sowie die Bewegungen des Mondes und der Planeten durch die Gravitationstheorie erklärt werden konnten – er leistete noch viel mehr. Mittels seiner Orbitaltheorie konnte er die Distanz zu den Planeten berechnen, außerdem die Masse der Sonne und die Bewegungen von Kometen. Er zeigte, dass der Mond für die Gezeiten verantwortlich ist, und erklärte, warum es täglich zwei Gezeiten gibt.

Darüber hinaus war Newton der Erste, der sich an das schwierige Problem der drei Himmelskörper wagte – das System von Sonne, Erde und Mond. Obwohl er die zugrunde liegende elliptische Umlaufbahn des Mondes erklären konnte, verstand er die komplexen präzedierenden und »taumelnden« Bewegungen in der Umlaufbahn des Mondes nicht, die zum Teil durch die Anziehungskraft der Sonne auf den Mond ausgelöst werden.

Es sind dieselben komplizierten Bewegungen, die bestimmen, wann und wo sich eine totale Sonnenfinsternis ereignet, und die ich bereits im 7. Kapitel zu den Eklipsen erwähnte. Newtons Unfähigkeit, diese Details in der Mondumlaufbahn zu reproduzieren, war eine der größten Schwachstellen der *Principia.* Die besten Astronomen und Mathematiker würden noch ein paar Jahrhunderte brauchen, um dieses Problem voll-

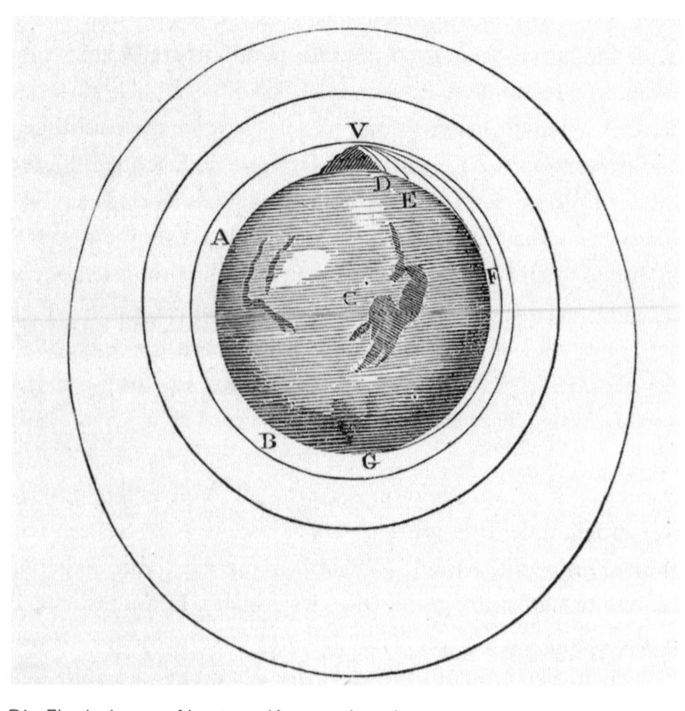

Die Flugbahn von Newtons Kanonenkugel

ständig zu lösen. Der Versuch, die Mondumlaufbahn korrekt zu beschreiben, wurde von fast allen führenden Wissenschaftlern des 19. und 20. Jahrhunderts in Angriff genommen, unter ihnen Laplace, Lagrange, Euler, d'Alembert, Airy, Delauney, Poincaré und Newcomb, um nur einige zu nennen.

Newton begann mit seinen Nachforschungen, weil er sich fragte, ob sich die Schwerkraft bis zum Mond ausdehnte. Hätte die Erde keinen Mond, hätte es vielleicht viel länger gedauert, bis jemand ein korrektes Gravitationsgesetz aufgestellt hätte. Sein Beweis funktionierte, weil er die korrekte Distanz zum Mond kannte – was wir den alten Griechen verdanken. Die geometrischen Gesetze zu den Planetenbewegungen, die Newton verwendete, verdanken wir Kepler. Die Grundlagenarbeit zu den Bewegungsgesetzen leisteten Descartes und Galileo. Und dafür, dass er überhaupt erst über Kräfte nachzudenken begann, hätte Newton eigentlich Hooke danken sollen.

DIE GEZEITEN

Viele der alten Kulturen, die in der Nähe des Ozeans lebten, wo der Meeresspiegel täglich um mehrere Meter steigt und sinkt, erkannten wahrscheinlich einen Zusammenhang zwischen den Mondphasen und den Gezeiten. Leider fehlten ihnen die Symbole und die Schrift, um dies so aufzuzeichnen, dass ihre Gedanken bis heute erhalten sind. Die Geschichten der Aborigines, die über viele Generationen weitererzählt wurden, erwähnen zwar die Gezeiten, doch über ihr Alter haben wir keine Sicherheit. Die frühen Zivilisationen der Sumerer, Inder und Ägypter lebten weit von den Ozeanen entfernt, an denen man mächtige Gezeiten hätte beobachten können. Den Zusammenhang am Mittelmeer zu erkennen, wo die Gezeiten nur zentimeterhoch sind, erscheint mir schwierig. Das Mittelmeer ist eher wie ein sehr großer See und mit dem Atlantik nur über eine enge Straße von 13 Kilometern verbunden. Der Mond hat auf ein Gewässer von 1000 Kilometern Durchmesser nur wenig Einfluss, und die enge Verbindung zum Atlantik beschränkt den Zufluss des Ozeanwassers.

Um das Jahr 330 v. Chr. machte der griechische Astronom und Entdecker Pytheas von Massalia eine lange Reise nach Norden, auf der er das Mittelmeer verließ.[90] Er umrundete die Britischen Inseln und reiste weit in Richtung Norden, bis er, so die Aufzeichnungen, an einen Ort kam, wo die Sonne nie unterging. Er schrieb ein Buch mit dem Namen *Über den Ozean*, das nicht erhalten ist, aus dem aber von vielen anderen Autoren zitiert wurde. Pytheas bemerkte, dass es pro Mondtag zwei Fluten gab, und dass die Höhe dieser Fluten von den Mondphasen abhing. Der Mondtag bezeichnet hier die Zeit, in der sich die Erde einmal relativ zum Mond um sich selbst dreht, und er dauert 24 Stunden und 50 Minuten. In anderen Worten, geht der Mond jeden Tag rund 50 Minuten später auf. Dieser Mondtag dauert länger als unser 24-Stunden-Tag, weil sich der Mond in der gleichen Richtung um die Erde bewegt wie sie sich um sich selbst. Darum müssen wir jeden Tag 50 Minuten länger warten, bis die Erde sich weit genug gedreht hat, dass der Mond wieder an der gleichen Stelle am Himmel steht.

Etwa zweimal pro Monat, zur Zeit des Neu- oder Vollmondes, wenn Sonne, Mond und Erde in einer Linie stehen (einem Syzygium), verstärkt die Gezeitenkraft der Sonne jene des Mondes. Die Gezeiten sind dann am höchsten, und wir nennen dies die Springtide. Die Nipptide ereignet sich dagegen, wenn der Mond und die Sonne im rechten Winkel zur Erde stehen, der Mond von der Sonne nur zur Hälfte beleuch-

90 V. Deparis et.al.: »Investigations of Tides From the Antiquity to Laplace«. *Tides in Astronomy and Astrophysics*. Springer 2013

tet wird, und der Unterschied zwischen Ebbe und Flut am kleinsten ist.

Doch was verursacht zweimal täglich das Aufsteigen und Abfallen der Ozeane? Es brauchte fast 2000 Jahre, bis die korrekte physikalische Erklärung gefunden war, und es war ein Triumph der modernen Wissenschaft. Bevor aber das Problem gelöst werden konnte, gab es einige ziemlich kreative Fehlschlüsse. Seleukos folgte den Lehren von Aristarchos und ging korrekterweise davon aus, dass sich die Erde dreht. Seiner Meinung nach störte die Bewegung des Mondes um die Erde die Atmosphäre, die dann als Wind auf den Atlantik fällt und die Gezeiten verursacht. Erst ab dem 17. Jahrhundert n. Chr. wurde spekuliert, der Raum zwischen Erde und Mond sei ein Vakuum.

Eine andere Idee war, dass die Gezeiten von einem riesigen Meereswirbel im Norden Norwegens verursacht werden, dem Mahlstrom. Die Ebbe erfolge, wenn das Wasser im Strudel verschwinde, und die Flut, wenn es wieder hervortrete. Die Größe dieses Wirbels nahm in den Werken von Dichtern und Malern geradezu epische Proportionen an. Eine deutlich wissenschaftlichere Erklärung versuchte der arabische Wissenschaftler Zakariya al-Qazwini im 13. Jahrhundert zu liefern. Laut ihm würden die Gezeiten dadurch verursacht, dass die Sonne und der Mond den Ozean aufheizten, und dieser sich dadurch ausdehne wie ein erhitztes Gas. Er konnte aber nicht erklären, weshalb der Mond einen stärkeren Einfluss hatte als die Sonne.

Johannes Kepler behauptete 1609, dass die Gezeiten durch eine magnetische, von der Sonne und dem Mond ausgehende Kraft verursacht würden. Seine Theorie leitete er aus William Gilberts Buch *De Magnete* (1600) ab, für den sich die Erde wie ein riesiger Magnet verhielt. Keplers Ideen wurden von Galileo kritisiert, der sich dafür aussprach, dass die Gezeiten durch den kombinierten Effekt der Erdrotation und ihrer Umlaufbewegung um die Sonne verursacht würden. Diese Bewegungen brächten das Wasser auf der Erde zum Oszillieren und führten zu einer Schwappbewegung, die wir als Gezeiten wahrnähmen. Er konnte allerdings nicht erklären, weshalb es täglich zwei Tiden gab.

Der französische Mathematiker René Descartes hatte 1644 eine Idee, die jener von Seleukos ähnelte. Der Mond und die Erde seien je von einem großen atmosphärischen Druckwirbel umgeben. Der Druck, der vom Wirbel des Mondes ausgehe, setze sich bis auf die Erdoberfläche fort und verursache die Gezeiten. Leider sagte seine Theorie genau dann eine Flut voraus, wenn tatsächlich eine Ebbe stattfand.

WARUM ZWEI TIDEN PRO TAG?

Obwohl einige der angesehensten Gelehrten des 17. Jahrhunderts sich mit dem Problem beschäftigten, hatte niemand eine befriedigende Antwort auf die Frage, weshalb sich täglich zwei Tiden ereigneten. Das alles war ziemlich verwirrend. Die korrekte Erklärung lieferte schließlich Isaac Newton, der zeigte, dass die Gezeiten eine Folge der Anziehungskraft von Sonne und Mond sind. Mit seiner neuen Gravitationstheorie konnte Newton erklären, warum es an einem Mondtag zwei Tiden gibt und warum die Höhe der Gezeiten von den relativen Positionen von Sonne und Mond abhängt.

Er ging sogar noch weiter und verwendete den Höhenunterschied zwischen Spring- und Nipptiden dazu, eine erste Schätzung der Masse des Mondes zu machen.

Wir kommen jetzt an einen Punkt, wo es mit der Visualisierung etwas schwierig wird, aber ich will dennoch versuchen, die Tiden zu erklären. Beginnen wir mit dem Mond, der stärksten Kraft, die auf die Tiden wirkt.

Die Anziehungskraft des Mondes auf Material in und auf unserem Planeten hängt davon ab, wie weit dieses vom Mond entfernt ist. Wenn der Mond direkt über Ihnen steht, hebt er Sie tatsächlich etwas vom Boden weg. Es ist ein winziger Effekt, aber er existiert. Dies bedeutet, dass Sie ein klitzekleines bisschen weniger wiegen, wenn der Mond direkt über Ihnen steht. Der Unterschied beträgt weniger als ein Gramm und lässt sich mit einer normalen Waage gar nicht messen, weil diese Waage nämlich mit der gleichen Kraft Richtung Mond gezogen wird. Zum gleichen Zeitpunkt ist die Anziehungskraft des Mondes auf der anderen Seite der Erde ein klein wenig schwächer, weil er um einen zusätzlichen Erddurchmesser weiter entfernt ist.

Ein häufiges Missverständnis ist, dass die Anziehungskraft des Mondes das Wasser anhebt und in Richtung des Mondes zieht und daraus eine Ebbe resultiert. Die Anziehungskraft des Mondes ist aber auf der Erdoberfläche gerade mal ein Zehnmillionstel so stark wie jene der Erde, die alles auf unserem Planeten hält. Und dies würde auch nicht erklären, warum simultan dazu auf der anderen Seite unseres Planeten eine Flut stattfindet.

Die Gezeiten entstehen durch die Variation der Anziehungskraft des Mondes über unseren Planeten gesehen. Durch die unterschiedliche Anziehungskraft auf der dem Mond zugewandten und der vom Mond abgewandten Seite unseres Planeten wird die Erde mit ihren Ozeanen verformt und in die Form eines Rugbyballs gestaucht. Eine Beule ist auf der Seite, die dem Mond am nächsten ist, die andere auf der gegenüberliegenden Seite. Die Erdrotation spielt dabei keine Rolle, aber während die Erde rotiert, bleiben die Beulen bestehen, und neue Regionen von Ozeanen und Landmassen heben und senken sich.

Die Verformung ist natürlich in keiner Weise ebenso dramatisch wie bei einem echten Rugbyball – die Ozeanbeulen sind bei einem Erddurchmesser von 12,7 Millionen Metern je etwa einen halben Meter hoch. Die deformierte Erde ist also bis auf ein Zehnmillionstel rund. Aber dieser eine Meter an Verformung hat bemerkenswerte Folgen. Diese Ozeanbeulen resultieren in den Tiden, die daher rühren, dass das Wasser sich in die Beulen und aus ihnen herausbewegt, sie sorgen für eine langsame Veränderung der Tageslänge, sie sind verantwortlich dafür, dass der Mond sich von der Erde wegbewegt, und dafür, dass wir immer nur eine Seite des Mondes sehen.

Was also passiert hier tatsächlich? Der Mond und die Erde bewegen sich beide um ihren gemeinsamen Massenmittelpunkt (auch Massezentrum oder Masseschwerpunkt) – ein Punkt etwa 1000 Kilometer unterhalb der Erdoberfläche, in Richtung des Mondes. Wenn die Erde und der Mond dieselbe Masse hätten, würden sie einen Punkt etwa in der Mitte zwischen beiden umlaufen, weil beide dieselbe Anziehungskraft aufeinander ausüben würden. Der Mond ist aber viel kleiner, deshalb hat er eine viel geringere Anziehungskraft auf die Erde als die Erde auf ihn. Sowohl die Erde als auch der Mond fallen kontinuierlich auf ihren gemeinsamen Massenmittelpunkt hin, und die Fallbewegung wird durch ihre Orbitalbewegung im Gleichgewicht gehalten – im Grunde verhalten sich Erde und Mond wie Newtons Kanonenkugel, während sie ihren Massenmittelpunkt umkreisen.

Die Kraft, welche die Ozeane bewegt, ist die Anziehungskraft des Mondes. Die Erde und alles auf ihr versuchen, in Richtung des Mondes zu fallen. Das Wasser kann sich auf der Erdoberfläche frei bewegen, es fließt an der Erdoberfläche entlang auf die Spitzen der beiden Beulen zu. Weil die Mondanziehungskraft auf jener Seite, die dem Mond näher ist, stärker ist, fällt das Wasser schneller in Richtung des Mondes und bewegt sich entlang der Beule auf der mondnahen Seite nach oben. Und weil die Mondanziehungskraft auf der weiter entfernten Seite schwächer ist, fällt das Wasser langsamer in Richtung des Mondes als die Erde unter ihm. Dies ist der Teil, der schwer zu visualisieren ist – weil das Wasser auf der weiter entfernten Seite langsamer fällt als die Erde unter ihm, fällt es zurück, während es sich der Beule entlang nach oben bewegt. Wenn diese Stelle sich einmal von der Beule weggedreht hat, fließt das Wasser in seinen ausgeglichenen Zustand zurück. Wenn Sie also über einen Tag den Ozean beobachten, bewegen Sie – und der Boden unter Ihnen – sich regelmäßig über diese Beulen, und das Ozeanwasser wird an einem Tag zweimal ansteigen und abfallen.

Eine andere Art, die Bewegung des Ozeanwassers zu verstehen, ist, wenn Sie sich vorstellen, wie Sie und zwei Freunde durchs All direkt auf den Mond zufallen. Einer Ihrer Freunde befindet sich vor Ihnen, näher am Mond, und der andere ist hinter Ihnen, weiter vom Mond entfernt. Weil der Freund vor Ihnen etwas stärker vom Mond angezogen wird, fällt er etwas schneller auf den Mond zu als Sie, während der Freund hinter Ihnen etwas schwächer angezogen wird und deshalb etwas langsamer fällt. Sie würden sehen, wie beide Freunde sich langsam von Ihnen wegbewegen, als ob sie von einer mysteriösen Kraft voneinander weggezogen würden. Dies ist die Gezeitenkraft, und sie ist die Folge davon, dass die Gravitation mit zunehmender Distanz schwächer wird.[91]

Die Gezeitenkraft entsteht durch die unterschiedliche Anziehungskraft des Mondes über den Planeten gesehen. Des-

91 Sie können die Gezeiten auch interpretieren, indem Sie sich die Zentrifugalkraft hinzudenken. Der durchschnittliche Sog in Richtung des Mondes wird durch die Orbitalbewegung der Erde um den gemeinsamen Massenmittelpunkt ausgeglichen. Dies ist die Zentrifugalkraft, und diese Kraft zeigt vom Mond weg. Wenn Sie die Anziehungskraft des Mondes, welche auf das Zentrum der Erde wirkt, von der Zentrifugalkraft abziehen, bleibt die sogenannte Gezeitenkraft übrig. Dies führt dazu, dass die Erde in Richtung des Mondes gestreckt wird und im rechten Winkel dazu gestaucht wird.

halb haben kleine Gewässer keine großen Gezeiten – der Unterschied in der Anziehungskraft des Mondes ist über ein Schwimmbad oder einen See gesehen viel zu klein, um eine Bewegung im Wasser zu verursachen. Die Beulen der Ozeane sind zwar klein in ihrer Höhe, aber riesig in ihrer Fläche – bei gerade mal einem halben Meter Höhe ziehen sie sich über mehrere Tausend Kilometer hin. Anders als die Landmassen kann das Wasser über die Oberfläche fließen und sich in den Gezeitenbeulen auftürmen.

Uff, wenn ich mehr als einen Abschnitt brauche, um etwas zu erklären, können Sie sicher sein, dass es sich um eine knifflige Angelegenheit handelt. Danke, dass Sie am Ball geblieben sind und nicht einfach weitergeblättert haben!

Die Sonne verursacht ein zweites Paar dieser Gezeitenbeulen, die auf die Sonne gerichtet sind, aber die Kraft dieser Gezeiten ist nur halb so stark wie jene, die vom Mond verursacht werden. Obwohl die Sonne viel mehr Masse hat als der Mond, ist sie viel weiter weg, und darum unterscheidet sich die Anziehungskraft der Sonne auf den beiden Seiten der Erde deutlich weniger. Die stärksten Gezeiten ereignen sich während eines Syzygiums, wenn die Sonne und der Mond ihre Effekte gegenseitig verstärken.

Newtons Studie der Gezeiten war stark vereinfacht, weil er das Wasser als eine ausgeglichene Schicht auf der Oberfläche eines starren, kreisrunden Planeten behandelte. Eine vollständigere mathematische Analyse folgte erst 1799 durch den französischen Mathematiker Pierre de Laplace. Er zeigte, dass die Höhe der Gezeiten sich zu einer bestimmten Zeit und an einem bestimmten Längen- und Breitengrad aus der Summe mehrerer Komponenten zusammensetzte. Zu diesen gehören die Orbitalzeit des Mondes, die Zeit, welche die Erde für die Rotation benötigt, die Zeit, welche der Mond benötigt, um eine elliptische Umlaufbahn um die Erde zu absolvieren, die Zeit, in der sich die Neigung der Mondumlaufbahn relativ zum Erdäquator verändert, die Zeit, welche die Erde benötigt, um eine elliptische Umlaufbahn um die Sonne zu absolvieren, und die Variation in der Neigung der Erdrotation im Verhältnis zu ihrer Bahnebene um die Sonne.

Komplizierend kommt hinzu, dass der Ozean nicht die gesamte Erdoberfläche bedeckt, sondern von den Kontinenten in Zonen unterschiedlicher Tiefe aufgeteilt wird. Dies bedeutet, dass die Tiden sich von Ort zu Ort enorm unterscheiden können. In der Bay of Fundy in Kanada kann wegen der Geometrie der Ozeanbucht der Tidenhub über 16 Meter erreichen. An anderen Orten, zum Beispiel im Golf von Mexiko, führt es dazu, dass es pro Tag nur eine Tide gibt. An wieder anderen Orten, zum Beispiel an der Westküste Amerikas, haben die beiden täglichen Tiden unterschiedliche Höhen. Am häufigsten sind aber jene Orte, an denen es täglich zwei ähnlich hohe Tiden gibt.

Laplace zeigte, dass die Energie der Gezeiten von drei periodisch auftretenden Hauptkomponenten abhängt. An den meisten Orten ist die höchste Bewegung im Ozeanwasser in drei halbtäglichen Frequenzen zu finden: 1,93 Zyklen pro Tag (aufgrund der Orbitalzeit des Mondes), 2,00 Zyklen pro Tag (aufgrund der Rotationszeit der Erde) und 1,90 Zyklen pro Tag (aufgrund der Exzentrizität der Mondumlaufbahn). An manchen Orten spielen aufgrund der Asymmetrie, die durch die Neigung der Erdachse entsteht, drei weitere tägliche Frequenzen eine wichtige Rolle. Laplace' Ergebnisse bildeten das Herzstück aller späteren Methoden zur Tidenprognose und führten zum Bau eines der elegantesten mechanischen Computer aller Zeiten.

Achtzig Jahre später wurde vom Briten William Thomson (ab 1892 Lord Kelvin) Laplace' Technik erstmals wieder auf-

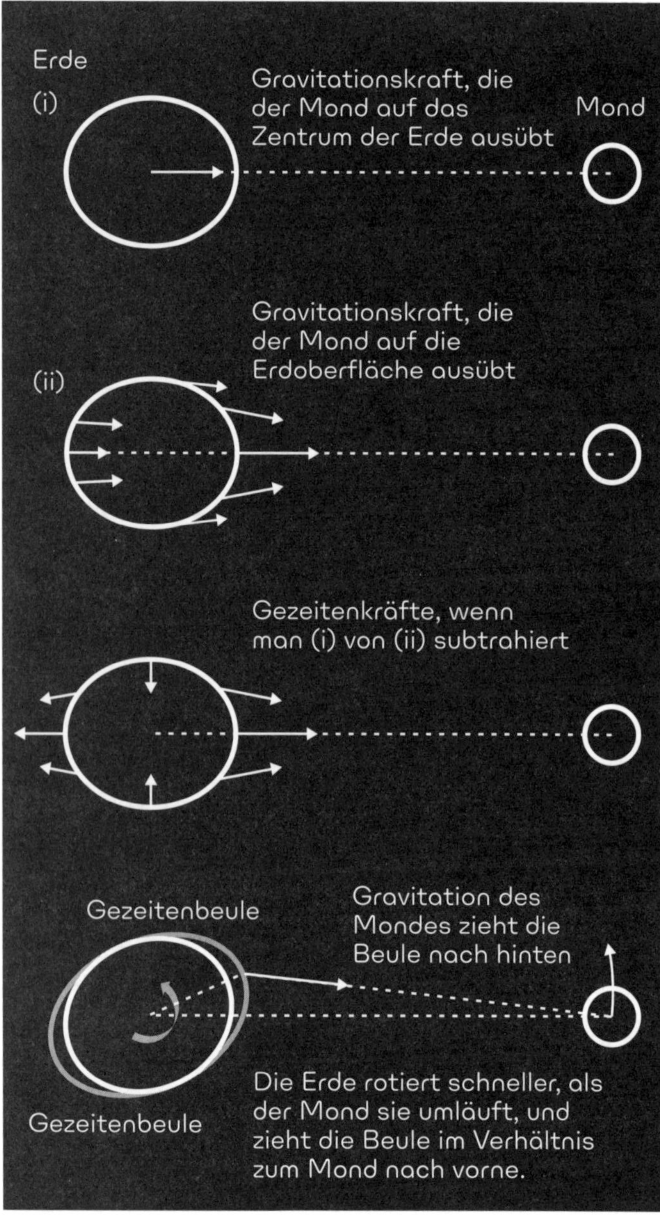

Die Gezeiten

genommen. Thomson entwickelte Laplace' Ideen weiter und erfand eine Methode, mittels der er bestimmen konnte, wie viel Energie zu einer bestimmten Frequenz vorhanden war, indem er den Unterschied in der Tidenhöhe zu einer spezifischen Zeit an einem bestimmten Ort maß. Diese Energie unterscheidet sich von Ort zu Ort wegen der Art und Weise, wie Ozeane, Buchten und Landmassen die Ozeanströmungen beeinflussen. Die Brillanz von Thomsons Methode lag darin, dass man weder Gravitationslehre noch Thermodynamik beherrschen musste, um die Tiden vorherzusagen, sondern nur ein paar Messungen brauchte.

Thomson entwarf einen innovativen mechanischen Computer, um den Vorhersageprozess zu automatisieren und die Höhe und den Zeitpunkt der Tiden an einem bestimmten Ort zu kalkulieren. Er hatte Dutzende von Zahnrädern und Rollen, über welche sich ein Draht zog, der wiederum mit einem Stift verbunden war, der eine sich drehende Papierrolle berührte. Jede der astronomischen Frequenzen hatte ihr eigenes Zahnrad, welches in der Geschwindigkeit einer der konstituierenden Zeitachsen rotierte. Die Rotation des Zahnrades wurde in eine Auf-und-ab-Bewegung umgewandelt, die am Draht zog und so den Beitrag dieser Komponente zur Gezeitenkurve auf dem Papier sichtbar machte.

Thomsons erste Maschine, gebaut 1872 in London, berechnete simultan die Werte der zehn wichtigsten Komponenten. Es war eine große, sorgfältig gearbeitete Maschine aus Messing, die später als Kelvins Gezeitenrechenmaschine bekannt wurde.

25 Jahre später baute Edward Roberts, der an den Zahnrädern für Thomsons Maschine gearbeitet hatte, eine Gezeitenrechenmaschine mit 40 Komponenten für das Bidston Observatory in Liverpool. Mit solchen Maschinen konnten Höhe und Zeitpunkt der Tiden für alle großen Häfen der Welt ein Jahr im Voraus berechnet werden. Dieses Wissen war

für die Schifffahrt immens wichtig und sollte im Zweiten Weltkrieg eine wichtige Rolle spielen.[92]

GEZEITEN UND DER D-DAY

Im Frühjahr 1944 planten die alliierten Streitkräfte die Invasion des von den Nazis besetzten Frankreichs. Doch die Tiden stellten ein Problem dar. Entlang der gesamten französischen Küste am Ärmelkanal lag der Unterschied zwischen Ebbe und Flut bei über sechs Metern. Bei Ebbe lagen große Strandabschnitte frei, welche die Soldaten unter Kreuzfeuer hätten durchqueren müssen. Der deutsche Feldmarschall Erwin Rommel war daher überzeugt, dass die Invasion während einer Flut stattfinden würde, weil die Alliierten so die Zeit minimieren könnten, während der sie auf offenem Strand seinen Truppen ausgesetzt wären. Aus diesem Grund ordnete er den Bau Tausender Unterwasserbarrieren an, die während der Flut knapp unter Wasser liegen würden. Es waren Barrikaden aus Stahl und Beton oder lange hölzerne Pfähle, die dazu dienen sollten, die Schiffsböden der landenden Truppen aufzureißen.

Glücklicherweise entdeckte die alliierte Luftaufklärung die Barrieren und erkannte deren Zweck. Dies führte zu signifikanten Anpassungen im Invasionsplan und machte dessen Erfolg noch mehr von korrekten Tidenprognosen abhängig. Es wurde entschieden, dass die Landungen kurz nach der Ebbe erfolgen sollten, damit die Truppen genügend Hindernisse in die Luft jagen konnten, um Korridore zu öffnen, durch welche die Landungsboote danach an den Strand navigieren könnten. Das Wasser musste außerdem während der Invasion steigen, denn die Landeboote hatten Truppen abzuladen und

92 B. Parker: »The Tide Predictions for D-Day«. *Physics Today* 64(9), 2011: 35

dann wieder abzulegen, ohne in Gefahr zu geraten, durch die abnehmende Flut zu stranden. Zudem gab es einige Bedingungen, die nichts mit den Gezeiten zu tun hatten: Um die bevorstehende Invasion geheim zu halten, sollten die Truppen den Ärmelkanal im Dunkeln überqueren, doch die Marineartillerie brauchte etwa eine Stunde Tageslicht, um vor der Landung die Küste zu bombardieren. Darum musste die Ebbe mit der Morgendämmerung zusammenfallen, und die eigentlichen Landungen etwa eine Stunde später beginnen.

Ein Tidenhub von über sechs Metern bedeutete, dass das Wasser um mindestens einen Meter pro Stunde anschwellen würde. Der Zeitpunkt der Ebbe musste daher ebenso genau bestimmt werden wie die Geschwindigkeit des Tidenstiegs, denn sonst würde nicht genug Zeit bleiben, die Barrikaden zu zerstören. Hinzu kam, dass der Zeitpunkt der Ebbe sich an den fünf verschiedenen Landestellen um bis zu eine Stunde unterschied, weil diese etwa 100 Kilometer auseinanderlagen. Die Tiden mussten also für alle fünf Orte einzeln vorhergesagt werden.

Die Gezeitenrechenmaschinen wurden in Betrieb gesetzt, aber für eine korrekte Prognose mussten sie mit Daten gefüttert werden. Dies bedeutete, dass an allen Orten im Voraus geheime Messungen durchgeführt werden mussten. Das war eine ganze Menge Arbeit, und alles musste genau stimmen. Die mechanischen Maschinen waren langsam, aber wenigstens waren sie dank der brillanten Arbeit von Laplace und Thomson genau. Der 5., 6. und 7. Juni 1944 wurden alle als mögliche Daten für eine erfolgreiche Invasion bestimmt. Weil am 5. Juni das Wetter schlecht war, fand der D-Day am 6. Juni statt. Der Plan funktionierte. Die Barrikaden wurden in den frühen Morgenstunden beschossen, und die Invasion ging ohne hohe Verluste vonstatten, weil die Deutschen davon ausgegangen waren, dass die Alliierten während der Flut angreifen würden, und sich auf ihre Barrikaden verließen.

EINE VERFORMTE ERDE

Newton und Laplace waren davon ausgegangen, dass die Erde eine starre Kugel sei und dass nur das Wasser auf die Anziehungskraft von Mond und Sonne reagiere. Um etwa dieselbe Zeit, als die Gezeitenreibung entdeckt wurde, gab es eine Diskussion über die innere Struktur der Erde. Verhielt sich das Innere der Erde wie ein starrer Festkörper oder wie eine verformbare Flüssigkeit? Und wenn das Zweite Zutrifft, wird dann die gesamte Erde von den Gezeiten verformt?

Thomson dachte, dass die gesamte Erde von den Gravitationskräften des Mondes und der Sonne verformt werde. Seine Argumente basierten auf der Idee, dass die Erde sich nach ihrer Entstehung immer noch abkühle und im Inneren einem heißen Magma gleiche. Einer von Thomsons Studenten war George Darwin, der Sohn des Evolutionsbiologen Charles Darwin. George Darwin führte die Gedanken von Thomson weiter, welcher vorhergesagt hatte, die Verformung des Erdinneren sei messbar. Der Grund dafür: Wenn die Erde sich als Ganzes verformte, müsste die Amplitude der Gezeiten geringer sein, als bei einer starren Erde zu erwarten wäre.

1882 veröffentlichte George Darwin seine Analyse aus drei Jahrzehnten Gezeitenbeobachtungen in Häfen in England, Frankreich und Indien. Es gelang ihm, das Verhältnis der Gezeitenamplitude einer verformbaren Erde im Vergleich zu der einer starren Erde zu bestimmen, und er bewies, dass die gesamte Erde durch den Mond verformt wird. Darwin studierte außerdem den Effekt der Gezeitenbeulen und die Reibung, die im Erdinnern entsteht, weil sich der gesamte Planet andauernd verformt.

Wenn die Erde selbst durch den Mond verformt wird und nicht nur die Ozeane, dann sollte sich die Erdkruste neigen, während sie sich durch die Beule bewegt, und die Landmassen unter uns sollten sich heben und senken. Der deutsche Astronom Ernst von Rebeur-Paschwitz verbrachte viele Jahre damit, das Design eines horizontalen Pendels zu verfeinern, mit welchem er diese Gezeitenneigung der Landmassen messen wollte. Horizontale Pendel waren erstmals im frühen 19. Jahrhundert für die Seismografie und die Messung der Stärke von Erdbeben entwickelt worden. Zwischen dem 17. und 20. Jahrhundert waren Pendel wichtige Instrumente zur Messung von Zeit und Gravitation sowie zur Beweisführung für die Rotation der Erde. Der französische Physiker Leon Foucault befestigte 1851 ein 28 Kilo schweres Messingpendel an einem 67 Meter langen Seil, welches von der Kuppel des Pantheons in Paris herunterhing. Sein Gewicht ließ das Pendel über viele Stunden schwingen, und während dieser Zeit rotiert langsam die Ebene, auf welcher sich das Pendel bewegt. Wie Descartes und Newton ausgesagt hatten, wird sich eine Bewegung in gerader Linie unendlich fortsetzen, außer eine Kraft wirkt von außen auf sie ein. Ebenso schwingt ein Pendel immer in der gleichen Ebene relativ zum Universum als Ganzes. Die Rotation in der Bewegung des Pendels rührt daher, dass wir als Beobachter auf einer sich drehenden Erde stehen, die um die unveränderliche Schwingbewegung des Pendels rotiert.

Das gleiche Prinzip wurde angewendet, um die Neigung der Landmassen durch die Gezeiten zu messen. Wenn sich die Erde unter dem Pendel wegen der Gezeitenbeule neigt, sollte sich die Ebene verändern, auf welcher das Pendel schwingt. Der Effekt ist winzig. Die Beule in den Landmassen der Erde, die vom Mond verursacht wird, beträgt über eine Fläche von mehreren Tausend Kilometern gerade mal zehn Zentimeter.[93] Das ist eine Neigung der Erdkruste um etwa ein Millionstel

93 Die Höhe der Ozeanbeule (= Wasserbeule) ist größer als die Beule der Landmassen, weil das Wasser über die Oberfläche fließen und sich auftürmen kann.

Grad. 1891 beobachtete Von Rebeur-Paschwitz im Observatorium von Potsdam eine winzige Neigung des Pendels, welche in ihrer Periode und Amplitude mit der vorhergesagten Verformung der Erde durch den Mond übereinstimmte.

Weitere Beweise für die Verformung der Erde folgten 1914, als der österreichische Geophysiker und Astronom Wilhelm Schweydar ebenfalls im Potsdamer Observatorium die Verformung der Erde mit einem Gravimeter maß – dieses bestimmte die Veränderung in der Gravitation, während sich das Gravimeter um 10 Zentimeter vom Erdkern wegbewegte.

12. FREUND UND FEIND ZUGLEICH

Nachdem ich drei Jahre an der Universität theoretische Physik und Astrophysik studiert hatte, absolvierte ich meine Abschlussprüfung. Die Bewertung hing hauptsächlich von der Beantwortung einer von drei Fragen ab. An die ersten beiden erinnere ich mich nicht mehr, aber die dritte (welche ich mich zu beantworten entschied) werde ich nie vergessen: »Berechnen Sie die Höhe der Tiden, die Verlängerung des Tages und die Geschwindigkeit, mit der sich der Mond von der Erde wegbewegt.« Glücklicherweise faszinierte mich der Mond schon damals, und ich hatte Newtons *Principia* ebenso studiert wie die Arbeiten von Laplace.

Als ich eine Stunde lang mit den Gleichungen herumgespielt hatte, hatte ich eine Formel gefunden, mit der sich die Form einer von den Tiden deformierten Erde beschreiben ließ. Ich war erleichtert, als ich endlich auf eine Beulenhöhe von etwa einem halben Meter kam. Ich erinnerte mich auch daran, welchen Einfluss die Gezeiten langfristig auf Erde und Mond haben. Mithilfe der Erhaltungssätze konnte ich abschätzen, wie sich in Zukunft die Tageslänge auf der Erde verändern würde, und was mit der Mondumlaufbahn geschehen würde. Meine Antworten, mit denen ich meine Prüfung glücklicherweise bestand, basierten auf Ideen und Berechnungen, die bereits Hunderte Jahre zuvor gemacht worden waren, beginnend mit Immanuel Kant.

DIE TAGE WERDEN LÄNGER

Der Philosoph Immanuel Kant veröffentlichte 1754 in den *Königsberger Nachrichten* einen Text mit dem Titel *Ob die Erde in ihrer Umdrehung um die Achse einige Veränderung erlitten habe und woraus man sich ihrer versichern könne* als Antwort auf die jährliche Preisfrage der Preußischen Akademie der Wissenschaften. Kant hatte recht in der Annahme, dass die Reibung, die durch die Gezeitenbewegung des Ozeanwassers auf der Erdoberfläche entstand, die Drehung der Erde verlangsamen konnte. Folglich sollten die Tage allmählich länger werden. Kant spekulierte weiter, dass die Rotation der Erde immer weiter abnehmen würde, bis sie schließlich dem Mond immer dieselbe Seite zuwenden würde, also bis die Tageslänge mit der Orbitalzeit des Mondes übereinstimmt – etwa 1000 Stunden.

Kants Ideen waren eindrücklich, doch niemand beschäftigte sich weiter mit ihnen; vielleicht auch deshalb, weil er sie nicht in einer wissenschaftlichen Zeitschrift veröffentlicht hatte.

Lassen Sie mich genauer erklären, weshalb sich die Rotation der Erde verlangsamt: Es braucht Zeit, bis die Gezeitenbeulen der Ozeane und Landmassen wieder im Gleichgewicht sind. Weil die Erde relativ schnell rotiert, werden die Gezeitenbeulen nach vorne geschleppt, sodass sie nicht direkt auf den Mond gerichtet sind. Die Anziehungskraft des Mondes zieht an der Beule, versucht, sie nach hinten zu bewegen, und verlangsamt so die Erdrotation. Dies führt zu Reibung zwischen dem Ozeanwasser und den Landmassen am Grund der Ozeane, was wiederum Hitze generiert, die in den Weltraum entweicht. Auch im Erdinnern entsteht Reibung. All diese Reibung produziert zu jedem beliebigen Zeitpunkt etwa drei Terawatt Energie – tausendmal mehr, als die Erdbevölkerung zur gleichen Zeit konsumiert! Die Rotationsgeschwindigkeit der Erde nimmt ab, und unsere Tage werden länger.

Zur gleichen Zeit türmen sich auf den Beulen Billionen von Tonnen Wasser auf, und diese enorme Masse hat gravitationale Auswirkungen auf den Mond. Diese geringe zusätzliche Anziehungskraft auf den Mond führt dazu, dass seine Orbitaldistanz zur Erde sich vergrößert – er bewegt sich von der Erde weg. In der Sprache der Physik verlagern sich Energie und Drehimpuls von der Erdrotation auf den Mond.

Ein Jahrhundert nach Kant interessierten sich sowohl der deutsche Physiker Robert Mayer als auch der amerikanische Ozeanograf William Ferrel unabhängig voneinander für die Auswirkungen des Mondes auf die Tageslänge. Sie kalkulierten nicht nur die Geschwindigkeit, mit welcher die Rotation der Erde aufgrund der Reibung der Ozeane abnehmen sollte, sondern wiesen auch darauf hin, dass dieser Effekt anhand der sichtbaren Positionen der Himmelskörper beobachtet werden könne. Sie machten die ersten Berechnungen zur Verlängerung des Tages, die durch den Mond ausgelöst wird. Es ist eine sehr schwierige Berechnung, die auf vielen komplexen Faktoren beruht – der gemessene Wert für die Verlängerung des Erdentages liegt bei einer Sekunde in 50 000 Jahren.

Das klingt alles ziemlich spektakulär, aber gibt es Beweise dafür, dass die Tage auf der Erde länger werden und der Mond sich immer weiter von uns entfernt?

Bis in die 60er-Jahre hinein wurde die Entfernung vom Mond während Eklipsen mittels Trigonometrie bestimmt, oder mithilfe der Parallaxe, indem man den Winkel zwischen dem Mond und den weit entfernten Sternen von verschiedenen Orten aus maß. Diese Techniken waren nicht sehr genau, und präzise Messungen der Distanz zum Mond gibt es erst seit dem Apollo-Programm.

Apollo 11, 14 und 15 ließen auf der Mondoberfläche Parabolspiegel zurück, mit denen sich die Distanz zum Mond akkurat messen lässt. Laserstrahl-Impulse werden von der Erde zum Mond geschickt, und das reflektierte Licht wird von einem großen Teleskop eingefangen. Aus der Zeit, die das Licht benötigt, um zum Mond und wieder zurück zu reisen, berechnet man die Distanz zum Mond. Dies ist keine einfache Messung. Sogar das Licht eines Laserstrahls breitet sich im Weltraum aus, und auf die Distanz zum Mond erreicht nur eines von einer Milliarde Photonen den Spiegel. Die reflektierten Photonen verteilen sich ebenfalls wieder im All, sodass weniger als ein Milliardstel von ihnen von den Teleskopen auf der Erde wahrgenommen werden können. Aber, und das zählt, wir können sie messen, und aus diesen Messungen wissen wir, dass sich der Mond pro Jahr um etwa 3,8 Zentimeter von der Erde wegbewegt – so wie es die Gezeitentheorie vorhergesagt hat.

Wie steht es mit den länger werdenden Tagen? Eine Sekunde in 50 000 Jahren ist nicht gerade viel – aber das summiert sich! Stellen Sie sich eine Uhr vor, die vor 2000 Jahren so gestellt wurde, dass die Länge des Tages der damaligen Rotationsperiode der Erde entsprach. Wenn diese Uhr noch immer liefe, ginge sie gegenüber einer Uhr, die vor 2000 Jahren nach der heutigen Rotationsperiode gestellt wurde, um einige Stunden vor. Und weil die alten Astronomen so viel Zeit darauf verwendeten, Eklipsen aufzuzeichnen, verfügen wir tatsächlich über eine Art Uhr, die vor Tausenden von Jahren gestellt wurde.

Weil eine Sonnenfinsternis sich immer zum Neumond ereignet, ist die Zeit zwischen Eklipsen eine ganze Zahl von Mondmonaten. 1695 verglich der Astronom Edmund Halley die Daten und Zeiten zwischen den Eklipsen über 1000 Jahre hinweg. Die älteste datierte Sonnenfinsternis ereignete sich im Jahr 708 v. Chr. in China, und die älteste verlässlich datierte Mondfinsternis in Babylon im Jahr 665 v. Chr. Die Tageszeiten, zu denen sich diese Eklipsen ereigneten, wurden bis auf den Bruchteil einer Stunde genau festgehalten. Halley stellte fest, dass es zwischen den erwarteten und tatsächlichen Zeiten der Eklipsen eine systematische Verschiebung von mehreren Stunden gab.

Aus diesen Informationen schloss Halley, dass sich die Bewegung des Mondes beschleunigt. Eine plausible, aber falsche Interpretation. Es war nicht die Bewegung des Mondes, die sich veränderte, sondern die Länge des Tages. Wäre die Tageslänge seither konstant geblieben, hätten die Eklipsen deutlich später stattgefunden als zum Beobachtungszeitpunkt. Aus diesen Informationen lässt sich für die vergangenen 2000 Jahre eine Veränderung in der Tageslänge von 1,8 Millisekunden pro Jahrhundert errechnen.

Die Rotationsgeschwindigkeit der Erde lässt sich heute auch messen, indem man beobachtet, wann weit entfernte astronomische Objekte wieder die gleiche Position am Nachthimmel erreichen. Seit 1960 messen Astronomen die genaue Position von Pulsaren – den Kernen toter Sterne, die wie Uhrwerke Radiowellenimpulse aussenden. Aus diesen Messungen geht hervor, dass die Rotationsgeschwindigkeit der Erde so abnimmt, dass die Tageslänge pro Jahrhundert um 1,7 Millisekunden zunimmt.

Wenn unser Verständnis der Gezeitentheorie korrekt ist, müssten die Tage vor Millionen von Jahren viel kürzer gewesen sein. Es ist schwierig zu sagen, wie genau sich die Rotationsgeschwindigkeit der Erde in der Vergangenheit verändert hat, und wie sie sich in Zukunft verändern wird. Dies liegt daran, dass ein Großteil des Energieverlusts durch die Reibung von Wasser in flachen Ozeanen von weniger als 100 Metern Tiefe entsteht. Und wo sich diese flachen Ozeane bilden, hängt von der Bewegung der Kontinentalplatten ab, die willkürlich auf der Erdoberfläche herumdriften.

Tatsächlich lassen Fossilienfunde darauf schließen, dass die Tage vor Hunderten Millionen Jahren deutlich kürzer waren. Korallen haben ähnlich wie Baumstämme Wachstumsringe, weil sie täglich mikroskopisch dünne Schichten Kalziumkarbonat anlagern. Die Dicke dieser Schichten variiert mit den Jahreszeiten und zeigt, wann die Korallen schnell wachsen und wann nicht. Diese Linien können uns also helfen, die Wachstumsphasen der einzelnen Jahre zu unterscheiden, und sogar das tägliche Wachstum zu erkennen. Man sieht auch monatliche Ablagerungen, die an den Mondzyklus gekoppelt sind, weil manche Korallenarten jeden Monat neue Skeletttteile bilden.

Die Zahl der Tage pro Jahr ist unterschiedlich, je nachdem, wann diese Korallen lebten. Korallenfossilien aus dem Silur vor 444–419 Millionen Jahren haben 420 kleine Linien zwischen den Jahreszeitenbändern, was darauf hinweist, dass ein Jahr in jener Zeit 420 Tage lang war. Jüngere Korallen aus dem Devon ein paar Millionen Jahre später zeigen, dass die Rotation der Erde sich auf 410 Tage pro Jahr verlangsamt hatte. Heutzutage haben Korallen 365 Wachstumsringe pro Jahr. Dies bedeutet, dass die Tage vor 400 Millionen Jahren etwa 20 Stunden lang waren, und stimmt mit der Theorie überein, dass die Gezeitenreibung die Rotation unseres Planeten verlangsamt.

WARUM WIR IMMER NUR EINE SEITE DES MONDES SEHEN

Jetzt, wo wir die Gezeiten verstehen, können wir dieses Wissen nutzen, um zu verstehen, warum wir immer nur eine Seite des Mondes sehen.

Die dunkle Seite des Mondes sollte eigentlich nicht so

genannt werden, denn sie ist nicht dunkler als die uns zugewandte. Wir können immer nur eine Seite des Mondes sehen, weil der Mond sich sehr langsam dreht – exakt einmal, während er die Erde umrundet. Dies ist kein Zufall, und die Gründe dafür wurden im 19. Jahrhundert von jenen Wissenschaftlern aufgedeckt, die berechnet hatten, dass die Gezeitenreibung den Mond langsam von der Erde wegdriften lässt.

In etwa 50 Milliarden Jahren wird sich die Rotation der Erde so sehr verlangsamt haben, dass sie sich während einer Orbitalperiode des Mondes genau einmal um sich selbst dreht. Dies ist mit unserem Mond bereits geschehen – er ist rotationsgebunden, und darum sehen wir immer nur eine Seite des Mondes. Sollte sich der Mond einst schneller gedreht haben, hätten dieselben Gezeiteneffekte von der Erde auf den Mond gewirkt und dazu geführt, dass der Mond langsamer rotierte – weil die Erdanziehungskraft die Beule des Mondes nach hinten gezogen hätte. Die Verlangsamung der Mondrotation hätte sich fortgesetzt, bis er in eine gebundene Rotation geraten wäre. Die Erde verursacht auch bei unserem rotationsgebundenen Mond noch Gezeitenbeulen, aber diese zeigen direkt zur Erde. Falls sich der Mond einst langsamer drehte als einmal in seiner Orbitalzeit, hätten die Gezeiten dazu geführt, dass sich seine Rotation beschleunigte, bis er wiederum in die gebundene Rotation geraten wäre.

Diese unglaubliche Synchronisation in der Umlaufbewegung und der Rotation lässt sich an anderen Objekten in unserem Sonnensystem beobachten. So sind zum Beispiel Pluto und sein Mond Charon gegenseitig rotationsgebunden. Die Orbitalperiode beträgt ebenso wie die Rotationsperiode bei beiden 6,4 Tage. Von den kürzlich entdeckten Exoplaneten in der habitablen Zone roter Zwerge wird angenommen, dass sie alle rotationsgebunden sind, sodass eine Seite immer dem Stern zugewandt ist und auf der anderen ewige Dunkelheit herrscht.

Ein weiterer interessanter Effekt ergibt sich, wenn der

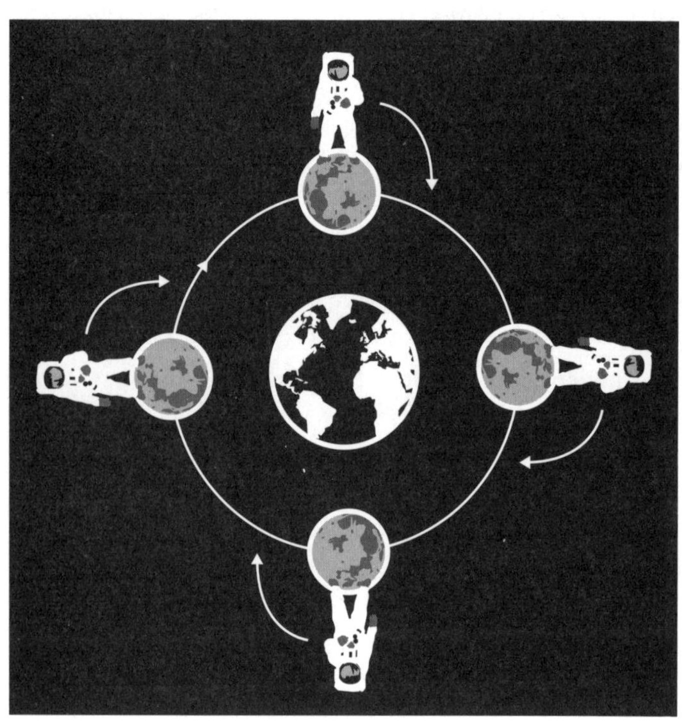

Der rotationsgebundene Mond

Mond eines Planeten sich in die umgekehrte Richtung zu jener des Planeten dreht. In diesem Fall kehrt sich die Physik um, und die Beule befindet sich hinter der Bewegungsrichtung. Dies führt zu einer Beschleunigung in der Rotation des Planeten und dazu, dass der Mond auf den Planeten zudriftet, bis er ihm schließlich so nahe kommt, dass er entweder auf seiner Oberfläche einschlägt oder in Stücke gerissen wird. Diese Annäherung passiert zurzeit mit einem der Monde des Neptun. Triton umläuft Neptun in der Gegenrichtung zur Rotation des Planeten. Er ist bereits jetzt rotationsgebunden und bewegt sich langsam auf die Oberfläche des Neptun zu.

ECHTE UND IMAGINÄRE MONDE

Die gravitationale Stauchung eines Mondes durch seinen Planeten wächst mit der Masse des Planeten. Saturn hat hundertmal die Masse der Erde, und Jupiter gar dreihundertmal. Ihre Monde werden durch die Gravitation der Planeten intensiv gestaucht, und das konstante Auseinanderziehen und Zusammendrücken eines Mondes generiert Hitze, vergleichbar beispielsweise mit der Erhitzung eines Tennis- oder Squashballs, den man viele Male schlägt. Sogar wenn ein Mond rotationsgebunden ist, führt seine leicht exzentrische Umlaufbahn zu einem variierenden gravitationalen Gezeitenfeld.

Diese gravitationale Erhitzung kann so stark sein, dass das Innere eines Mondes feuerflüssig wird. Europa und Enceladus, die wunderschönen Monde des Jupiter und Saturn, haben unter ihren kalten, eisigen Oberflächen warme Ozeane aus Wasser. Man geht davon aus, dass diese Ozeane warm bleiben, weil sie auf einem Gesteinsmantel liegen, der durch das gravitationale Quetschen der Planeten, in deren Orbit sie sind, aufgewärmt wird. Diese beiden Monde sind die besten Kandidaten für die Suche nach außerirdischem Leben in unserem

Sonnensystem, welches sich unabhängig von der Erde entwickelt haben könnte.

Ist das Stauchen zu stark, kann ein Gesteinsmond dadurch unbewohnbar werden – wie zum Beispiel der Jupitermond Io. Er ist der dem Jupiter am nächsten gelegene Mond und umläuft den Planeten direkt über dessen Wolkenspitzen, etwa in der Distanz von unserem Mond und der Erde. Doch der Jupiter hat viel mehr Masse als die Erde, und weil er seinen Mond so stark staucht, ist dessen Oberfläche bedeckt mit Lavaströmen und über 400 aktiven Vulkanen. Manche der Vulkane auf Io wurden beobachtet, wie sie bis zu 500 Kilometer hohe Wolken aus Schwefelgas ausstießen.

Der Filmregisseur James Cameron hätte sich besser von Astronomen über die Gezeitenkräfte aufklären lassen, als er das Drehbuch zu *Avatar* schrieb. Der Film spielt zu großen Teilen auf Pandora, dem Mond eines hypothetischen Gasplaneten im Alpha-Centauri-System. Pandora ist voller Leben und mit einer üppigen Vegetation bedeckt, aber so nah an einem Gasriesen wäre seine Oberfläche wohl eher wie jene von Io – eine unwirtliche Welt voller Lavaströme und aktiver Vulkane!

WETTERZEICHEN UND VULKANE

Die meisten aufstrebenden Zivilisationen verfolgten aufmerksam den Nachthimmel und brachten ihn mit allerlei Omen und Mythen in Verbindung. Sie versuchten, die Eklipsen und die Position des Mondes mit Stürmen, Wind, Regen, Dürre, Erdbeben, Vulkanen und allen möglichen anderen meteorologischen Phänomenen in Verbindung zu bringen. Die nordamerikanischen Zuni-Indianer waren der Meinung, dass ein roter Mond Wasser brachte. Die englischen Landwirte des 17. Jahrhunderts glaubten an einen »tropfenden Mond«, der

Regen lieferte, je nachdem, ob die Mondsichel nach oben oder unten geneigt war.

»Erntemond« und »Jagdmond« sind die traditionellen Begriffe für die Vollmondnächte im Spätsommer und Herbst. Der Erntemond ist der Vollmond, der am nächsten an der Herbst-Tagundnachtgleiche liegt, und der Jagdmond jener nach ihm. Die Begriffe werden mindestens seit dem frühen 18. Jahrhundert verwendet.

Der Vollmond geht immer um die Zeit des Sonnenuntergangs auf. Weil der Mond sich scheinbar schneller nach Osten bewegt als die Sonne, geht er jeden Tag später auf – im Schnitt etwa 50 Minuten. Im Monat März verlängert sich dies auf über 60 Minuten. Dagegen sind der Erntemond und der Jagdmond speziell, weil der Abstand zwischen den Mondaufgängen an aufeinanderfolgenden Abenden weniger als 40 Minuten beträgt. Das ist so, weil die Umlaufbahn des Mondes um die Erde eine Neigung hat. Im Herbst gibt es deshalb in den Tagen nach einem Vollmond zwischen Sonnenuntergang und Sonnenaufgang eine kürzere Periode der Dunkelheit. Dies verlängert die Zeit, die am Abend bleibt, um die Ernte einzubringen.

Der Juli-Vollmond wird auch »Donnermond« genannt, weil er mit Gewittern in Verbindung gebracht wird. Doch gibt es Beweise für den Einfluss des Mondes auf unser Wetter, die über solche Folklore hinausgehen? Ja, die gibt es!

2010 analysierten Forscher die Durchflussmengen von 11 000 Flüssen in Amerika, von denen es Daten ab 1900 gab. Als sie die Messresultate mit den entsprechenden Mondphasen paarten, fanden sie heraus, dass die Wassermenge zum Halbmond jeweils ein wenig anstieg.[94] Die Forscher hatten auch Daten von

94 R. S. Cerveny et al.: »Lunar Tidal Influence on Inland River Streamflow Across the Conterminous United States«. *Geophysical Research Letters* 37, 2010: 22

Niederschlagsmengen zur Verfügung, die bis ins Jahr 1895 zurückreichten. Hier bestätigte sich die Bauernweisheit, dass die Niederschlagsmengen ein paar Tage vor dem Halbmond stiegen. Es handelt sich in beiden Fällen um einen kleinen Effekt zwischen ein und zwei Prozent. Dennoch, wie kann das sein?

Anhand älterer Forschungsresultate vermuteten Wissenschaftler, die Umlaufbahn des Mondes störe die Magnetosphäre der Erde, eine Region von aufgeladenen Partikeln, welche das Magnetfeld der Erde umgibt. So könnten mehr Partikel aus dem All in die Atmosphäre eindringen, wo sie Regen verursachten, wenn sie mit Wolken kollidierten. Tatsächlich unterdrückt aber der Mond den Niederschlag, wenn er direkt über uns steht.

Untersuchungen aus dem Jahr 2016 zeigen, dass der kleine Unterschied in der Niederschlagsmenge durch die gravitationale Gezeitenkraft des Mondes entsteht.[95] Man fand heraus, dass der Luftdruck auf der Erdoberfläche mit der Position des Mondes korrelierte. Wenn der Mond direkt über uns steht, führt seine Anziehungskraft dazu, dass sich die Erdatmosphäre in seine Richtung ausbeult, und so steigt an diesem Ort auf dem Planeten der Druck (oder das Gewicht der Atmosphäre). Höherer Druck hebt die Temperatur der darunter liegenden Luft. Weil wärmere Luft mehr Feuchtigkeit aufnehmen kann, sinkt in jener Zeit die Niederschlagsmenge. Unter Verwendung von Daten der NASA und der japanischen Raumfahrtagentur konnte man tatsächlich bestätigen, dass etwas weniger Regen fällt, wenn der Mond hoch am Himmel steht. Der Unterschied liegt gerade einmal bei einem Prozent der totalen Niederschlagsmenge, aber dies erklärt die früheren Resultate.

95 T. Kohyama, J. M. Wallace: »Rainfall Variations Induced by the Lunar Gravitational Atmospheric Tide and their Implications for the Relationship Between Tropical Rainfall and Humidity«. *Geophysical Research Letters* 32, 2016: 918

Der Mond hat auch Einfluss auf die globalen Temperaturen – allerdings ist dieser ebenfalls gering. Satellitenmessungen der Atmosphärentemperatur zeigen, dass die Pole während eines Vollmonds um ein halbes Grad wärmer sind als während eines Neumonds. Diese kleinen Temperaturunterschiede haben einen schwachen, aber messbaren Effekt auf das Wetter. Der Temperaturanstieg wird dadurch verursacht, dass infrarote Strahlung der Sonne vom Mond auf die Erde reflektiert wird. Hinzu kommt die infrarote Strahlung vom Mond selbst – die Hitze, die in seinen Oberflächenschichten gespeichert ist. Obwohl die Infrarotstrahlung vom Mond hunderttausendmal weniger intensiv ist als die Infrarotstrahlung, die direkt von der Sonne kommt, wird ein Großteil dieser Strahlung von der unteren Atmosphäre absorbiert und heizt sie auf. Sichtbares Licht, das vom Mond auf die Erde reflektiert wird, trägt ebenfalls zum Einfluss auf die globalen Temperaturen bei, aber dieses Licht ist sogar eine Million Mal weniger stark als das direkte Sonnenlicht.

Das Wetter auf der Erde ist ein extrem chaotisches Phänomen. Vielleicht erinnern Sie sich, wie im Film *Jurassic Park* der Schmetterlingseffekt diskutiert wird. Irgendwo auf dem Planeten schlägt ein Schmetterling mit den Flügeln, und dies beeinflusst an einem weit entfernten Ort das Wetter. Auf ähnliche Weise könnte der Gezeiteneffekt des Mondes auf unsere Atmosphäre zu winzigen Verschiebungen in den globalen Luftströmungen führen. Diese könnten sich leicht verstärken und zu größeren Wetterphänomenen auf der Erdoberfläche führen. So wurde zum Beispiel die 18,6 Jahre dauernde Variation in der Orbitalbewegung des Mondes mit einer ähnlichen periodischen Fluktuation in der Dicke des arktischen Eises in Verbindung gebracht[96], und auch in den Temperaturen und

96 H. Yndestad: »The Influence of the Lunar Nodal Cycle on Arctic Climate«. *Journal of Marine Science* 63, 2006: 401

Niederschlagsmengen an den amerikanischen West- und Ostküsten wurde ein Zyklus von 18,6 Jahren festgestellt.[97]

Wie steht es mit Erdbeben und Vulkanen?

Wie wir gesehen haben, verformt der Mond die Kruste und den Mantel der Erde. Hat dies einen Einfluss auf die Häufigkeit von Erdbeben und Vulkanausbrüchen? Es gibt den Aberglauben, dass Erdbeben bei Vollmond häufiger auftreten. Aber die Menge Mondlicht, die auf die Erde fällt, hat keinerlei Einfluss auf die Erdkruste.

Ein Großteil der vulkanischen und seismischen Aktivität auf der Erde ereignet sich entlang der Grenzen von tektonischen Platten, wo die enormen Druck- und Temperaturverhältnisse des Erdinnern an der Oberfläche spürbar werden. Bei Vulkanen liefert das hervortretende Magma unter ihnen einige Warnsignale: erhöhte Bodendeformation, höhere Gaskonzentrationen oder winzige Veränderungen in der Gravitation oder Temperatur an der Oberfläche. Aber nicht bei allen Vulkanausbrüchen sind leicht zu entdeckende Ansammlungen von Magma mit im Spiel. Hochexplosive »phreatische« Eruptionen ereignen sich, wenn sich unter einem Vulkan Einschlüsse von hoch erhitztem, unter Druck stehendem Dampf und Gas bilden und praktisch ohne Warnsignale entweichen.

Die Position von Mond und Sonne wurde mit allen starken Erdbeben seit dem 17. Jahrhundert abgeglichen.[98] Bei über 200 Erdbeben mit einem Wert von über 8 auf der Richter-Skala gab es keine sichtbare Verbindung zwischen beiden. Allerdings scheint es, als ereigneten sich die allergrößten Erdbeben – mit einem Wert von über 9 – eher dann, wenn der

97 S. M. McKinnel: »The 18.6-year Lunar Nodal Cycle and Surface Temperature Variability in the Northeast Pacific«. *Journal of Geophysical Research* 112, 2007: C2

98 S. E. Hough: » Do Large Global Earthquakes Occur on Preferred Days of the Calendar Year or Lunar Cycle?» *Seismological Research Letters* 89, 2018: 577

Gezeitenstress am stärksten ist. Diese Annahme beruht allerdings nur auf wenigen Ereignissen.

Studien der vulkanischen Aktivität zeigen tatsächlich eine leichte Korrelation mit den lunaren Gezeiten. Kurz bevor 2007 überraschend der neuseeländische Ruapehu-Vulkan ausbrach, konnte eine enge Korrelation zwischen seismischen Beben in der Nähe seines Kraters und den Veränderungen in den Gezeitenkräften, die sich zweimal im Monat ereignen, festgestellt werden. Eine Sichtung der über 12 Jahre gesammelten seismischen Daten aus Sensoren rund um den Krater zeigte, dass die Bodenvibrationen aus den drei Monaten vor der Eruption anscheinend mit den Effekten des Mondzyklus korrelierten.[99] Wenn sich die Gezeitenkraft des Mondes und der Sonne verstärkten, stieg die seismische Aktivität an. Diese Ergebnisse lassen vermuten, dass Signale, die mit den Gezeitenkräften in Verbindung stehen, eventuell als Frühwarnsignale für gewisse vulkanische Eruptionen dienen könnten. Es wird interessant sein zu sehen, ob solche Muster auch bei zukünftigen vulkanischen Aktivitäten zu beobachten sind.

HINWEISE AUS DEM EIS

Die Temperatur auf der Erde über die vergangenen fünf Millionen Jahre kann bestimmt werden, indem man den Gehalt von verschiedenen Wasserisotopen in alten Eiskernen und Tiefseesedimenten misst. Wasserisotope sind ein Temperaturindikator, weil schwerere Wasserisotope leichter aus den Ozeanen verdampfen, wenn die Temperatur höher ist.

99 T. Girona et al.: »Sensitivity to Lunar Cycles Prior to the 2007 Eruption of Ruapehu Volcano«. *Scientific Reports* 8, 2018: 1476

Tief liegende Eisschichten in Grönland und der Antarktis erzählen uns etwas über das Klima, das herrschte, als sich dieses Eis durch Schneefall bildete. Mittels Bohrungen ins Eis, die über einen Kilometer tief reichen, kann das Klima der vergangenen Million Jahre rekonstruiert werden. Woher wissen wir, dass dieses Eis so alt ist? Der Schneefall jeder Saison hat leicht andere Eigenschaften als jener der vorherigen. Diese Unterschiede führen zu sich jährlich bildenden Schichten im Eis, die verwendet werden können, um das Alter des Eises abzuzählen, ähnlich den Jahresringen eines Baums. Das Eis enthält winzige Gasbläschen, aus denen sich der Gehalt an Kohlendioxid und Methan in der Atmosphäre bestimmen lässt. Diese Eisbohrungen zeigen eine bemerkenswerte Periodizität, in der die Temperaturen und Treibhausgase rhythmisch ansteigen und dann wieder abfallen.

Im Vergleich zur Durchschnittstemperatur der vorindustriellen Erde oszillierten die Temperaturen in den vergangenen Millionen Jahren um etwa fünf Grad Celsius, was mit Variationen im Kohlendioxidgehalt zwischen 190 und 280 Teilen pro Million zusammenfällt. Während dieser ganzen Zeit erreichten die globalen Temperaturen und der Kohlendioxidgehalt in der Atmosphäre nie unser postindustrielles Niveau.[100]

Diese klimatischen Langzeitvariationen resultierten in regelmäßig stattfindenden Eiszeiten. In den vergangenen zweiein-

100 In der Million Jahre bis zum Beginn des 20. Jahrhunderts variierten die durchschnittlichen Temperaturen auf der Erde von etwa + 1 °C bis –8 °C und das atmosphärische Kohlendioxid um 190 bis 280 ppm. Da zuerst die Temperaturen steigen und dann die Kohlendioxidwerte, wird angenommen, dass Kohlenstoff aus den Ozeanen freigesetzt wurde. Im vergangenen Jahrhundert sind die Temperaturen und der Kohlendioxidgehalt gemeinsam gestiegen. Die Durchschnittstemperatur des Planeten ist heute höher als zu irgendeinem Zeitpunkt in der letzten Million Jahre und ist auf einen Treibhauseffekt zurückzuführen, der durch den heutigen Kohlendioxidgehalt von über 400 ppm verursacht wird – ebenfalls höher als zu irgendeinem Zeitpunkt in der vergangenen Million Jahre.

halb Millionen Jahren gab es fünfzig größere Eiszeiten. Ursprünglich ereigneten sich diese Zyklen alle 40 000 Jahre, aber in der letzten Million Jahre wuchs der Zyklus auf 100 000 Jahre. Was ist der Grund für diese globalen Erwärmungsperioden, lange bevor es Menschen gab?

In den 40er-Jahren verband der serbische Mathematiker und Astronom Milutin Milanković die Erdbewegungen mit dem Langzeitklima und den Eiszeiten. Es gibt drei sogenannte Milanković-Zyklen, die über den Zeitraum mehrerer 1000 Jahre zu periodischen Variationen im von der Erde empfangenen Sonnenlicht führen.

Der erste Zyklus ergibt sich aus der langsamen Veränderung in der Exzentrizität der Erdumlaufbahn über einen Zeitraum von 100 000 Jahren. Diese hat mit der variierenden Anziehungskraft von Jupiter und Saturn auf die Erde zu tun. Wenn sich die Exzentrizität verändert, verändert sich auch die Zeitspanne, welche die Erde in der Nähe der Sonne verbringt, wo sie mehr Hitze aufnimmt.

Der zweite Zyklus ist eine langsame Variation in der Neigung unseres Planeten zur Sonne (Ekliptikschiefe). Der Mond ist hauptsächlich dafür verantwortlich, dass die Neigung der Erde über den Zeitraum von 41 000 Jahren zwischen 22 und 24,5 Grad schwankt. Die Neigung der Erde zur Sonne ist für die Jahreszeiten verantwortlich, und diese Variationen führen zu ausgeprägteren Jahreszeiten.

Der dritte Zyklus ist die Präzession der Erdrotationsachse, die alle 26 000 Jahre einen trudelnden Kreis absolviert – auch dies hängt hauptsächlich mit der Anziehungskraft des Mondes zusammen. Diese Präzession wirkt sich auf den Zeitpunkt aus, zu dem die Jahreszeiten beginnen. Im Moment beginnt in der nördlichen Hemisphäre der Sommer, wenn die Sonne am weitesten von der Erde entfernt ist. Aber in 13 000 Jahren werden die Sommer der nördlichen Hemisphäre dann stattfinden, wenn die Erde der Sonne am nächsten ist, weshalb die Sommertemperaturen steigen werden.

Die historischen Temperaturschwankungen decken sich mit den Milanković-Zyklen. Allerdings sind die Schwankungen viel größer, als aus diesen Zyklen zu erwarten wäre.

Es ist ziemlich schwierig zu bestimmen, wie sich die variierende Neigung der Erde zur Sonne aufs Klima auswirkt. Dies hat damit zu tun, dass kleine Veränderungen in der Sonnenstrahlung von vielen verschiedenen Prozessen verstärkt werden können. Stellen Sie sich zum Beispiel einen Zeitpunkt vor, zu dem es in der nördlichen Hemisphäre ungewöhnlich wenig Sonneneinstrahlung gibt. Dies könnte dazu führen, dass die globalen Temperaturen um ein Grad oder weniger fallen. Aber diese niedrigeren Temperaturen könnten wiederum dickere Eisschichten bilden, und Eis reflektiert mehr Licht als die Ozeane. Dies verursacht noch tiefere Temperaturen und noch mehr Eisbildung. Bei kälteren Temperaturen wird mehr Kohlendioxid von den Ozeanen absorbiert, was zu noch mehr Abkühlung führt, und so weiter, bis die Temperaturen weit unter die normalen Werte gesunken sind.

Das Ende einer Kälteperiode könnte beginnen, sobald die Milanković-Zyklen eine kleine Erwärmung bewirken, welche Eisdecken zum Schmelzen bringt und mehr Kohlendioxid aus den Ozeanen herauslöst. Untersuchungen aus dem Jahr 1997 zeigten, dass das Ende einer Eiszeit sich immer genau dann ereignet, wenn die Neigung der Erdachse ihr Maximum erreicht – was mit den Thesen von Milanković übereinstimmt.[101]

Dieselben Störungen, die für die Veränderung der Exzentrizität der Erde verantwortlich sind, wirken sich auch auf den

101 R. A. Muller et al.: »Glacial Cycles and Astronomical Forcing«. *Science* 5323, 1997: 215

Mond aus. Dies führt zu einer Variation in den Gezeitenkräften, die auf die Erde wirken, die möglicherweise Eisdecken aufbrechen sowie die Meeresströmungen und Wärmeflüsse beeinflussen könnte. Die auf die Erde wirkenden Gezeitenkräfte sind während den interglazialen Perioden am stärksten.

Weshalb variiert der Neigungsgrad unserer Erde? Wenn die Erde sich allein im All drehen würde, würde sie sich über Billionen von Jahren in der gleichen Ausrichtung weiterdrehen. Allerdings ist die Erde entlang des Äquators ein wenig abgeflacht – eine Folge der Zentrifugalkräfte, die durch ihre Drehung entstehen. Der Mond und die Sonne, sowie in geringerem Maß auch der Jupiter und Saturn, ziehen alle in unterschiedlichen Richtungen und unterschiedlichen Zyklen an der abgeflachten Erde. Der wichtigste dieser gravitationalen Drehmomente kommt vom Mond.

Obwohl der Mond vielleicht mitverantwortlich ist für die regelmäßigen Eiszeiten auf unserem Planeten, beschränkt er auch die Variation im Neigungswinkel der Erde auf ein Minimum – und sorgt so dafür, dass unsere Erde von katastrophalen Temperaturschwankungen verschont bleibt.

DER MOND ALS STABILISATOR

Nach meiner Doktorarbeit war ich als Forschungsmitarbeiter an der University of Washington in Seattle angestellt. 1993 hörte ich dort von den neuen Kalkulationen des französischen Astronomen Jacques Laskar.[102] Sie wurden während eines wöchentlichen Kolloquiums vorgestellt, und die Ergebnisse faszinierten mich. Laskar hatte berechnet, wie die Erde ohne die Anwesenheit unseres Mondes ins Trudeln käme. Es war eines

102 J. Laskar: »Stabilization of the Earth's Obliquity by the Moon«. *Nature* 361, 1993: 615

der interessantesten Resultate, die ich in meiner noch jungen Forscherkarriere gehört hatte.

Laskar zeigte auf, dass manche der Planeten in unserem Sonnensystem als Reaktion auf die gravitationalen Störungen durch Jupiter und Saturn ziemlich chaotisch hin und her kippen. Das gravitationale Zerren dieser weit entfernten Planeten ist minimal. Doch über Tausende von Jahren summieren sich die Effekte und können zu dramatischen Konsequenzen führen. Der Mars dreht sich heute mit einem Neigungswinkel von 25 Grad um die Sonne. Doch Laskar berechnete, dass der Neigungswinkel des Mars chaotisch ist und über einen Zeitraum von zehn Millionen Jahren zwischen 0 und 60 Grad variiert.

Die Erde leidet unter der gleichen Störung und sollte deshalb eigentlich ebenso hin und her kippen wie der Mars. Neuere Kalkulationen zeigen, dass der Neigewinkel der Erde über die letzten vier Milliarden Jahre zwischen 10 und 50 Grad hätte variieren sollen, wobei es jede halbe Million Jahre zu einer schnellen Variation um 20 Grad hätte kommen sollen.[103] Dies hätte zu viel stärkeren Klimaveränderungen geführt, als wir sie in Untersuchungen von Gesteinen und Eisproben feststellen konnten.

Aus den Klimadaten der vergangenen halben Milliarde Jahre wissen wir, dass dies nicht passiert ist. Gemäß Laskar ist unser Mond der Grund dafür. Unser relativ großer Mond zieht so stark an der Erde, dass er sie stabilisiert und dafür sorgt, dass sich ihr Neigungswinkel nie um mehr als ein paar Grade verändert. Dies führt zu einem relativ stabilen Klima auf unserem Planeten (abgesehen von einer Eiszeit hin und wieder). Ohne unseren stabilisierenden Mond hätten sich regelmäßig chaotische Klimaveränderungen ereignet und die Evolution des Lebens auf der Erde entscheidend mitbestimmt.

103 J.J. Lissauer et al.: »Obliquity Variations of a Moonless Earth«. *Icarus* 217, 2012: 77

Die Anwesenheit unseres relativ großen Mondes wird oft herangezogen, wenn es um den Grund dafür geht, warum Leben in unserer Galaxie sehr selten zu sein scheint. Es ist ein weiterer möglicher Lösungsansatz für das berühmte Fermi-Paradox. Ich erinnere mich daran, dass ich, als Laskars Ergebnisse bekannt wurden, darüber nachdachte, wie interessant es wäre zu berechnen, wie selten Planeten mit einem relativ großen Mond im Universum sind. Doch es dauerte noch einmal zehn Jahre, bis unsere Computer so leistungsstark waren, dass die das Problem angehen konnten. Mein Doktorand berechnete in seiner 2011 veröffentlichten Arbeit, dass Systeme ähnlich dem unserer Erde und unseres Mondes relativ häufig sein sollten.

13. LEBEN IM MONDLICHT

Lange Zeit ging man davon aus, dass das Mondlicht und die mysteriöse Fähigkeit des Mondes, Ozeane zu bewegen, auch einen Einfluss auf das Leben der Kreaturen auf der Erde haben müssten. Viele der alten Geschichten haben sich als unwahr erwiesen, aber die tatsächlichen Effekte des Mondes auf das Leben sind bemerkenswerter als alle Mythen.

Alle Lebewesen, von Bakterien über Pflanzen bis hin zu den Tieren, werden von biologischen Rhythmen kontrolliert. Die sogenannte zirkadiane Uhr kontrolliert Aktivitäten wie Genexpression, Stoffwechsel und Verhalten, sodass sich diese biologischen Prozesse jeweils zu einer bestimmten Tageszeit ereignen. Aber es gibt auch Organismen mit zusätzlichen biologischen Uhren, deren Zyklen kürzer oder länger als ein Tag sind. Diese optimieren die Chancen des Organismus, sich zu paaren oder Feinde zu meiden, und synchronisieren ihre Reifung und Brutzeiten. Diese kalenderähnlichen, mit den Mondzyklen verbundenen Rhythmen sind als zirkalunare Rhythmen bekannt und tief in den genetischen Code einer Vielzahl von Organismen auf der Erde eingebettet.

Das Leben entwickelt sich, indem es sich an seine Umgebung anpasst, und die Gezeitenzonen der Küsten gehören zu den komplexesten Lebensräumen auf unserem Planeten. Der Meeresspiegel steigt und sinkt aufgrund der Anziehungskraft von Mond und Sonne, und viele der Kreaturen in diesen Zonen folgen in ihrem Fortpflanzungsverhalten lunaren Rhythmen.[104]

Winkerkrabben gehen immer bei Ebbe auf Nahrungssuche. Ihre Aktivität wird von zirkatidalen Uhren mit Perioden von 12 Stunden und 25 Minuten gesteuert – die Zeit zwischen zwei Ebben. Experimente haben gezeigt, dass diese Kreaturen auch dann noch während der Ebbe am aktivsten sind, wenn sie in einem Labor konstanten Temperatur- und Lichtverhältnissen ausgesetzt sind. Ihre lunare Uhr wird nicht durch Licht aktiviert, sondern ist von Geburt an in ihrer DNS verbaut.

Es gibt auch Beispiele von Meereslebewesen, deren Leben durch ein komplexes Zusammenspiel von Sonnen- und Mondzyklen gelenkt wird: Die Paarungsrituale von Lebewesen in den Küstenzonen sind oft auf bestimmte Tage des Monats und bestimmte Zeiten in der Nacht abgestimmt, um die Chancen zu steigern, einen Partner zu finden.

Der marine Borstenwurm *Platynereis dumerilii* sucht sich ebenfalls nachts seine Nahrung und wird dabei durch seine zirkadiane Uhr gesteuert. Er hat aber auch eine biologische Uhr, die mit dem synodischen Mondmonat von 29,5 Tagen verbunden ist. Diese zirkalunare Uhr führt dazu, dass sich der Wurm immer um dieselbe Zeit im Mondmonat fortpflanzt – sein Rhythmus folgt der Helligkeit des Mondes, während sich dieser durch seine Phasen bewegt. Kürzlich fanden Wissenschaftler die winzige Region im Vorderhirn des Wurms, wel-

104 J. D. Palmer: »Time, Tide and the Living Clocks of Marine Organisms«. *American Scientist* 84(6), 1996: 570

che beide Uhren kontrolliert. Um die Zeit des Vollmonds herum ist der Wurm weniger aktiv. Vielleicht handelt es sich hierbei um einen eingebauten Mechanismus, damit er nicht von einer anderen nachtaktiven Kreatur entdeckt und gefressen wird. Wenn der Wurm unter konstanten Lichtverhältnissen gehalten wird, hört seine zirkadiane Uhr auf zu arbeiten, doch die zirkalunare Uhr läuft weiter.

Wenn Sie wie ich der Meinung sind, dass das Leben zu kurz ist, dann sollten Sie sich das Leben der marinen Zuckmücke *Clunio marinus* vor Augen führen. Sie lebt in den Gezeitenzonen entlang der felsigen europäischen Atlantikküste. Ihre Larven müssen vor dem Schlüpfen durchgehend mit Wasser bedeckt sein, doch die Eier müssen abgelegt werden, wenn der Boden trocken ist. Die evolutionäre Lösung des Problems liegt darin, die Lebensspanne der erwachsenen Zuckmücke drastisch zu reduzieren und das Schlüpfen genau auf den Zeitpunkt abzustimmen, an dem die Ebbe so niedrig wie möglich ist.[105] Die Ebbe ist zur Zeit der Springtide am niedrigsten – wenn während des Voll- oder Neumonds die Sonne und der Mond in einer Linie stehen und die Quetschung unseres Planeten am stärksten ist. Die Zuckmücke hat eingebaute zirkadiane und zirkalunare Uhren, die mit den Springtiden synchronisiert sind. Kurz vor dem Zeitpunkt der Ebbe schlüpfen die erwachsenen Mücken und paaren sich sofort, legen Eier und sterben dann in der steigenden Flut. Ihr gesamtes Leben dauert nur ein paar Stunden – die Evolution im Angesicht des Mondes kann harte Konsequenzen haben!

Die Tage der Springtide und die entsprechenden aktiven Tage der verschiedenen Clunio-Populationen sind über die

105 T. S. Kaiser et.al.: »Timing the Tides: Genetic Control of Diurnal and Lunar Emergence Times is Correlated in the Marine Mmidge Clunio marinus«. *BMC Genetics* 12, 2011: 49

Küste verteilt ziemlich gleich. Die genaue Uhrzeit der Ebbe unterscheidet sich allerdings wegen der komplexen Ozeanströme und der unregelmäßigen Küstenführung an unterschiedlichen Orten um mehrere Stunden. Es scheint, als hätten die verschiedenen Clunio-Populationen sich an diese Unterschiede angepasst. In Laborversuchen wurde festgestellt, dass ihre erstaunlich präzisen Uhren von verschiedenen Faktoren gesteuert werden, unter ihnen das Umgebungslicht, die Temperaturen und die Bewegung des Ozeans.

Ein anderes erstaunliches Beispiel für den Effekt des Mondes ereignet sich jedes Jahr in einer Novembernacht. Im Licht des Vollmonds laichen mehr als hundert verschiedene Korallenarten des australischen Great Barrier Reef gleichzeitig. Die Korallen spucken farbenfrohe Wolken von Sperma und Eiern aus – ein wenig wie Unterwasservulkane. Manche Arten produzieren entweder Sperma oder Eier, aber die meisten Korallen geben beide gleichzeitig ab, eingekapselt in kleine runde Pakete in Orange, Pink oder Gelb. Zuerst sitzen die Pakete noch in den Lippen der Korallen, bis eine große Zahl von ihnen gleichzeitig freigesetzt wird und an die Meeresoberfläche treibt. Fische, Meereswürmer und eine Vielzahl von wirbellosen Meeresbewohnern fressen sich in einen regelrechten Rausch. Die Korallen können ihr Timing abstimmen, weil sie über Fotorezeptoren verfügen, die auf das Mondlicht reagieren, das sich während der Mondphasen verändert.[106]

106 N. Kronfeld-Schor et.al.: »Chronobiology by Moonlight« . *Proceedings of the Royal Biological Society* 280, 2013: 1765

VERWANDLUNGEN IM MONDLICHT

Die Geschichte vom Menschen, der sich im Mondlicht in einen Werwolf verwandelt, stammt aus dem 15. Jahrhundert. Solche Verwandlungen mögen bizarr erscheinen, aber warten Sie ab, bis Sie die Geschichte vom Palolowurm im Südpazifik gehört haben. Er ist etwa 30 Zentimeter lang und lebt in den Spalten und Höhlen von Korallenriffen. Wenn die Paarungszeit näher rückt, beginnt sich sein Schwanzende zu verändern. Die Muskeln und Organe im Schwanz degenerieren, und die Reproduktionsorgane wachsen. Am Schwanzende gibt es einen kleinen Augenpunkt, der lichtempfindlich ist. Zum genau richtigen Zeitpunkt löst sich das Schwanzende vom Rest des Tieres und schwimmt als selbstständiges Lebewesen an die Oberfläche. Das vordere Ende bleibt zurück und bildet einen neuen Schwanz.

Diese bemerkenswerte Verwandlung beginnt jedes Jahr im Oktober während des letzten Mondquartals – ein paar Tage vor dem Neumond, da dann der Himmel dunkel ist. Einen Monat später, im letzten Mondquartal im November, ereignet sich das Spektakel noch einmal. Die frei schwimmenden Schwanzenden schwärmen zur Meeresoberfläche, wo sie Sperma und Eier abgeben. Die ausgewählten Fortpflanzungszeiten sollen wohl für eine möglichst hohe Befruchtungsrate und eine möglichst große Überlebenschance der Nachkommen sorgen. Allerdings hat sich der Palolowurm noch nicht an die Gewohnheiten der einheimischen Fischer angepasst, die eine große Menge der Schwanzenden einsammeln, weil diese in Polynesien als Delikatesse gelten.

Die tägliche vertikale Migration von Meeresorganismen ist die größte Migration auf unserem Planeten und übersteigt in Zahlen die Migration aller Landtiere, Vögel und Insekten zusammen. Mit der Veränderung der Lichtintensität heben und senken sich Meeresorganismen im Ozean, um an Nahrung zu kommen und Räubern auszuweichen. Typischerweise bewegen sich Kreaturen in der Nacht nach oben und sinken bei Tageslicht in die Tiefe. Dass diese Bewegung an das Licht und nicht an einen zirkadianen Rhythmus gebunden ist, zeigte sich, als eine vertikale Migration während einer Sonnenfinsternis beobachtet wurde. In den arktischen Regionen geht im Winter die Sonne nicht auf, und es gibt auch keine vertikale Migration – außer von Zooplankton.[107]

Plankton sind die Organismen, die im Meer treiben. Oft sind sie mikroskopisch klein, aber es gehören zu ihnen auch größere Organismen wie Quallen. Unter ihnen gibt es Bakterien, Wasserpilze, Pflanzen und Tiere. Das Zooplankton sind die Tiere unter diesen Lebensformen, und sie ernähren sich üblicherweise von anderem Plankton. Im arktischen Winter hebt und senkt sich das Zooplankton, wenn der Mond sichtbar ist. Weil der Mond jeden Tag 50 Minuten später aufgeht, findet diese Migration während des Mondtages von 24 Stunden und 50 Minuten statt. Dies ist auch der Zeitraum, in dem es zwei Tiden gibt und die Zeit, innerhalb welcher der Mond an die gleiche Stelle am Himmel zurückkehrt. Das Zooplankton richtet sich dabei nach dem Mondlicht, nicht nach den Tiden. Dies muss einen positiven Einfluss auf seine Nahrungsaufnahme haben. Außerdem gibt es während des Winters alle 29,5 Tage ein Massenabsinken des Zooplanktons, das jeweils mit dem Vollmond zusammenfällt. Diese evolutionäre Anpassung könnte verhindern, dass das Zooplankton von Fischen und Vögeln gefressen wird, die während der hellen Polarnächte auf Nahrungssuche sind.

107 K. S. Last et al.: »Moonlight Drives Ocean-Scale Mass Vertical Migration of Zooplankton during the Arctic Winter«. *Current Biology* 26(2), 2016: 244

Es gibt auch viele Beispiele von Lebewesen, die weit von den Ozeanen entfernt leben, und deren Verhalten sich nach dem Mond richtet. Frösche und Kröten orientieren sich am Mondzyklus und am Vollmond, um ihre Zusammenkünfte zu koordinieren – so stellen sie sicher, dass sich zur gleichen Zeit genug Weibchen und Männchen zur Paarung zusammenfinden. Afrikanische Mistkäfer können deutlich besser navigieren, wenn der Mond sichtbar ist, weil sie das Muster von polarisiertem Mondlicht am Nachthimmel wahrnehmen können. Bei Mondlicht rollen sie ihre Dungbällchen in geraderen Linien als in bedeckten Nächten. Noch eindrücklicher ist, dass sie auch in mondlosen Nächten navigieren können – indem sie sich am Licht der Milchstraße orientieren! Afrikanische Mistkäfer sind die einzige bekannte Spezies auf der Erde, die unsere Galaxie zur Orientierung verwendet.[108]

Wie steht es mit Säugetieren? Alle Fledermäuse, Dachse, kleinen Fleischfresser und Nagetiere sind nachtaktiv. Achtzig Prozent der Beuteltiere und zwanzig Prozent der Primaten sind ebenfalls nachtaktiv. Es ist daher nicht überraschend, dass viele Säugertierarten davon beeinflusst werden, wie viel Mondlicht auf die Erde reflektiert wird. Und wie schon bei den Meeresbewohnern geht es meistens darum, Nahrung zu finden – oder nicht selbst zur Nahrung zu werden.

Manche nachtaktiven Landbewohner kommen in hellen Nächten zum Jagen hervor, andere verstecken sich, um Raubtieren auszuweichen. Andere Raubtiere bevorzugen dunkle, mondlose Nächte – das Leben ist hart, wenn man bei anderen auf dem Speiseplan steht. Eine Untersuchung von Galapagos-Seebären zeigte, dass sich in einer Vollmondnacht doppelt so

108 B. el Jundi et al.: »A Snapshot-Based Mechanism for Celestial Orientation«. *Current Biolog* 26(11), 2016: 1456

viele von ihnen an der Küste finden wie bei Neumond. Dies könnte entweder damit zu tun haben, dass sie so verhindern wollen, von Haien gefressen zu werden, oder damit, dass ihre eigene Nahrung während des Vollmonds in die Tiefe sinkt und schlechter zu erreichen ist. Wüstenrennmäuse vermeiden es, nachts zu fressen – aus dem einfachen Grund, dass Eulen sie entdecken und auffressen könnten.

In einer Studie aus dem Jahr 2011 untersuchten Forscher das Fressverhalten von Löwen.[109] Sie fanden heraus, dass der Bauchumfang (= Nahrungsaufnahme) in den Tagen um den Neumond am größten war, weil die Chancen höher waren, dass sie im Dunklen etwas zum Töten finden würden. Die Forscher analysierten auch die Zeitpunkte von tausend Löwenangriffen auf Menschen in Tansania. Zwei Drittel der Angriffe endeten tödlich, und die Opfer wurden gefressen. Sechzig Prozent der Angriffe erfolgten am frühen Abend zwischen 18:00 und 21:45, und die Zahl der Angriffe variierte deutlich mit den Mondphasen. Die meisten von ihnen ereigneten sich in den Wochen nach dem Vollmond, wenn der Mond ein bis zwei Stunden nach Sonnenuntergang aufgeht. In Tansania dauert die Dämmerung nur kurz, und die Nächte sind 12 Stunden lang, sogar im Sommer. Die Angriffsraten waren in den ersten zehn Tagen nach einem Vollmond bis zu viermal höher – weil der Mond erst nach Sonnenuntergang aufgeht. Und die Todeszahlen waren am frühen Abend am höchsten, weil Menschen zu diesen Zeiten unter dem dunklen, mondlosen Himmel noch draußen aktiv sind.

Menschen haben immer in der Nähe von großen, nachtaktiven Fleischfressern gelebt. Der Löwe war einst das am weitesten verbreitete Säugetier auf unserem Planeten – Malereien

109 C. Packer et al.: »Fear of Darkness, the Full Moon and the Nocturnal Ecology of African Lions«. *PLOS One* 6, 2011

von Löwen entstanden vor 36 000 Jahren auf Höhlenwänden in Frankreich. Wir sind seit Langem dem Risiko ausgesetzt, von Löwen gefressen zu werden – ein Risiko, das mit dem zunehmenden und abnehmenden Mond korreliert. Die Autoren der Studie zu den Löwenangriffen haben gemutmaßt, dass dies vielleicht einer der Gründe ist, warum der Mond Einzug in unsere Mythologie und Folklore gefunden hat.

WENN ES PLÖTZLICH DUNKEL WIRD

Es gibt viele Anekdoten dazu, wie sich das Verhalten von Tieren während einer Sonnenfinsternis ändert, zum Beispiel, dass Vögel plötzlich verstummen. Aber es gibt dazu auch einige systematische Studien. 1986 wurde eine Gruppe von Schimpansen während je zwei Tagen vor und nach einer Sonnenfinsternis beobachtet.[110] Als die Eklipse begann und der Himmel sich verdunkelte, kletterten die meisten der Schimpansen nach oben an die Spitze ihrer Kletteranlage. Während der Totalität der Eklipse richteten alle ihre Körper nach der Sonne und dem Mond aus, sodass ihre Köpfe nach oben zeigten. Ein jugendliches Tier stand aufrecht und gestikulierte in Richtung der Sonne und des Mondes. Dieses Verhalten zeigten sie weder bei Sonnenauf- noch bei Sonnenuntergang noch zu irgendeinem anderen Zeitpunkt.

Viele Spinnen haben einen täglichen Rhythmus im Anfertigen von Spinnweben. So webt zum Beispiel die Radnetzspinne *Metepeira incrassata* ihr Netz in der Morgendämmerung und sitzt den ganzen Tag lang bewegungslos da, während sie auf Beute wartet. In der Abenddämmerung nimmt sie ihr Netz

110 J. E. Branch, D. A. Gust: »Effect of Solar Eclipse on the Behaviour of a Captive Group of Chimpanzees«. *African Journal of Primatology* 11, 1986: 367

wieder ab. In einer Studie aus dem Jahr 1994 wurde beobachtet, wie diese Spinnen während einer Sonnenfinsternis begannen, ihre Netze abzubauen, und sich wenige Minuten nach dem Ende der Eklipse dem Wiederaufbau widmeten.[111]

Während der Sonnenfinsternis von 2017 über Amerika wurde eine Smartphone-App zur Verfügung gestellt, über welche man ungewöhnliches Verhalten von Tieren und Insekten während der Sonnenfinsternis melden konnte. Es gab Berichte von herumschwirrenden Glühwürmchen, zirpenden Grillen, zum Vorschein kommenden Krabben und muhenden Kühen. In einer bereits im Voraus geplanten Studie an Bienen während derselben Eklipse wurden 16 Beobachtungsstationen mit Mikrofonen entlang des Pfads der Eklipse aufgestellt – nahe den Blüten, welche die Bienen üblicherweise besuchten. Vor und nach der Sonnenfinsternis war die Aktivität der Bienen normal, und viele summende Vorbeiflüge wurden aufgezeichnet. Doch während der Totalität sank die Aktivität der Bienen auf null. Sobald die Sonne wieder sichtbar wurde, wurden auch die Bienen wieder aktiv.[112]

Diese Verhaltensmuster zeigen sich bei einem plötzlichen Wechsel von Tageslicht zu Dunkelheit. Während die zirkadianen Rhythmen des Lebens eigenständig viele körperliche Funktionen und Verhaltensweisen steuern, scheint es, als würden die Gehirne von Kreaturen auch durch Schemen von Licht und Dunkelheit beeinflusst. Die Dunkelheit während einer Sonnenfinsternis wird offenbar als Beginn der Nacht interpretiert.

111 G. W. Uetz et al.: »Behavior of Colonial Orb-Weaving Spiders During a Solar Eclipse«. *International Journal of Behavioural Biology* 96, 1994: 24

112 C. Galen et al.: »Pollination on the Dark Side: Acoustic Monitoring Reveals Impacts of a Total Solar Eclipse on Flight Behavior and Activity Schedule of Foraging Bees«. *Annals of the Entomological Society of America* 2018

Dass es beim Anpflanzen und Ernten auf die Mondphase ankommt, ist ein Aberglaube, den einst Plinius der Ältere in die Welt setzte (wobei er vielleicht von Theophrastos, dem Nachfolger von Aristoteles, beeinflusst war). Bis heute ranken sich Mythen um die Auswirkungen des Mondes auf Pflanzen, wie zum Beispiel der weitverbreitete Glaube, dass Holz kräftiger ist, wenn ein Baum während des abnehmenden Mondes gefällt wird.

Im ersten Jahrhundert schrieb zum Beispiel Plutarch: »Selbst bei leblosen Körpern ist die Einwirkung des Mondes sehr sichtbar. Die Zimmerleute verwerfen das im Vollmond gefällte Holz, weil es seiner vielen Feuchtigkeiten wegen zu weich, und zur Fäulnis geneigt ist. Die Bauern eilen, ihren Weizen im Abnehmen des Mondes von der Tenne wegzuschaffen, damit er durch die Trockenheit sich desto länger halten soll; Getreide, das im Vollmond eingebracht worden, ist durch die Feuchtigkeiten zu sehr erweicht, und also dem Verderben ausgesetzt. Ferner soll auch im Vollmond das Mehl sich besser säuern lassen.«[113]

Doch entgegen dem Aberglauben vieler, gibt es keine wissenschaftlichen Beweise dafür, dass Pflanzen in irgendeiner Art vom Mondzyklus beeinflusst werden.

Es gibt nur eine Handvoll Studien, die von einem beobachteten Einfluss des Mondes auf Verhalten, Wachstum oder Blüte von Pflanzen berichten. Bereits in den 20er-Jahren wurde gemutmaßt, dass sich die Blätter mancher Pflanzen bei Tag heben und bei Nacht senken – als Folge einer eingebauten zirkadianen Uhr. Nach der Analyse dieser alten Daten wurde

113 Plutarch: *Moralische Abhandlungen*, Band 5. Aus dem Griechischen von Johann Friedrich Kaltwasser. Verlag Johann Christian Hermann, Frankfurt am Main 1793: 447

zudem behauptet, dass die Amplitude der Blattbewegung mit der Anziehungskraft des Mondes korreliere.[114]

Die Resultate sind nicht besonders überzeugend, denn die Beobachtung des Zusammenspiels von Blattbewegung und Mondphase geschah von Auge. Und die Anziehungskraft des Mondes, welche dies verursachen soll, ist extrem schwach. Wenn der Mond direkt über uns steht, ist seine Anziehungskraft etwa 200 Mal schwächer als jene der Sonne und 300 000 Mal schwächer als jene der Erde. Bei einer solch schwachen Kraft macht es meiner Ansicht nach keinen Sinn, dass sie Auswirkungen auf die Pflanzen auf der Erde haben sollte. Pflanzenbiologen sind ebenfalls skeptisch und haben argumentiert, dass Temperaturschwankungen und die eingebauten zirkadianen Uhren der Pflanzen jeden messbaren Effekt der Mondanziehungskraft überdecken würden.

In einer anderen, 2010 veröffentlichten Studie wurden Wassergehalt und Dichte von zu verschiedenen Zeiten gefällten Bäumen auf die Mondphasen bezogen.[115] Die Autoren behaupteten, die 2000 Jahre alten Aussagen von Plutarch träfen zu. Eine detaillierte Folgestudie aus dem gleichen Jahr konnte aber keine mit den Mondphasen korrelierenden Unterschiede feststellen.[116]

Ergäbe sich ein evolutionärer Vorteil daraus, dass sich das Verhalten von Pflanzen mit den Mondphasen ändert, wäre ich nicht überrascht, wenn er sich manifestieren würde. Aber im Gegen-

114 P. W. Barlow: »Leaf Movements and their Relationship with the Lunisolar Gravitational Force«. *Annals of Botany* 2, 2015: 14

115 E. Zuercher et al.: »Looking for Differences in Wood Properties as a Function of the Felling Date: Lunar Phase-Correlated Variations in the Drying Behavior of Norway Spruce and Sweet Chestnut«. Trees 24, 2010: 31

116 A. Vilasante et al.: »Influence of the Lunar Phase of Tree Felling on Humidity, Weight Densities, and Shrinkage in Hardwoods«. *Forestry Products Journal* 60(5), 2010: 415

satz zu den vielen Tieren, Insekten und Meereskreaturen, deren Leben eng mit dem Mond verbunden ist, gibt es kaum Anzeichen dafür, dass Pflanzen vom Mond beeinflusst werden.

MENSCHEN IM BANN DES MONDES

Wir stammen von Fischen ab, die vielleicht zirkalunare Rhythmen hatten. Doch das war vor langer Zeit, und ein lunares Uhrwerk macht beim Menschen wenig Sinn – außer man versucht, nicht von Löwen oder anderen Raubtieren gefressen zu werden. Die Folklore sieht das aber ganz anders.

In seiner *Dissertatio de superstitione in rebus physicis* schrieb der Schweizer Theologe Samuel Werenfels 1693: »[Er] wird vor den Konstellationsfeuern mehr Angst haben als vor den Flammen des Hauses seines nächsten Nachbarn. Er wird keine Ader öffnen, bevor er die Planeten um Erlaubnis gebeten hat. Er wird seinen Samen nicht in die Erde legen, wenn der Boden, sondern wenn der Mond es verlangt. Er wird sich die Haare entweder schneiden, wenn der Mond im Löwen ist, damit seine Locken wie eine Löwenmähne strahlen, oder im Widder, damit sie sich wie ein Widderhorn kräuseln. Was auch immer er anwachsen sehen will, beginnt er, wenn [der Mond] zunimmt, wovon er weniger will, wenn [der Mond] abnimmt. Wenn der Mond im Stier ist, kann er niemals dazu gebracht werden, Medizin zu nehmen, denn das wiederkäuende Tier könnte ihn dazu bringen, sie wieder auszuwerfen. Er wird das Meer meiden, wenn Mars in der Mitte des Himmels steht, denn der Kriegsgott könnte Piraten gegen ihn aufbringen. Im Stier wird er seine Bäume pflanzen, damit dieses Zeichen, das die Astrologen gerne als fixiert bezeichnen, sie tief in der Erde verankern kann. Wenn er irgendwann einmal zu einem Prinzen vorgelassen werden will, wird er warten, bis der Mond in Konjunktion mit der

Sonne steht, denn zu diesem Zeitpunkt ist die Gesellschaft eines Untergebenen und eines Höhergestellten heilsam und erfolgreich.«[117]

Zu jener Zeit glaubten die meisten Menschen im Westen an den einen Gott, und ein Großteil des Wissens über den Mond und die Planeten war verlorengegangen. Dass der Mond offenbar in der Lage war, die Meere zu bewegen, führte zum Glauben daran, dass der Mond das menschliche Verhalten beeinflussen könne – schließlich bestand der Mensch zum Teil aus Wasser. Die »Physik« hinter dem angenommenen Einfluss des Mondes musste mit irgendeiner unbekannten Macht oder Kraft zu tun haben, die er ausstrahlte. Aber wie wir bereits im letzten Kapitel erfahren haben, resultieren die Gezeiten der Ozeane aus einer unterschiedlich starken Anziehungskraft des Mondes über unseren Planeten gesehen. Und dieser Unterschied in der Anziehungskraft ist über den Körper eines Menschen gesehen so klein, dass er gar nicht gemessen werden kann – eine vorbeifliegende Stubenfliege bewirkt eine stärkere Gezeitenkraft in Ihrem Körper als der Mond, die Sonne und alle Sterne im Universum zusammen.

Aber Folklore und Aberglaube können sehr überzeugend sein. Sogar, nachdem die Menschen verstanden hatten, wie der Mond die Ozeane bewegt, glaubten sie weiter daran, dass er das Verhalten der Menschen beeinflusse. Ein Teil des Problems liegt darin, dass der weibliche Menstruationszyklus rein zufällig etwa mit der Länge des Mondmonats übereinstimmt. Charles Darwin glaubte, dass der 28-tägige Zyklus ein Beweis dafür sei, dass unsere entfernten Vorfahren am Meer gelebt hätten, und dass ihre biologischen Uhren sich mit den Gezeiten abgestimmt hätten. Dabei deutet alles auf einen reinen Zufall hin. Beutelratten haben ebenfalls einen Zyklus von

117 S. Werenfels: *Dissertation upon Superstitions in Natural Things*, London 1748: 6

28 Tagen, aber eine unserer nächsten Verwandten, die Schimpansin, hat einen Zyklus von 35 Tagen.

Trotz des gängigen Irrglaubens, der bis heute anhält, ist der weibliche Menstruationszyklus nicht an die Mondphasen gekoppelt, und auch nicht an den Beginn oder das Ende des Mondmonats. Solche Vorstellungen halten sich hartnäckig, obwohl sie sich in umfassenden, systematischen Studien als falsch erwiesen haben.

MACHT DER MOND WAHNSINNIG?

Der Vollmond wurde auf vielerlei Weise mit menschlichem Verhalten in Verbindung gebracht – von Verbrechen und Schlaflosigkeit bis hin zu Unfällen, Geisteskrankheiten und Suizid. Manche Einsatzkräfte und Polizisten glauben, dass sie in Vollmondnächten mehr Einsätze haben, und ein paar Studien unterstützen die Idee, dass es bei Vollmond mehr Verbrechen, Notfälle und Geburten gibt. Andere Studien haben aber keinen Zusammenhang finden können. Forscher haben Polizeiakten und Mondzyklen der Jahre 1998 und 2003 miteinander abgeglichen und keinen Zusammenhang zwischen Suiziden, Morden oder Gewalttaten und den Mondphasen finden können.[118]

Einer der faszinierendsten Aberglauben über den Mond, der sich auch heute noch in der Gesellschaft findet, ist, dass das Mondlicht wahnsinnig machen kann. Das englische Wort für einen Verrückten ist »lunatic«, und dieser leidet an »lunacy«. Das Wort kommt vom lateinischen luna, für Mond. Die Ur-

118 T. Biermann et al.: »Influence of Lunar Phases on Suicide: The End of a Myth? A Population-Based Study«. *Chronobiology International* 22(6), 2005: 1137

sprünge des Begriffs liegen aber nicht im Wahnsinn, sondern in der Epilepsie. Der Glaube an einen Zusammenhang zwischen Epilepsie, dem Übernatürlichen und dem Mondzyklus ist vielleicht so alt wie die Zivilisation selbst.

Das älteste bekannte medizinische Handbuch findet sich in 1000 sumerischen Tafeln aus der Zeit um 1500 v. Chr. Die meisten werden im British Museum gelagert, und viele von ihnen müssen noch übersetzt werden. Eine Tafel berichtet von einer Person, deren Hals sich nach links dreht, deren Hände und Füße angespannt sind und die Augen weit offen, im Mund bilden sich Speichelblasen, und sie verliert das Bewusstsein. Dies wird als »antasubbû« diagnostiziert, die »Hand von Sin«, dem mesopotamischen Mondgott.

In der Antike glaubte man bei vielen Krankheiten an einen übernatürlichen Ursprung. Die Epilepsie wurde als »heilige Krankheit« bezeichnet, weil man glaubte, sie werde von den Göttern auf jene Menschen übertragen, welche die Mondgöttin oder den Mondgott (je nach Kultur) erzürnt hätten.

Hippokrates von Kos (ca. 460–370 v. Chr.) gilt vielen als Vater der modernen Medizin. In seinen Schriften bezieht er sich nicht ein einziges Mal auf übernatürliche Kräfte. Tatsächlich sagt er ganz klar, dass ein solcher Aberglaube unsinnig sein müsse, da Krankheiten übernatürlichen Ursprungs sich nicht durch Ernährung oder andere natürliche Mittel heilen ließen. Der antike Text *Über die heilige Krankheit* wird Hippokrates zugeschrieben und ist eine der ersten Studien zur Epilepsie. Er spricht sich ganz deutlich gegen eine übernatürliche Ursache der Epilepsie aus: »Diejenigen, die zuerst die Krankheit für heilig erklärt haben, waren Menschen, wie sie auch jetzt noch als Zauberer, Entsühner, Bettelpriester und Schwindler herumlaufen und beanspruchen, äußerst gottesfürchtig zu sein und mehr als andere zu wissen. Diese Menschen nahmen die göttliche Macht als Deckmantel ihrer Ratlosigkeit, weil sie nicht wussten, wie sie den Kranken helfen sollten; und damit ihre Unwissenheit nicht offenbar würde, brachten sie auf, dass diese Krankheit heilig sei […].«[119]

Leider vermischten sich zu Beginn des Römischen Reichs gleich mehrere Ideen miteinander. Plinius der Ältere war ein römischer Feldherr, Philosoph und Autor. Er schrieb einen ausführlichen und einflussreichen Text mit dem Titel *Naturalis Historia*. Es ist der längste erhaltene Text aus der römischen Zeit und liest sich eher wie eine Enzyklopädie des damals vorhandenen Wissens. Mythen und Folklore zu den Himmelskörpern werden darin wie Tatsachen dargestellt. Plinius erzählt, wie Wetter, Stürme, Regen und Hagel davon beeinflusst werden, wie der Mond und die Planeten relativ zu den Sternen positioniert sind. Das klingt beispielsweise so: »Wer weiß ferner nicht, dass bei dem Aufgang des Hundssterns sich die Sonnenhitze am meisten steigere? – Wie denn der bedeutende Einfluß dieses Sterns auf der ganzen Welt gefühlt wird. Wenn er erscheint, braust das Meer auf, der Wein gährt im Keller und die Sümpfe kommen in Bewegung. […] Daß die Hunde während dieser Periode am meisten zur Wuth geneigt sind, unterliegt keinem Zweifel.«[120]

Plinius schreibt weiter, dass der Mond Tierkadaver, die seiner bösartigen Strahlung ausgesetzt seien, verderben ließe, und jene, die in seinem Licht schliefen, schwindlig und dumm mache. Er zitiert Aristoteles: »Aristoteles […] fügt noch hinzu, daß kein Thier zu einer anderen Zeit sterbe, als wenn sich die Fluth wieder verläuft. Man hat diese Beobachtung im Gallischen Ocean häufig angestellt, und wenigstens am Menschen bewährt gefunden. Daraus ergibt sich die richtige Vermuthung, daß man nicht ohne Grund den Mond für das belebende Ge-

119 *Die Heilige Krankheit*. In: *Hippokrates: Schriften*. Hans Diller eds.: Hamburg, 1962: 134

120 C. Plinius: *Secundus Naturgeschichte*, übersetzt von Philipp Hedwig Külb. Verlage der J. B. Metzlerschen Buchhandlung 1840: 160–161

stirn halte; daß er es sey, welcher die Erde sättige, und der bei seinem Erscheinen die Körper anschwelle und bei seinem Scheiden leere; daß daher mit seinem Zunehmen auch die Conchylien[121] wachsen, und daß besonders diejenigen Wesen, welche kein Blut haben, seine belebende Kraft fühlen. Aber auch das Blut des Menschen soll mit seinem Lichte sich mehren und abnehmen, und sogar das Laub und die Futterkräuter sollen [...] seinen Einfluss, der also alles durchdringt, spüren.«[122]

Die Idee eines Zusammenhangs zwischen menschlichem Irrsinn und dem Mond wird fälschlicherweise oft Aristoteles zugeschrieben. Aristoteles glaubte zwar, dass der Tod etwas mit den Gezeitenmustern zu tun habe, und dieser Aberglaube findet sich später auch bei Shakespeare, Dickens und vielen anderen. Doch er erwähnt nirgends einen Zusammenhang zwischen dem Mond und dem Wahnsinn.

Der Mond bewegt die Ozeane, also bewege er, so der Aberglaube, auch das Wasser in uns allen. Sogar der einflussreiche Hippokrates hatte erwähnt, dass die Epilepsie durch ein zu feuchtes Hirn ausgelöst werde. Plinius schrieb: »Dagegen soll der Mond, als ein weibliches, sanftes und nächtliches Gestirn die Feuchtigkeit auflösen und anziehen, aber nicht zerstören. Dies soll daraus hervorgehen, daß er durch seinen Schein die Zeichen der Thiere zur Fäulnis bringt, den im tiefen Schlafe liegenden die Betäubung in dem Haupte zusammenzieht, das Eis schmilzt und Alles mit seinem befeuchtenden Hauch erweicht.«[123]

Antyllos war ein griechischer Arzt, der im 2. Jahrhundert v. Chr. in Rom praktizierte. Er schrieb, dass der Mond die Körper befeuchte. Dadurch werde das Gehirn weich und das

121 Muscheln
122 Ebenda: 236
123 Ebenda: 238

Fleisch faul, was zur Folge habe, dass Menschen dümmlich würden, schwere Köpfe bekämen und zu Epilepsie neigten.

Der Mond war verantwortlich für Krankheiten, aber auch für deren Heilung. Beda Venerabilis schrieb im 7. Jahrhundert über einen Kollegen, der eine kranke Nonne besuchte, die im Sterben lag. Als dieser nachfragte, wann man die Frau zu Ader gelassen habe, habe er erfahren, dass es in Quarta Luna geschehen sei. Ein schwerer Fehler sei dies gewesen, denn schließlich habe bereits der Erzbischof davor gewarnt, Aderlässe in Quarta Luna vorzunehmen, da dies zum Tode führe.

Die Paranoia, dass das Mondlicht verrückt machen könnte, hielt sich hartnäckig bis ins 19. Jahrhundert. In Robley Dunglisons Medizinlexikon findet sich unter »Mond« der folgende Eintrag: »Dem Mond wird nachgesagt, dass er einen beachtlichen Einfluss auf den menschlichen Körper hat, in Gesundheit und Krankheit. Dieser Einfluss wurde übelst aufgebauscht. Vor nicht allzu vielen Jahren wäre es häretisch gewesen, die Verschlimmerung des Wahnsinns angesichts des Vollmonds anzuzweifeln; doch inzwischen wurde glaubhaft nachgewiesen, dass unter Ausschluss des Lichts der Wahnsinnige nicht aufgeregter ist als sonst.«[124]

Die Astronomen des späten 19. und frühen 20. Jahrhunderts standen einem Einfluss des Mondes auf das irdische Leben kritisch gegenüber. George Comstock schrieb 1903 in seinem Astronomielehrbuch *A Text Book on Astronomy:* »Es herrscht ein weitverbreiteter Glaube, dass der Mond auf vielerlei Weise einen beachtlichen Einfluss auf irdische Angelegenheiten habe: dass er das Wetter im Guten wie im Schlechten beeinflusse, dass zur rechten Zeit des Mondes Pflanzen gesät und geerntet, Schweine getötet und Hölzer geschnitten werden müssten.

124 R. Dunglison: *Medical Lexicon: a Dictionary of Medical Science,* Philadelphia 1842

Unser gebräuchliches Wort ›lunatic‹ bedeutet mondsüchtig – d. h. einer, auf den der Mond schien, während er schlief. Es gibt nicht den geringsten wissenschaftlichen Beweis für eine dieser Ansichten, und Astronomen überall bewerten sie als Geschichten der Hexerei, Magie und Volksverdummung.«

Dennoch glauben auch heute noch viele daran, dass eine Verbindung zwischen den Mondphasen und menschlichem Verhalten besteht. Es gibt in psychologischen und medizinischen Zeitschriften Hunderte von Artikeln, die behaupten, unser Mond beeinflusse unser Verhalten. In jüngerer Zeit wurden immer wieder Bücher zu diesem Thema geschrieben, wie zum Beispiel *Lunar Effects: Biological Tides and Human Emotions* des Psychiaters Arnold Lieber aus dem Jahr 1996.

Doch egal, wie plausibel Ihnen die Vorstellung erscheint; sobald man die Statistiken und Korrelationen sorgfältig durchgeht, verschwinden die Zusammenhänge.

»Hat der Mondzyklus Einfluss auf Leben und Tod?« war die Frage, die eine Studie aus dem Jahre 2006 stellte.[125] Man untersuchte alle Geburten und Todesfälle in Australien zwischen 1975 und 2003. 7,1 Millionen Geburten und 3,7 Millionen Todesfälle gab es in dieser Zeitspanne. Mit großer statistischer Sicherheit konnte weder ein Zusammenhang von Mondzyklus und Fruchtbarkeit noch eine Korrelation zwischen Mondphasen und Geburts- und Sterbedaten festgestellt werden.

1996 sichtete eine systematische Studie alle Daten, die je dazu verwendet wurden, den Zusammenhang zwischen dem Mondzyklus und menschlichem Verhalten zu untersuchen.[126]

125 J. Gans et al.: »Does the Lunar Cycle Affect Birth and Deaths?» *CEPR Discussion Paper* n. 532, 2011

126 I. W. Kelly et al.: »The Moon was Full and Nothing Happened: A Review of Studies on the Moon and Human Behavior and Human Belief.» In: J. Nickell, B. Karr, T. Genoni: *The Outer Edge*. Amherst 1996

Die Studie fand keine signifikante Korrelation zwischen dem Mondzyklus und Mordraten, Verkehrsunfällen, Notrufen an Polizei und Feuerwehr, häuslicher Gewalt, Geburten, Einweisungen in die Psychiatrie, auffälligem Verhalten von Pflegebedürftigen, Überfällen, Schusswunden, Stichverletzungen, Notfallaufnahmen, Alkoholismus, Schlafwandeln oder Epilepsie.

Und doch hält sich der Aberglaube. Warum?

Eigentlich sollte es doch ausreichen, wenn man einen Tag lang eine Badewanne voll Wasser beobachtet, um sich davon zu überzeugen, dass die Gezeitenkräfte des Mondes viel zu schwach sind, um kleine Mengen Wasser zu bewegen.

Studien menschlichen Verhaltens werden oft mit einer kleinen Anzahl Probanden durchgeführt. Aber für zuverlässige statistische Resultate braucht man möglichst viele Teilnehmer. Bestätigungsfehler – die Neigung, Informationen so zu interpretieren, dass sie die eigenen Erwartungen erfüllen – spielen wohl eine wichtige Rolle dabei, dass sich der Glaube so hartnäckig hält. Genauso, wie zufällige Ereignisse, die Vermutungen von Astrologen bestätigten, wird der Aberglaube, der Mond habe Einfluss auf unser Leben, jedes Mal bestätigt, wenn während eines Vollmonds etwas Merkwürdiges passiert.

Die wissenschaftliche Literatur ist ungeheuer groß, und ein Einzelner kann nicht alle aktuellen Entwicklungen verfolgen. An Anekdoten, die von Freunden oder in populären Zeitschriften erzählt werden, erinnert man sich besser als an eine langweilige wissenschaftliche Studie, die keinen Zusammenhang nachweisen kann. Die einseitige Tendenz der Medienberichte spielt hier meiner Meinung nach ebenfalls eine Rolle. Wie oft lesen Sie Artikel mit Titeln wie *Ein Glas Wein pro Tag ist gut für Sie!* oder *Schokolade hilft beim Abnehmen?* Oft entstehen solche Geschichten, weil Journalisten Forschungsergebnisse verdrehen, oder weil sie den Leuten einfach erzählen, was jene hören wollen.

Ein Beispiel: Eine Studie des psychiatrischen Spitals der

Universität Basel unter der Leitung von Christian Cajochen analysierte während einer Woche das Schlafverhalten von Menschen.[127] Die Forscher fanden heraus, dass die Probanden während des Vollmonds fünf Minuten länger brauchten, um einzuschlafen, und im Schnitt 20 Minuten weniger schliefen. Dies deckte sich mit dem weitverbreiteten Glauben, dass Menschen während des Vollmonds unruhiger sind. Die Studie verbreitete sich in den Nachrichten und im Internet als Beweis dafür, dass der Mond Einfluss auf Menschen habe – sogar respektable internationale Medien wie die *BBC*, *Scientific American*, *Science*, *New Scientist*, *CNN*, *National Geographic*, die *New York Times* und viele mehr berichteten darüber.

Was nicht erwähnt wurde, ist, dass nur 33 Probanden an der Studie teilnahmen. Und was ebenfalls kaum in einer Zeitung zu lesen war, sind die Resultate neuerer, breiter angelegter Studien. Eine 2017 veröffentlichte Studie am Helmholtz-Zentrum in München untersuchte das Schlafverhalten von 1411 Deutschen zwischen 2011 und 2014 und fand keine Korrelation mit den Mondphasen.[128] In einer anderen Veröffentlichung wurden 2328 Teilnehmer aus fünf verschiedenen Ländern über längere Zeit in ihren Schlafmustern beobachtet – und wieder wurde kein Zusammenhang mit dem Mond festgestellt.[129] Offenbar sind die Leser nicht an der Entlarvung von Ammenmärchen interessiert – oder zumindest glauben das die Journalisten.

127 C. Cajochen et al.: »Evidence that the Lunar Cycle Influences Human Sleep«. *Current Biology* 23(15), 2013: 1485

128 M. P. Smith et al.: »Subjective Sleep Quality and Time in Bed do not Vary by Moon Phase in German Adolescents«. *Journal of Sleep Research* 26, 2017: 371

129 R. Refinetti et al.: »Evidence for Daily and Weekly Rhythmicity but not Lunar of Seasonal Rhythmicity of Physical Activity in a Large Cohort of Individuals from Five Different Countries«. *Annals of Medicine* 47, 2015: 530

14. DIE ZUKUNFT

Wir haben unsere Zeitreise in die Entdeckungsgeschichte des Mondes mit den Träumen der Menschen begonnen, eines Tages zum Mond zu fliegen. Und genauso wie jene, welche die ersten Mondlandungen ermöglichten, von den alten Geschichten und Vorstellungen inspiriert wurden, haben die Mondlandungen eine neue Generation von Wissenschaftlern und Entdeckern befeuert, neue Pläne zu schmieden – von erneuten Mondlandungen oder Reisen in weiter entfernte Gebiete des Weltalls. Was also hält die Zukunft für unseren Mond bereit?

Die Mondlandungen ereigneten sich aus einem einzigen Grund: um die Sowjets zu übertrumpfen. Als dies vollbracht war, gab es kaum Diskussionen darüber, dass Menschen zum Mond zurückkehren sollten. Ich finde es ziemlich traurig, dass die Menschheit trotz aller technologischen Fortschritte seit den 60er-Jahren nicht weiter ins All vorgedrungen ist als zum Mond. Trotz des Geredes über baldige bemannte Missionen zum Mars glaube ich nicht, dass dies noch in meiner Lebenszeit geschehen wird.

Im vergangenen Jahrzehnt gab es mehrere unbemannte Missionen zum Mond, und das Interesse steigt, demnächst auch wieder Menschen auf den Mond zu bringen. Dies könnten Vorbereitungsmissionen für größere Vorhaben sein, aber ein bemannter Flug zum Mond könnte auch kommerziellen, privaten und wissenschaftlichen Zwecken dienen. Die Raumfahrtagenturen der Amerikaner, Japaner, Chinesen und Russen planen in den nächsten zehn Jahren weitere Missionen zum Mond. Bei allen handelt es sich allerdings um unbemannte Missionen. Nur private Unternehmen wie SpaceX und Blue Origin haben angekündigt, dass sie innerhalb des nächsten Jahrzehnts Passagiere um den Mond herumfliegen lassen wollen, doch dafür gibt es noch keine konkreten Daten.

2013 absolvierten die Chinesen die erste kontrollierte Landung auf dem Mond seit der sowjetischen Sonde Lunik 24. Und Anfang 2019 brachte ihre Mission Chang'e-4 einen unbemannten Mondrover auf die abgewandte Seite des Mondes. Dieser untersucht den riesigen Aitkenkrater und misst die chemische Zusammensetzung seines Gesteins. Eine zweite Mission, Chang'e-5, soll ebenfalls 2019 starten und in der nördlichen Region des Mondes landen, wo man die jüngsten Mondgesteine vermutet. Dieses Landemodul soll sich zwei Meter tief in die Mondoberfläche vorgraben und zwei Kilo Mondgestein zurück auf die Erde bringen.

Die Chinesen haben relativ realistische und klar formulierte Ziele. In den nächsten Jahren wollen sie eine bemannte Raumstation aufbauen, dann Menschen auf den Mond bringen, um später eine bemannte Station auf dem Mond einzurichten. Langfristig arbeiten sie auf unbemannte und schließlich auf bemannte Missionen zum Mars hin. Das klingt alles großartig, doch es besteht auch die Sorge, dass die Chinesen hauptsächlich zu militärischen Zwecken so hart an ihrem Raumfahrtprogramm arbeiten.

In den vergangenen Jahren hat so ziemlich jede Raumfahrtnation angekündigt, Menschen auf den Mond bringen und eine permanente Mondbasis einrichten zu wollen. Die russische Weltraumagentur Roscosmos gab 2015 bekannt, dass man bis 2030 einen Kosmonauten auf den Mond bringen werde. Roscosmos hat klar kommuniziert, dass die Prioritäten der Russen im Aufbau einer Mondbasis liegen, und überlässt daher die Erforschung des Mars der NASA, damit es nicht wieder zu einem kostspieligen Wettrennen kommt.

Die Russen scheinen dennoch ein neues Wettrennen ausgelöst zu haben, denn 2030 will auch die europäische Weltraumagentur ESA ein Monddorf eröffnen, in dem anfangs zehn und bis 2040 hundert Astronauten leben sollen. Es scheint sogar, als wolle man dafür mit China zusammenarbeiten. 2017 verkündete auch noch die japanische Weltraumagentur JAXA, sie wolle bis 2030 einen Menschen auf den Mond bringen. Sogar Privatunternehmen sind inzwischen auf den Zug der Mondsiedlungen aufgesprungen.

Und auch die NASA hat kürzlich bekanntgegeben, dass sie wieder auf den Mond will. In einem ersten Schritt ging sie 2017 eine Kooperation mit den Russen ein, um eine Raumstation im Orbit um den Mond zu planen. Die Station mit dem Namen *Deep Space Gateway* soll als Basis für weitere Entdeckungsmissionen auf der Mondoberfläche dienen – und als Ausgangspunkt für Reisen ins All jenseits des Mondes.

Trotz aller großen Absichtserklärungen hat es bisher keine dieser Missionen über das Planungsstadium hinausgeschafft. Man weiß noch nicht einmal, was es kosten wird, Menschen erneut auf den Mond zu bringen. Eine Stippvisite sollte mit weniger als den 120 Milliarden US-Dollar des Apollo-Programms erreichbar sein. Aber konnten unsere Erfahrungen und technischen Fortschritte die Kosten deutlich senken? Eine Studie der NASA kam 2009 zum Ergebnis, dass sie für eine Rückkehr zum Mond zusätzlich zu ihrem normalen Budget mindestens 50 Milliarden Dollar benötigen würde. Zwar geht eine neuere Studie aus dem Jahr 2018 davon aus, dass eine

Rückkehr zum Mond mit einem Zehntel des Apollo-Budgets möglich wäre, also gut 10 Milliarden Dollar, doch die Kostenreduktion ergibt sich hauptsächlich aus der Zusammenarbeit mit privaten Unternehmen.

Eine Mondbasis wird wesentlich teurer werden, wobei noch niemand eine genaue Kostenschätzung vorgenommen hat. Manche sprechen von 50 Milliarden Dollar, aber ich schätze, dass der Aufwand näher an 150 Milliarden Dollar liegen wird, so viel, wie die internationale Raumfahrtstation ISS gekostet hat. Bisher hat noch keine Regierung finanzielle Mittel in dieser Größenordnung bereitgestellt, und keine Privatperson hat so viel Geld. Vielleicht könnte man das Ganze mittels Weltraumtourismus finanzieren, mit dem Verkauf von Sammlerstücken oder mit einer Reality-Show, bei der die Teilnehmer zum Mond geschickt werden. Okay, das Letzte war eher ein Scherz.

Das erfahrenste und am besten finanzierte Raumfahrtprogramm hat die NASA, und deren Ziele hängen leider davon ab, wer in den USA gerade an der Macht ist. Ronald Reagan wollte 1984 ein militärisches Raumfahrtprogramm entwickeln. George H. W. Bush wollte zurück auf den Mond. Zwischen 1993 und 2001 strich Bill Clinton das Budget der NASA immer weiter zusammen und konzentrierte sich auf die ISS. 2004 berief George W. Bush sich auf die Ziele seines Vaters und erteilte der NASA ein Mandat, bis 2015 zum Mond zurückzukehren. Der Fokus von Obama lag wiederum darauf, Menschen zuerst auf einem Asteroiden und danach auf dem Mars zu landen. Und nun haben wir es mit Trump zu tun, der sich wieder auf den Mond konzentriert, aber gleichzeitig die Budgets bereits geplanter Mondmissionen zusammenstreicht.

Wenn wir das nötige Geld auftreiben wollen, um wieder zum Mond zu fliegen, müssen wir klare Ziele haben. Und die gibt es. 2006 erstellte die NASA eine Liste mit 180 verschiedenen

Gründen für die Präsenz des Menschen auf dem Mond. Darunter finden sich Dinge wie Astronomie, Erdbeobachtung, Verständnis der lunaren Geologie und ihrer Entstehung, Materialkunde, Studien zur menschlichen Gesundheit, Minderung von Naturgefahren, Entwicklung lebenserhaltender Systeme, Wohnungsbau im All, Unterstützung weiterführender Raumfahrtmissionen, Abbau von Ressourcen auf dem Mond, Ausrufung lunarer Welterbestätten, Entwicklung von Handel und Tourismus auf dem Mond, Öffentlichkeitsarbeit und Inspiration.

All dies könnte am einfachsten mit einer Mondbasis erreicht werden, die von Wissenschaftlern, Astronauten und vielleicht dem einen oder anderen Weltraumtouristen bewohnt wird. Aber wie würde eine solche Mondbasis aussehen, und was könnten wir wirklich erreichen, wenn wir zum Mond zurückkehren?

EIN DORF AUF DEM MOND?

Die Idee einer Mondkolonie findet sich bereits in den ersten Science-Fiction-Werken aus dem 17. Jahrhundert. In *A Discourse Concerning a New World and Another Planet* sagte John Wilkins eine menschliche Kolonie auf dem Mond voraus. Ziolkowski und andere entwarfen zu Beginn des 20. Jahrhunderts ernsthafte Vorschläge für eine Mondbasis. In den Jahren vor dem Apollo-Programm gab es ebenfalls viele kreative Ideen dazu, von Wissenschaftlern ebenso wie von Science-Fiction-Autoren.

Arthur C. Clarke stellte 1954 sein eigenes Konzept einer Mondbasis vor: Mehrere aufblasbare Module, die mit Mondstaub bedeckt werden konnten. Die Module erinnern an Iglus und sind mit Radiomasten, auf Algen basierenden Luftfiltern und Atomreaktoren ausgestattet. Riesige elektromagnetische

Kanonen sollten gemäß Clarke Vorräte zu Raumschiffen in der Mondumlaufbahn »schießen«. Seine Arbeit am Film *2001: A Space Odyssey* (1968) und dem gleichnamigen Roman führt diese Ideen weiter. Die Mondbasis befindet sich hier zu großen Teilen unter der Oberfläche, zum Schutz vor Strahlung und kleinen Meteoroiden.

Zu Beginn des »Space Race« hatten sowohl die Amerikaner als auch die Sowjets Pläne für eine Mondbasis. Diese sollte wissenschaftlichen sowie militärischen Zwecken dienen. *Project Horizon* der Vereinigten Staaten sollte bis 1966 zwölf Soldaten in einer Mondbasis unterbringen. Über 100 Starts einer Saturn-A-1-Rakete waren vorgesehen, um über 300 Tonnen Bauteile auf den Mond zu befördern. Die veranschlagten Kosten waren damals 6 Milliarden US-Dollar, was heute über 50 Milliarden Dollar entsprechen würde. Der Plan wurde schließlich von Präsident Eisenhower abgelehnt.

Die sowjetische Mondbasis sollte auf das bemannte Mondlandeprogramm folgen. Bauteile sollten vor dem Eintreffen der Bewohner in unbemannten Missionen auf die Mondoberfläche gebracht werden. Die Planung begann 1960, und das Programm wurde von der Regierung genehmigt. Über 50 Tonnen Ausrüstung hätten auf den Mond gebracht werden sollen, darunter ein 21 Tonnen schwerer Wohncontainer mit einem 60 Quadratmeter großen Labor- und Wohnraum. Das Projekt wurde 1974 eingestellt, als die Apollo-Missionen endeten und bekannt wurde, dass die Amerikaner keine weiteren Pläne für eine Mondbasis hegten.

Im »Moontopia«-Wettbewerb konnten 2016 Architekten und Designer ihre Vorschläge für den »Lebensraum Mond« einreichen. Die Gewinner planten eine schrittweise Kolonisierung des Mondes mit Wohneinheiten, die zum Teil aus 3-D-Druckern kommen und teilweise in Selbstmontage entstehen sollten. Alle Strukturen sollten aus Karbonfasern bestehen und auf dem Prinzip des Origami basieren. Astronauten würden den Kern der Basis aufbauen und diese so vorbereiten, dass sie später um Einheiten für Raumfahrttouristen und Kolonisten ergänzt werden könnte. Irgendwie klingt es nach einem besonders komplizierten Ikea-Bausatz, und das Ganze macht in einem Raumanzug bestimmt noch viel mehr Spaß als im eigenen Wohnzimmer! Alle eingereichten Ideen waren äußerst kreativ, aber viele bewegten sich am Rande der Science-Fiction – zum Beispiel die einer orbitalen Raumstation mit einem Lift, der Menschen zur Oberfläche bringt.

Es wäre teuer, Bauteile für eine Mondbasis von der Erde zum Mond zu transportieren. Eine Mondsiedlung könnte stattdessen aus bereits dort vorhandenem Material gebaut werden. Die lunaren Hochebenen verfügen über viel Anorthosit, ein Gestein aus Kalzium, Aluminium, Silizium und Sauerstoff. Durch Einschmelzen dieses Materials kann man viele der seltenen Zutaten herauslösen, die es für eine Mondbasis braucht. In der Mondkruste gibt es auch Troilit, eine Eisen-Schwefel-Verbindung, die auf der Erde selten vorkommt. Experimente auf der Erde haben gezeigt, dass Schwefel aus dem Troilit herausgelöst und mit Mondstaub kombiniert werden kann, was ein Baumaterial ergibt, das stärker ist als Zement. Das Einschmelzen von Gestein benötigt zwar viel Energie, aber der Mond verfügt über viel ungetrübtes Sonnenlicht, das als Energiequelle genutzt werden kann.

Einer meiner liebsten Science-Fiction-Filme ist *Moon* von Duncan Jones (2009). Ein einsamer Astronaut verbringt eine Dreijahresschicht auf dem Mond, um die Abbauanlagen zu überwachen, die Helium 3 aus der Mondoberfläche extrahieren, um es zur Erde zu schicken und dort in Fusionsgeneratoren zu nutzen. Das chinesische Mondforschungsprogramm untersucht derzeit die Möglichkeit des Abbaus von Rohstoffen auf dem Mond und konzentriert sich dabei besonders auf Helium 3, das auf der Erde als Energiequelle dienen könnte.

Doch obwohl dies in der Science-Fiction-Literatur häufig erwähnt wird, wird der Abbau von Helium 3 wohl noch eine Weile Fiktion bleiben. Wir wissen nicht, wie viel – und ob überhaupt – Helium 3 auf dem Mond existiert. Niemand hat bisher die Kosten für einen solchen Abbau und dessen Rücktransport auf die Erde berechnet. Außerdem können wir im Moment noch gar nichts mit Helium 3 anfangen, weil es bis zur Fusionsenergie noch ein paar Jahrzehnte dauern wird.

Eine Mondbasis müsste für ihre eigene Atmosphäre sorgen und die Bewohner vor kleinen Meteoriten sowie den Geröll- und Staubspritzern größerer Einschläge schützen. Jetzt, wo wir viel mehr über die Mondoberfläche wissen, haben sich dadurch auch die Designs für eine Mondbasis verändert. Wir wissen, dass die Oberfläche fest ist und betreten werden kann. Es gibt Beweise für eine Vielzahl uralter Lavaröhren auf dem Mond. Eine Mondbasis im Innern, welche sich diese natürlichen Höhlengänge zunutze macht, könnte ihre Bewohner vor den extremen Temperaturschwankungen ebenso schützen wie vor kleinen Meteoriteneinschlägen.

Das gefrorene Eis an den Polen des Mondes macht diese zu bevorzugten Standorten für eine Mondbasis. Wasser wird für jede Mondsiedlung der wichtigste Rohstoff sein. Am Nordpol des Mondes gibt es davon geschätzte 600 Millionen Tonnen. An den Mondpolen gibt es auch Krater, die immer im Dunklen liegen und in die kein Sonnenlicht fällt. Und es gibt in der Nähe Mondberge, die während etwa 90 Prozent des Jahres von der Sonne bestrahlt werden.

Eine tief in einem Krater gelegene Mondbasis wäre gut vor Einschlägen geschützt, hätte eine fast unerschöpfliche Quelle an Sonnenenergie und Zugang zu großen Mengen Wasser. Sonnenlicht könnte mittels großer Spiegel reflektiert werden, sodass man im Innern des Kraters eine künstliche, erdähnliche Umgebung mit Tag und Nacht schaffen könnte.

Wasser kann als Eis aus den Kratern an den Polen gewonnen oder aus dem Boden extrahiert werden. Mit der Energie aus Solarpaneelen kann durch Elektrolyse oder künstliche Photosynthese aus dem Wasser Raketentreibstoff gewonnen werden – und Sauerstoff zum Atmen. Eine Mondstation, von der aus man zu Missionen in die Weiten des Alls aufbrechen könnte, würde die Kosten solcher Missionen wegen der niedrigeren Anziehungskraft des Mondes und dem daraus resultierenden niedrigeren Treibstoffverbrauch erheblich senken. So könnte die zukünftige Erkundung des Sonnensystems um ein Vielfaches günstiger werden.

WISSENSCHAFT AUF DEM MOND

Eine ständig bemannte Mondbasis wäre für die Wissenschaft von unermesslichem Wert. Viele Herstellungsprozesse und Experimente auf der Erde finden unter vakuumähnlichen Bedingungen statt. Um diese Umgebung zu schaffen, sind teure Geräte nötig, und sogar mit diesen enthält das beste Vakuum, das wir auf der Erde herstellen können, noch immer etwa eine Million Moleküle pro Kubikzentimeter. Für ein Vakuum-Experiment auf dem Mond braucht man lediglich einen Behälter, den man draußen öffnet.

Auf dem Mond herrschen perfekte Voraussetzungen für astronomische Beobachtungen, vor allem, wenn man ein Teleskop in einem der Krater aufstellen könnte, die in ständiger Dunkelheit liegen. Es gibt keine Lichtverschmutzung, und die Nächte sind richtig dunkel. Da es keine Atmosphäre gibt, wird das Licht nicht gestreut. Teleskope in der Erdumlaufbahn haben zwar die gleichen Vorteile, doch sind sie im Vergleich zu Teleskopen am Boden deutlich kleiner, und ihr Unterhalt ist kompliziert und teuer.

Große Teleskope auf dem Mond könnten die Atmosphären

von Exoplaneten beobachten und nach Biosignaturen des Lebens auf ihren Oberflächen Ausschau halten. Die optische Präzision ohne eine verschleiernde Atmosphäre würde es uns erlauben, nicht nur neue Welten zu entdecken, die andere Sterne umrunden, sondern auch zu bestimmen, ob diese Welten ihre eigenen Monde haben. Astronomie im Infrarotbereich wäre besonders interessant, weil diese Wellenlängen auf der Erde von unserer Atmosphäre aufgehalten werden. Die kalten Temperaturen während der Mondnacht wären ideal, um das Rauschen in den elektrischen Detektoren zu minimieren.

Die Radioastronomie – die Beobachtung von Radiowellen aus dem Weltall – auf der Erde wird von Hintergrundgeräuschen geplagt; nicht nur von Radiostationen, sondern von allen Geräten, die über Radiowellen kommunizieren, von Garagenöffnern bis hin zu Mikrowellengeräten. Ein Radioteleskop auf der abgewandten Seite des Mondes wäre von den Hintergrundgeräuschen abgeschirmt und würde eine klare Sicht auf das Universum ermöglichen. Es wäre ideal, um damit nach intelligentem außerirdischem Leben in unserer Galaxie zu suchen, welches vielleicht über Radiowellen kommuniziert.

Der Mond wäre auch ein geeigneter Ort, um Teleskope einzurichten, die ausschließlich nach gefährlichen Objekten in Erdnähe suchen. Observatorien auf der erdnahen Seite des Mondes hätten jederzeit einen Blick auf die gesamte Erdscheibe und könnten globale Klimaveränderungen überwachen, außerdem die Reaktion der Erdatmosphäre auf Sonnenaktivitäten, Veränderungen in der Schneedecke und den Gletschern sowie den Zustand der Ozeane und der marinen Ökosysteme beobachten.

Nach Jahrhunderten der Spekulation und des wissenschaftlichen Fortschritts haben wir eine ziemlich gute Vorstellung davon, wie unser Mond entstanden ist, aber es fehlt eine detaillierte, allgemein akzeptierte Theorie, und viele Fragen sind noch offen. Um weitere Rätsel unseres Mondes zu lösen, müssten wir ihn erneut besuchen. Die Proben, welche die NASA vor 50 Jahren auf die Erde gebracht hat, sind äußerst wertvoll, aber sie stammen von nur sechs Landeplätzen, die alle auf der zugewandten Seite und nahe am Äquator liegen. Die Oberfläche des Mondes hat eine diverse Geologie, und die Apollo-Kollektion repräsentiert diese nicht genügend. An einer wissenschaftlichen Konferenz zum Mond wurden kürzlich über 50 interessante Stellen identifiziert, von denen man Proben entnehmen und analysieren sollte.

Alle frühen Mondmissionen, ob bemannt oder unbemannt, entnahmen ihre Proben von der Oberfläche oder nur wenig darunter. Die Proben stammen aus der Staubschicht pulverisierten Mondgesteins, dem sogenannten Regolith, einem Produkt der Bombardierung durch Meteoriten. Wir haben keine Proben des festen Mondinneren, nur Beispiele von dem, was davon weggesprengt wurde. Dies reicht nicht aus, um die Zusammensetzung unseres Trabanten zu verstehen und das Rätsel um seine Herkunft zu lösen. Wie wir bereits erfahren haben, weisen alle Proben darauf hin, dass der Mond aus dem gleichen Material besteht wie die Erde, aber wir konnten bisher keine tiefer liegenden Schichten vergleichen. Erst das Innere des Mondes kann uns verlässliche Antworten liefern. Was wir bisher gemacht haben, ist etwa vergleichbar mit dem Versuch, die Zusammensetzung und Geschichte der Erde mit ein paar Schaufeln Saharasand zu verstehen.

Die Tatsache, dass auf dem Mond Wasser entdeckt wurde, hat einige grundlegende Fragen aufgeworfen, so zum Beispiel, wie es dorthin gekommen ist, und wie es die hohen Temperaturen des großen Einschlags überstanden hat, durch den der Mond wahrscheinlich entstanden ist. Vielleicht stammt es aus Kometen und Asteroiden, die beim Aufschlag zu Staub zerfielen, und kondensierte dann auf den Böden der kalten Krater an den Mondpolen. Ein anderer Vorschlag ist, dass sich aus Wasserstoff von den Sonnenwinden und mineralisiertem Sauerstoff im Regolith Wasser gebildet haben könnte, das entwich und entweder in den Weltraum gelangte oder sich in den kalten Kraterböden sammelte. Vielleicht kam es auch von der Erde, überstand den großen Einschlag und kondensierte kurz nach seiner Entstehung auf dem Mond.

Ein weiteres Rätsel ist, dass viele der über 200 Mondbrocken, welche ihren Weg auf die Erde gefunden haben, auf ein Alter von 3,9 Milliarden Jahren datiert wurden, eine Zeit, in der sie sich wahrscheinlich aus dem feuerflüssigen Material mehrerer großer Einschläge bildeten. Nur ganz wenige der Mondbrocken sind älter. Was passierte damals auf dem Mond? Manche Wissenschaftler haben vorgeschlagen, dass Ejekta des riesigen Imbriumkraters sich über die gesamte Mondoberfläche verteilten, und die Apollo-Missionen nur Geröll dieses einen Einschlags aufsammelten. Die Einschlagsrate auf dem Mond (und auf allen anderen Planeten des Sonnensystems) beruht auf der exakten Datierung vieler Mondkrater. Wenn wir also nur den Entstehungszeitpunkt eines einzigen Kraters kennen würden, wäre unser Wissen äußerst beschränkt. Um der Geschichte des Mondes wirklich auf die Spur zu kommen, müsste man Proben von möglichst vielen Regionen und Kratern analysieren.

Die meiste geologische Aktivität auf dem Mond ereignete sich in seiner frühen Geschichte. Dennoch gibt es auf der uns zugewandten Seite des Mondes zahlreiche kleine Flecken von bis zu fünf Kilometern, die aussehen, als sei ihr Basaltgestein relativ jung. Einige dieser Flecken müssen relativ neu sein, weil sie nicht von kleinen Einschlagskratern bedeckt werden. Sie habe scharfe Abgrenzungen, welche dem Geröllregen auf dem Mond nicht über lange Zeit standgehalten hätten. Dies könnte bedeuten, dass es bis vor 100 Millionen Jahren vulkanische Aktivität auf dem Mond gab, was wiederum unsere Vorstellungen über das Innere des Mondes auf den Kopf stellen würde. Aus den seismischen Wellen, die wir durch das Mondinnere geschickt haben, nehmen wir an, dass ein Großteil des Mantels aus festem, kaltem Gestein besteht. Doch wo kommen dann diese jungen Basaltgesteine her? Etwas Ähnliches gibt es auf der Erde nicht.

Auf dem Mond gibt es auch kontinuierliche Oberflächenveränderungen, weil die Kruste sich verformt und bricht. Während sich der Mond weiter abkühlt, ziehen seine inneren Regionen sich zusammen. Die brüchige Kruste reagiert darauf mit Rissen. Tausende von schmalen »Fetzen« auf der Oberfläche sind zu dünn, als dass sie lange hätten überdauern können. Diese faltigen Merkmale haben sich wahrscheinlich erst in den vergangenen 50 Millionen Jahren herausgebildet. Die Ausrichtung der Falten weist darauf hin, dass die Gezeitenkräfte der Erde etwas mit ihrer Entstehung zu tun haben könnten.

BEREIT FÜR DEN MARS

Einige private Raumfahrtunternehmen haben noch viel Größeres vor, als zum Mond zurückzukehren – sie wollen lieber gleich zum Mars, und das bis 2030. Menschen auf den Mars zu bringen, ist ein wichtiges Ziel, und die Menschheit sollte es unbedingt eines Tages schaffen. Aber es ist auch unglaublich teuer und kann nur durch internationale Zusammenarbeit erreicht werden. Ich glaube nicht daran, dass dies zeit meines Lebens noch passieren wird. Aber ich hoffe und glaube, dass wir in den nächsten zwei Jahrzehnten die Pläne für eine Mondbasis weiterverfolgen werden, und dies wäre eine großartige Vorbereitung auf wagemutigere Missionen in der ferneren Zukunft.

Eine Mondbasis würde wertvolle Erfahrungen in der Entwicklung und im Unterhalt von lebenserhaltenden Systemen liefern – Energiequellen, Nahrungsmittelproduktion und Wiederaufbereitung von Wasser. Manche sagen, es sei falsch, vor einer Marsmission zum Mond zurückzukehren, weil dies die Gelder aufteile und dadurch eine Reise zum Mars um Jahrzehnte verzögern könnte. Ich aber glaube, dass dieser Zwischenschritt unerlässlich ist, um die nötige Technologie zu entwickeln. Die Reise zum Mars wird mindestens zehnmal so viel kosten wie eine Mondbasis. Und sollten wir es nicht schaffen, eine Basis auf dem Mond zu bauen, wie sollen wir das dann erst auf dem Mars hinbekommen?

Die Schritte sind auf dem Mond fast die gleichen wie auf dem Mars. Aber der Mond ist nur drei Tage entfernt, nicht ein halbes Jahr, also ist allfällige Nothilfe relativ nah. Wir könnten so die Auswirkungen des Weltalls und der niedrigeren Schwerkraft auf den menschlichen Körper studieren und, darauf basierend, lebenserhaltende Systeme für die lange Reise zum Mars entwerfen. Außerdem wäre es viel einfacher, den Mars vom Mond statt von der Erde aus anzusteuern.

Um die Anziehungskraft zu überwinden und einen anderen Himmelskörper zu erreichen, muss man eine gewisse Geschwindigkeit haben. Eine Reise von der Erde zum Mars erfordert eine Minimalgeschwindigkeit von 13 Kilometern pro Sekunde. Die erste Stufe der Saturn-V-Rakete verschlang eine Million Liter Treibstoff, nur um aus der Erdatmosphäre auszutreten. Weil der Mond eine niedrigere Anziehungskraft hat, würde die gleiche Reise, vom Mond aus gestartet, nur eine Geschwindigkeit von etwa drei Kilometern pro Sekunde erfordern – so schnell muss man in etwa sein, um von der Erde zur ISS zu gelangen. Sogar wenn die Marsrakete auf der Erde konstruiert würde, könnte sie den Großteil ihres Treibstoffs bei einem kurzen Zwischenstopp im Mondorbit aufnehmen – geliefert von der Mondoberfläche.

Ein erfolgreiches interplanetares und schließlich interstellares Raumfahrtprogramm ist ein großes, aber erreichbares Ziel. Die nächste bedeutende Errungenschaft wäre tatsächlich, wenn ein Mensch auf dem Mars steht. Und sollte der Mensch langfristig überleben, bin ich wie viele andere der Meinung, dass wir uns in den nächsten 1000 Jahren die Kolonisierung anderer Welten zum Ziel setzen sollten. Dagegen wird oft eingewendet, dass wir zuerst unsere eigenen Probleme auf der Erde lösen sollten. Das stimmt, aber man kann auch beides gleichzeitig angehen, und dass wir ein Raumfahrtprogramm haben, bedeutet nicht, dass wir uns nicht gleichzeitig um eine sichere, grünere Erde bemühen können. Die technologischen Entwicklungen, die sich aus solchen Programmen ergeben, können nicht vorhergesagt werden, aber es kommt immer zu bahnbrechenden Erfindungen. Dies ist einer der Gründe, weshalb Regierungen ein solch breites Spektrum der Wissenschaft finanzieren – niemand weiß, wo es die nächste große, lebensverändernde Entdeckung geben wird.

Wir sind sicherlich in der Lage, über den Mond hinaus zu reisen, aber ist es eine Frage der Priorität oder des Geldes?

Die Apollo-Missionen kosteten in heutigem Geld 120 Milliarden Dollar. Menschen zum Mars zu schicken, wird ein Vielfaches davon kosten, daran ändert auch die verbesserte Technologie nichts. Keine einzige Nation investiert so viel Geld in dieses Ziel. Elon Musk ist etwa 20 Milliarden Dollar wert, also kann er sich das alleine gar nicht leisten. Und die Ressourcen dazu hat er auch nicht – am Apollo-Programm arbeiteten mehrere Hunderttausend Leute und Zehntausende Universitäten und Unternehmen. SpaceX hat nur 7000 Angestellte.

Für die Reise zum Mars brauchte es die gesammelten Ressourcen und Gelder aller aktiven Raumfahrtprogramme der Welt. Und dies nicht nur für ein Jahr; es wäre eine langfristige Zusammenarbeit über viele Jahre nötig.

Wenn Sie sich nun denken, dass ich hier ganz schön große Geldbeträge wälze, dann haben Sie recht. Aber die Entwicklung des F-35 Kampfjets kostete im Vergleich dazu 332 Milliarden US-Dollar, und sein Unterhalt wird noch einmal eine Billion kosten. Jedes Jahr geben die USA mehr für ihr Militär aus, als die Programme für Apollo, das Space Shuttle und die ISS zusammen gekostet haben. Und jedes Jahr gibt der Rest der Welt zusammengenommen einen ähnlich hohen Betrag für sinnlose Kriegsressourcen aus.

Über den gesamten Globus gesehen, geben wir jährlich etwa zwei Billionen Dollar pro Jahr fürs Militär aus, und Kriege haben indirekte Kosten von erschreckenden 14 Prozent aller zusammenaddierten Bruttoinlandsprodukte der Welt zur Folge. 2015 kam eine sorgfältige Kostenanalyse der Kriegsfolgen auf 13,6 Billionen US-Dollar. Andererseits wurden friedenserhaltende Maßnahmen mit gerade einmal 8 Milliarden Dollar unterstützt – weniger als ein Prozent der Kriegskosten. Im gleichen Jahr wurden für Raumfahrtprogramme insgesamt etwa 50 Milliarden Dollar ausgegeben, das meiste davon für die ISS oder für Erdüberwachungsprogramme. Das ist weniger als 1 Prozent des weltweiten BIP.

DER MOND ALS URLAUBSZIEL?

Es gibt eine Menge Leute, die gerne ein paar Tage oder Wochen auf dem Mond verbringen würden. Was für eine Erfahrung! Aber würden Sie auch ein Jahr auf dem Mond verbringen, weit weg von allen irdischen Bequemlichkeiten? In den versiegelten Gebäuden der Mondbasis könnten Sie sich wie in einem Hotelzimmer bewegen, aber um nach draußen zu gehen, müssten Sie einen komplizierten (und teuren) Raumanzug anziehen, der Sauerstoff liefert, Dampf und Kondensation abführt und eine erträgliche Temperatur aufrechterhält.

Ein passionierter Bergsteiger wäre bestimmt scharf darauf, als Erster die kilometerhohen Berge des Mondes zu erklimmen. Da die Schwerkraft nur ein Sechstel von jener auf der Erde beträgt, könnte man förmlich zum Gipfel hüpfen. Und man stelle sich nur einmal die Olympischen Spiele auf dem Mond vor – alle Weltrekorde könnten gebrochen werden.

Mittels Satelliten könnte man auch schnelles Internet auf den Mond bringen. Und da das Licht von der Erde nur 1,3 Sekunden lang unterwegs ist, könnte man sich mit Leuten auf der Erde unterhalten, wenn auch mit einer kurzen Verzögerung – etwa so, wie es früher war, wenn die Tante aus Amerika anrief. Computerspiele mit Gegnern auf der Erde würden allerdings nicht wirklich Spaß machen.

Ein gutes Restaurant werden Sie auf dem Mond kaum finden, denn es wird an lokalen Produkten mangeln. Da der Mond keine Atmosphäre hat, ist kein Kohlendioxid für Pflanzen vorhanden, außerdem gibt es keine Bakterien, die den Wurzeln Nahrung bieten, und die Temperaturschwankungen sind enorm. Man könnte allerdings große Treibhäuser bauen, die dank Sonnenschilden und Reflektoren eine kontrollierte Umgebung liefern, und die essenziellen Mineralien aus menschlichem Kot gewinnen. Der Mondboden enthält fast alle Nährstoffe, die Pflanzen benötigen. 2014 demonstrierten Forscher, dass Pflanzen unter kontrollierten Temperaturen tatsächlich in einem Material gedeihen können, das dem Mondregolith sehr ähnlich ist.[130]

130 G. W. Wieger et al: »Can Plants Grow on Mars and the Moon: A Growth Experiment on Mars and Moon Soil Simulants«. *PLOS One,* 2014

Die Sowjetunion startete in den frühen 60er-Jahren in Sibirien eine Reihe von Experimenten, um die Aufrechterhaltung menschlichen Lebens in einem kleinen, geschlossenen ökologischen System zu studieren. Im ersten BIOS-1-Experiment wurde ein Mensch in einen Container von 12 Kubikmetern eingeschlossen, der über einen Algentank Sauerstoff produzierte und das Kohlendioxid aus der Atmosphäre entfernte. Ein komplett verschlossenes System wurde erst nach über einem Jahrzehnt entwickelt, und dieses BIOS-3-Experiment versorgte schließlich drei Menschen während sechs Monaten.

In einem Experiment, bei dem keine Nahrung von außen geliefert wurde, waren 100 Quadratmeter Anbaufläche nötig, um drei Menschen zu ernähren und genug Sauerstoff für sie zu produzieren. Die Crew verrichtete unter Kunstlicht alle nötigen Tätigkeiten und erhielt keine Hilfe von außen. Ein Mensch braucht pro Tag etwa ein Kilo Sauerstoff zum Atmen, was mit 30 Quadratmetern Anbaufläche ausreichend gewährleistet werden kann. Tatsächlich war die Sauerstoffsättigung gefährlich hoch, sodass man ungenießbare Biomasse verbrannte, um zusätzliches Kohlendioxid für den Pflanzenwuchs zu produzieren und eine sichere Umgebung zu gewährleisten. Alles Wasser wurde aufbereitet, und die »Abfallprodukte« der Crew wurden als Pflanzennährstoffe weiterverwertet. Die einzigen Produkte, die zu Beginn des Experiments von außen mitgebracht wurden, waren Hygieneartikel, Salz und ein paar zusätzliche Pflanzennährstoffe – Phosphor, Stickstoff, Schwefel, Kalium und Magnesium.

Weizen, Roggen, Erbsen, Rüben, Karotten, Gurken und Tomaten gehörten zu einem Dutzend Sorten, die unter Bedingungen, wie sie auf dem Mond herrschen, angepflanzt wurden. Während der 15-tägigen Mondnacht wurden die Temperaturen auf drei Grad Celsius reduziert. Dies hielt die Pflanzen am Leben, und die meisten Arten überlebten die Dunkelheit und wuchsen während der 15 hellen Tage. Manche Pflanzen produzierten weniger Erntevolumen – bei den Karotten und Rüben waren es 50 Prozent weniger. Andere, wie Rote Bete, gediehen unter diesen Bedingungen sogar besser. Nur die Tomaten und Gurken blühten nicht und starben – Pizza oder Gurkensalat wird es auf dem Mond also eher nicht geben. Seither gab es übrigens überraschend wenige weiterführende Untersuchungen zu diesem Thema.

Es ist nicht bekannt, wie diese Pflanzen auf die geringere Schwerkraft auf dem Mond reagieren würden. Auf der Erde »wissen« Pflanzen, dass sie aufwärts wachsen müssen, weil winzige Mineralienkörner in gewissen Zellen nach unten sinken. Diese stimulieren die Freisetzung von Hormonen, welche die Pflanzen nach oben wachsen lassen. Es wird interessant sein zu erfahren, ob die Schwerkraft auf dem Mond ausreicht, um den Pflanzen die Richtung zu weisen, oder ob sie einfach chaotisch/wild die Oberfläche bedecken werden.

Einige Nahrungsmittel und Vorräte müssten auf jeden Fall von der Erde eingeflogen werden. Zum jetzigen Zeitpunkt kostet es etwa 10 000 Dollar, ein Kilo Fracht in den Weltraum zu bringen. Eine Flasche Wein wird auf dem Mond also nicht billig sein. Wer billig reisen will, könnte sich für die Grundversorgung mit Nährstoffen einen Behälter mit nachwachsenden Bakterien einpacken. Aber die ganze Zeit nur kleine Pillen aus Cyanobakterien zu essen, könnte auf Dauer etwas langweilig werden. Und ich kann nur hoffen, dass eine zukünftige Mondbasis über ein funktionsfähiges Krankenhaus verfügen wird, denn wenn Sie auf dem Mond plötzlich üble Zahnschmerzen bekommen, könnte es mehrere Wochen dauern, bis wieder ein Flug zur Erde ansteht.

Vielleicht ist eine Mondsiedlung einfach nicht genug. Warum planen wir nicht gleich eine Stadt auf dem Mond, verschlossen durch eine riesige Kuppel, mit Straßen und Häusern, Geschäften und Bars, Theatern und Restaurants, täglichen Flügen zur Erde und regelmäßigen Exkursionen, die Touristen die lokalen Sehenswürdigkeiten präsentieren? Gebäude, von denen aus man ständig Aussicht auf die Erde hat, wären gute Investitionsobjekte – man sitzt einfach nur da und betrachtet, wie sich auf der Erde das Wetter ändert und die Kontinente langsam vorbeiziehen. Es gibt zurzeit über 2000 Milliardäre auf der Erde, die zusammen 10 Billionen Dollar besitzen. Die könnten sich auf dem Mond ihr eigenes umzäuntes Paradies bauen – für einen Bruchteil ihres Ersparten. Von diesem sicheren Ort aus könnten sie zuschauen, wie unser Planet langsam untergeht, weil ihre industriellen Geldmachereien die Erde in eine zweite Venus verwandeln.

Aber nun mal im Ernst: Der Weltraumtourismus allein könnte vielleicht tatsächlich ein solches Vorhaben finanzieren. Wenn ein Wochenende auf dem Mond ein paar 100 Millionen Dollar kosten würde, gäbe es sicherlich genug Leute, die sich dies leisten wollten und somit einen Großteil der Anfangskosten übernähmen. Der Weltraumtourismus ist schon jetzt ein großes Ding. Acht Privatleute haben sich bisher ein Ticket zur ISS gekauft – für etwa 20 Millionen US-Dollar pro Person. Und SpaceX hat bereits Tickets für eine Reise um den Mond verkauft.

2018 leistete der japanische Unternehmer und Kunstsammler Yusaku Maezawa eine Vorauszahlung an SpaceX für eine personalisierte Reise um den Mond. Der Trip soll 2023 stattfinden. Maezawa möchte durch diese Erfahrung mehrere Künstler – die ihn alle kostenlos begleiten werden – dazu inspirieren, ihre Erfahrungen einer Reise zum Mond in Kunstwerken auszudrücken. Der genaue Preis der Reise ist nicht bekannt, aber Elon Musk hat ausgesagt, sie koste in etwa so viel, wie es koste, eine Crew zur ISS zu schicken. Die NASA zahlt Roscosmos zurzeit etwa 70 Millionen Dollar pro Sitz.

Eine Firma für Weltraumtourismus arbeitet bereits jetzt mit Roscosmos zusammen und schickt Privatleute mit Sojus-Kapseln ins All. Sie werben für Zweisitz-Reisen um den Mond ab Anfang 2020. Die Kosten scheinen bei rund 175 Millionen Dollar pro Sitz zu liegen. Es gibt zurzeit mindestens ein halbes Dutzend kommerzielle Unternehmen, die in naher Zukunft Touristenflüge ins All anbieten wollen, und Richard Branson hat bereits rund 700 Tickets zu einem Preis von je 250 000 US-Dollar für Suborbitalflüge – Flüge an die Grenze zum Weltraum – verkauft.

Würden Sie zum Mond fliegen, wenn Sie es sich leisten könnten? Es würde mich schon reizen, den Mond zu umrunden oder auf seiner Oberfläche herumzuspazieren. Aber in einer Rakete zu reisen, ist so, als säße man auf einem riesigen Feuerwerkskörper. Es ist unbequem und gefährlich, das Essen ist grauenhaft, und es kann unheimlich viel schiefgehen. Wenn wir uns als Zivilisation weiterentwickeln, werden Reisen in Raketen vielleicht eines Tages alltäglich sein. Wir leben einfach in einer Zeit, wo das alles noch ein wenig, sagen wir, experimentell ist. Und das wiederum sagt viel aus über jene mutigen Pioniere, welche die ersten Flüge zum Mond absolvierten.

WEM GEHÖRT DER MOND?

Bevor wir den Mond besiedeln, sollten wir sicherheitshalber die Eigentumsrechte klären. Kann überhaupt jeder, wo er will, sein Dorf auf dem Mond bauen? Und kann ich mir die Eigentumsrechte an der besten Mondvilla mit Sicht auf die Erde sichern? Und wie steht es mit einer Ausfahrt auf einem der Mondrover, die von den Apollo-Missionen zurückgelassen wurden?

Es wäre faszinierend, die Mondlandemodule zu studieren, die seit 50 Jahren auf dem Mond stehen. Sie waren über lange

Zeit dem All ausgesetzt und könnten uns zeigen, was passiert, wenn Weltraumausrüstung über längere Zeit von Mikrometeoriten und kosmischer Strahlung bombardiert wird. Die NASA hat 2011 eine 500-Meter-Schutzzone um all ihre Mondlandestellen beantragt, aber gesetzlich festgehalten ist dies bisher nirgendwo.

Eines der bekanntesten Bilder vom Mond zeigt, wie Buzz Aldrin neben der frisch aufgestellten amerikanischen Flagge steht. Weniger als ein Jahrhundert zuvor war dieses Ritual auf der Erde ein Zeichen dafür, dass man Land für seine Nation beanspruchte. Bedeutet dies, dass der Mond den Amerikanern gehört? Die USA wussten damals, dass dieser Akt politische Konsequenzen haben könnte, aber das Aufstellen der Flagge war tatsächlich als Symbol ihrer Leistung gedacht, nicht als Besetzungsakt.

Bereits 1967 legten die Vereinten Nationen das »Outer Space Treaty« vor, unter welchem der Weltraum internationales Gemeingut und das Zuhause der gesamten Menschheit ist, und der es allen Nationen verbietet, Land auf dem Mond oder irgendeinem anderen Himmelskörper für sich zu beanspruchen. Der Vertrag wurde bisher von 102 Nationen unterschrieben, unter ihnen auch die USA und alle anderen Nationen mit einem Raumfahrtprogramm.

Es haben sich seither jedoch private Unternehmen herausgebildet, die von solchen Verträgen vielleicht nicht betroffen sind – Gesetzesinterpretation kann kompliziert sein. Dies hat dazu geführt, dass Einzelpersonen den Mond für sich beansprucht und sogar Land auf ihm verkauft haben. Sie beriefen sich darauf, dass das »Outer Space Treaty« nur für Nationen gelte, nicht aber für Personen. Wer sich den Abkommenstext anschaut, wird jedoch eines Besseren belehrt:

»Die Vertragsstaaten sind völkerrechtlich verantwortlich für nationale Tätigkeiten im Weltraum einschließlich des Mondes und anderer Himmelskörper, gleichviel, ob staatliche Stellen oder nichtstaatliche Rechtsträger dort tätig werden, und sorgen dafür, dass nationale Tätigkeiten nach Maßgabe dieses Vertrags durchgeführt werden. Tätigkeiten nichtstaatlicher Rechtsträger im Weltraum einschließlich des Mondes und anderer Himmelskörper bedürfen der Genehmigung und ständigen Aufsicht durch den zuständigen Vertragsstaat.«[131]

Das »Moon Agreement«, ein detaillierterer Vertrag aus dem Jahr 1979, äußert sich genauer zu Eigentums- und Nutzungsrechten auf dem Mond. Dieses ist bisher aber nur von 17 Nationen unterschrieben worden, und keine von ihnen spielt eine wichtige Rolle in der Raumfahrt. Übrigens kann man inzwischen sogar einen Universitätsabschluss in Weltraumrecht machen.

Verträge der Vereinten Nationen sind eigentlich bindend, aber es gibt keine »Weltraumpolizei«, weshalb sie nur schwer durchzusetzen sind. Üblicherweise gibt es einen internationalen Aufschrei, wenn ein Land das Abkommen bricht. Mit den Jahren gab es einige Debatten über die Prinzipien des Weltraumrechts. So steht zum Beispiel im Space Treaty nichts über den kommerziellen Abbau von Ressourcen auf dem Mond oder anderen Himmelskörpern wie Asteroiden.

Dennoch machen manche Länder, ungeachtet aller Abkommen, einfach, was sie wollen. Die »Strategic Defense Initiative«, auch bekannt als »Star-Wars-Programm«, wurde 1983 von Ronald Reagan angekündigt. Bewaffnete Weltraumsatelliten wurden entworfen und deren Bau geplant, doch zum Glück erwies sich das Ganze als technologisch zu anspruchsvoll und zu teuer. 2015 unterschrieb Barack Obama den »United States

131 *Vertrag über die Grundsätze zur Reglung der Tätigkeiten von Staaten bei der Erforschung und Nutzung des Weltraums einschließlich des Mondes und anderer Himmelskörper*, Artikel VI

Space Act«, welcher Privatfirmen Aktivitäten zugesteht, die intenationalem Recht widersprechen, zum Beispiel den Abbau von Ressourcen auf Asteroiden.[132]

EINE KÜNSTLICHE ATMOSPHÄRE FÜR DEN MOND

Eine Siedlung auf dem Mond könnte zwar in den nächsten Jahrzehnten zur Realität werden, doch die Menschen müssten in einer versiegelten Umgebung leben, die sie vor dem Vakuum des Weltalls ebenso schützt wie vor Mikro-Meteoriten und hochenergetischer Strahlung. Draußen müsste man immer einen unbequemen Raumanzug tragen und seinen eigenen Sauerstoff mit sich herumschleppen. Könnten wir das ändern, indem wir den Mond terraformieren, also eine schützende und atembare Atmosphäre schaffen und Pflanzen und Tiere auf seiner Oberfläche ansiedeln?

Weder der Outer Space Treaty noch das Moon Agreement machen Aussagen über Terraforming. Es ist nicht unmöglich, wäre aber enorm schwierig. Von der nötigen Technologie sind wir noch Jahrhunderte entfernt, aber vielleicht könnte es ja in ein paar Tausend Jahren durchaus attraktiv erscheinen, ein zweites Zuhause auf dem habitablen Mond zu haben.

Während der vergangenen vier Milliarden Jahre war der Mond kein guter Ort zum Leben. Auch wenn wir noch kein vollständiges Bild davon haben, wie das Leben auf der Erde begann, kennen wir viele der Bedingungen, die erfüllt sein müssen, damit Leben sich entwickelt und gedeiht. Und dem Mond fehlen die meisten von ihnen. Wegen seines kleinen

132 Dies widerspricht dem »Outer Space Treaty«, der die Aneignung von Teilen des Weltraums verbietet.

und mehrheitlich festen Metallkerns fehlt dem Mond ein Magnetfeld, welches als Schutzschild gegen hochenergetische Partikel von der Sonne dienen würde. Alle Gase, die aus dem Innern hervortreten, entweichen schnell ins All. Obwohl Leben keine Atmosphäre braucht, um zu entstehen oder zu gedeihen, ist eine Atmosphäre doch unabdingbar zur Erhaltung eines habitablen Klimas, in welchem flüssiges Wasser existieren kann. Eine Mondatmosphäre würde kosmische Strahlen davon abhalten, auf die Oberfläche zu treffen. Diese Partikel können Zellen beschädigen und Strahlenschäden verursachen – es ist wirklich nicht empfehlenswert, über lange Zeit draußen im Vakuum des Alls zu sein. Eine Mondatmosphäre würde auch verhindern, dass kleinere Asteroiden bis zur Oberfläche gelangen und unsere Mondvilla zu Staub und Asche machen.

Eine mögliche Methode, um dem Mond eine Atmosphäre zu geben, stammt vom Astronomen und Science-Fiction-Autor Fred Hoyle (1915–2001). Sie liest sich ganz einfach, ist aber schwierig in der Umsetzung: Er schlug vor, man könne die Umlaufbahnen einiger Kometen des äußeren Sonnensystems so abändern, dass sie mit dem Mond kollidieren. Kometen bestehen aus etwa 50 Prozent Wasser sowie anderen Elementen, welche eine Atmosphäre bilden können. Beim Einschlag würden die Kometen verdampfen und dabei Gase und Wasser ausstoßen, was zur Bildung einer Atmosphäre führen würde. Diese Einschläge würden außerdem Wasser aus dem Mondregolith freisetzen, welches sich auf der Oberfläche sammeln und natürliche Gewässer bilden könnte.

Die Übertragung des Drehmoments dieser Kometen könnte auch bewirken, dass der Mond schneller rotieren würde und so nicht mehr in seiner Rotation an die Erde gebunden wäre. Würde er sich einmal in 24 Stunden um die eigene Achse drehen, hätte er einen stabilen Tagesrhythmus, was das Leben auf dem Mond um einiges angenehmer machen würde.

Wie viele Kometen brauchte man dafür? Alles Ozeanwasser der Erde würde in eine Kugel von 1000 Kilometern Durchmesser passen. Die Mondoberfläche misst nur 7 Prozent der Erdoberfläche. Eine Wasserkugel mit 400 Kilometern Durchmesser sollte also ausreichen, was mit ein paar Hundert großen Kometen erreicht werden könnte. Würden diese mit einer Geschwindigkeit von 30 Kilometern pro Sekunde auf den Mond treffen, könnte man eine Rotationsperiode von 24 Stunden erreichen.

Leider gelänge man aber auf diese Weise nicht dauerhaft zu einer Mondatmosphäre. Der Sonnenwind würde die neue Atmosphäre mit der Zeit einfach abtragen. Nach rund 1000 Jahren wäre die Luft wieder weg, die Temperaturen würden sinken und das Wasser gefrieren. Doch ich habe eine Lösung für dieses Problem: Wir könnten den Mond auf dem zweiten Lagrange-Punkt des Systems von Sonne und Erde platzieren, wo das Magnetfeld der Erde den Sonnenwind auf sichere Weise um unseren Mond herumlenken würde. Wir parken bereits jetzt Satelliten dort, die dauerhaft im Schatten der Erde sein müssen. Dies hält sie kühl und erlaubt uns, zum Beispiel die Strahlung aus dem Urknall zu messen.

Der zweite Lagrange-Punkt ist ein ganz besonderer Ort im All, der hinter unserer Erde in einer dauernden Sonnenfinsternis liegt. Ein Objekt, das dort platziert wird, braucht nur wenig Energie, um seine Position zu halten – die Gravitationskräfte von Sonne und Erde sorgen dafür, dass das Objekt sich synchron mit der Erde bewegt. Der Punkt ist 1,5 Millionen Kilometer von der Erde entfernt, etwa viermal die derzeitige Distanz zum Mond. Der Erdschatten beträgt in der Distanz der Mondes 9200 Kilometer, während der Mond einen Durchmesser von 3476 Kilometern hat. Wenn aber der Mond in den zweiten Lagrange-Punkt manövriert würde, würde der Erdschatten nur 40 Prozent der Mondscheibe bedecken. Von der Erde aus würde der Mond aussehen wie ein Lichtring um ein glühend rotes Inneres.

Den Mond zu bewegen, klingt wie Science-Fiction, und das ist es auch, aber gute Science-Fiction hat immer das Potenzial, wahr zu werden. Die Kometen, die dazu verwendet würden, Wasser und eine Atmosphäre auf den Mond zu bringen, könnten zunächst in Umlaufbahnen gebracht werden, welche Energie von der Erde auf den Mond übertragen: Wenn man die Kometen in einen Orbit hinter der Erde bringt, während sie sich um die Sonne bewegt, stiehlt der Komet einen Teil der gravitationalen Energie der Erde und bewegt sich nach außen, wo er vorne am Mond vorbeibewegt werden kann, sodass sich diese Energie auf den Mond überträgt. Das Resultat nach Hunderten von Orbits ist, dass sich der Mond nach außen bewegt – mit dem Nebeneffekt, dass die Erde näher an die Sonne gelangt. Aber weil die Erde viel mehr Masse hat als der Mond, ist der Unterschied im Erdorbit im Vergleich zu jenem in der Mondumlaufbahn gering.

Hat der Mond einmal das Vierfache der heutigen Distanz erreicht, kann er in den Lagrange-Punkt hineinmanövriert werden. Es würde aussehen, als schwebe er dort; er wäre wie an den Nachthimmel geklebt. Mit der Zeit müsste man ein paar kleine Anpassungen vornehmen, um den Mond in seiner Position zu halten, aber das wäre im Vergleich zu der ganzen Manövrierarbeit ein Klacks. An diesem Ort wäre der Mond vor Sonnenwinden sicher, denn das Magnetfeld der Erde würde die Partikel an ihm vorbeilenken und dafür sorgen, dass die neu geschaffene Mondatmosphäre bestehen bliebe.

Leider gäbe es ein paar negative Nebeneffekte. In dieser Distanz würde der Mond zum Beispiel nicht mehr für eine Stabilisierung unseres Neigungswinkels sorgen – dieser könnte sich plötzlich ändern, was katastrophale Folgen für das Klima auf der Erde hätte.

Ich hoffe ernsthaft, dass solche Ideen nie verwirklicht werden, und dass unser Mond dort bleibt, wo er jetzt ist, damit er noch viele weitere Generationen inspirieren kann – als wunderschönes Objekt am Nachthimmel und als Beleg für die großartige und mysteriöse Geschichte unseres Sonnensystems.

Leider wird unser Mond aber sowieso dort draußen enden, ob wir es nun wollen oder nicht.

Wenn wir verstehen wollen, wohin die Reise des Mondes geht, müssen wir uns daran erinnern, dass er von der Erde wegdriftet. Die Gezeitenkräfte zwischen Mond und Erde sorgen dafür, dass sich die Erdrotation verlangsamt und der Mond sich von der Erde wegbewegt. Während sich der Mond entfernt, wird er langsam kleiner am Nachthimmel. Die letzte totale Sonnenfinsternis wird man von der Erde aus in etwa 500 Millionen Jahren beobachten können. Danach wird der Mond nicht mehr groß genug erscheinen, um eine totale Sonnenfinsternis zu verursachen.

In ferner Zukunft wird die Erdrotation so weit abgenommen haben, dass die Erde sich in der Zeit, in der sie vom Mond umlaufen wird, genau einmal um sich selbst dreht – das System wird beidseitig rotationsgebunden sein. Das wird erst in Dutzenden von Milliarden Jahren passieren, und der Mond wird doppelt so weit weg sein wie heute und 50 Tage brauchen, um die Erde zu umlaufen. Der Erdentag wird über 1000 Stunden lang sein, weil er sich der Orbitalperiode des Mondes angepasst hat. Tag und Nacht werden auf der Erde je 500 Stunden dauern, und der Mond wird nur noch halb so groß erscheinen und nur von einer Seite unseres Planeten sichtbar sein. Die Sonne wird zum Hauptantrieb der Tiden, aber es wird keine Ozeane mehr geben, denn die werden bereits in einigen Milliarden Jahren verdampfen, weil unsere Sonne in ihrem vorbestimmten Lebenszyklus den Planeten so stark erhitzen wird, wie selbst wir Menschen mit unseren Aktivitäten es niemals schaffen werden.

Unser Stern hat etwa die Hälfte seines Lebens hinter sich, und in sieben Milliarden Jahren wird er sich in einen Roten Riesen verwandeln. Unsere sterbende Sonne könnte die Erde und den Mond verschlingen, und beide wieder in feuerflüssige Gesteinsklumpen verwandeln, so wie sie es bei ihrer Entstehung bereits waren. Aber falls sie dieses Inferno überstehen, werden die Gezeitenkräfte der Überreste unseres Sterns weiterhin für eine kleine Beule auf unserer Erde sorgen. Die Gravitation des Mondes wird an dieser Beule ziehen und die Rotation der Erde beschleunigen. Als Folge davon wird sich der Mond wieder auf die Erde zubewegen, bis die Gravitation der Erde den Mond in Stücke reißt und einen Schuttring erschafft, so spektakulär wie jener des Saturn.

Seit unsere Vorfahren zum ersten Mal auf den Mond blickten, hat er etwa vier Millionen Mal unsere Erde umlaufen. Für den Mond ist das nur ein ganz kurzer Augenblick. Er wird seinen kosmischen Tanz weiterführen, auf ewig an unseren Planeten gefesselt, von Geburt an bis zu seinem Ende.